设计材料与加工工艺

Design Materials and Processing Technology

张福昌
黄族兴 编著
许鹤峰

·北京·

内容简介

本书针对工业设计 / 产品设计中选择使用的各种材料的性能特征、加工工艺，设计中材料的选择方法等作了较为系统的介绍。具体分为 11 章。第 1 章为设计材料概述，主要是从理论、观念上引导学生认识材料与设计、生活、社会环境的密切关系；第 2 章至第 9 章是介绍常用的设计材料（金属、陶瓷、玻璃、塑料、木材、纸、纤维、皮革、橡胶、竹、藤、柳、草、复合材料等）的分类、性能、特点、加工工艺以及与产品造型之间的关系等；第 10 章为新材料的开发与应用；第 11 章为产品设计优秀作品欣赏，选用了国内外有代表性的 100 例作品，使大家在欣赏及参考的同时更易于理解与掌握材料与设计及加工技术的关系。

本书可作为高等院校产品设计、工业设计及相关专业的师生专业课教材，也可供广大设计人员及相关技术人员参考使用。

图书在版编目（CIP）数据

设计材料与加工工艺 / 张福昌，黄族兴，许鹤峰编著. -- 北京 : 化学工业出版社，2024. 7. -- ISBN 978-7-122-45836-0

Ⅰ. TB472

中国国家版本馆 CIP 数据核字第 20243A1M39 号

责任编辑：李彦玲　　文字编辑：蒋　潇　药欣荣
责任校对：张茜越　　装帧设计：王晓宇

出版发行：化学工业出版社
（北京市东城区青年湖南街 13 号　邮政编码 100011）
印　　装：中煤（北京）印务有限公司
787mm×1092mm　1/16　印张 14½　字数 313 千字
2024 年 10 月北京第 1 版第 1 次印刷

购书咨询：010-64518888　　售后服务：010-64518899
网　　址：http://www.cip.com.cn
凡购买本书，如有缺损质量问题，本社销售中心负责调换。

定　　价：59.80 元　

前言

PREFACE

当今世界科技日新月异，知识更新迅速，颠覆性科技正在改变着世界的产业与产品结构，改变着人们的生活方式和消费理念。设计已成为世界各国振兴经济的战略手段，成为人们生活的必需品。培养设计人才的设计教育也已成为世界性热门的领域。

产品设计 / 工业设计，作为一种人造物的创造计划和造型行为，是指人们在市场中有意识地运用工具和生产手段将材料对象加工成具有特定形状、使用价值、商品价值的产品形式之前，对之进行缜密思考与规划的方案。要求对材料性能、加工工艺和使用特性之间的关系加以认识和实践，要求在材料的造型上注意材料的实用性与美学上的吸引力，达到功能和形式的统一。设计师只有了解材料、合理使用材料、注意材料加工技术，以及重视材料与造型设计之间的关系，才能设计出好的产品。

改革开放以来，我国的设计教育取得了史无前例的发展，据不完全统计，我国现有近 3000 所大学中有 2000 多所设置艺术设计学科，每年招收 50 余万名艺术设计类学生及数万名研究生，每年有 200 多万在校生。我国已成为当今世界的设计教育大国。但关于设计材料、设计基础、设计概论、设计史、人机工程等通识、必修、普及等课程的相关教材比较少。

本书三位作者长期从事工业设计教育与产品、工程技术研发实践，在 1987 年，结合工业设计教学合作编译了《设计材料》一书，当时在无锡轻工业学院（现江南大学）作为大学内部教材，填补了当时设计材料的空白，深受学生欢迎。随着科技的飞速发展，新材料、新技术、新工艺层出不穷，并与产品设计 / 工业设计融合发展，为设计师的创新提供了无限的可能性。基于此，我们对原编著的书稿进行了修改及补充。

本书编写分工如下：江南大学张福昌教授编写了第 1 章、第 8 章、第 9 章、第 10 章和第 11 章；北京航空航天大学许鹤峰教授编写了

第 5 章；中国海诚工程科技股份有限公司黄族兴研究员编写了第 2 章、第 3 章、第 4 章、第 6 章和第 7 章，并负责书稿的初审、统一格式和汇总等工作。

此外，本书编写过程中还得到了上海第二工业大学沈法院长，河南工业大学王庆斌院长、訾鹏教授、冯雨博士，河南工程学院傅小芳博士，广州美术学院黄河博士，广东轻工职业技术学院桂元龙院长，南京林业大学周橙旻教授，江南大学设计学院曹鸣教授，伊特比创意科技（中国）有限公司朱重华先生，徐工集团跶雪梅主任，中兴通讯制造工程研究院工业设计总监黄春，浙江苏泊尔股份有限公司炊具事业部设计总监姚新根，苏州工艺美术职业技术学院耿蕊和韩吟秋副教授，安徽农业大学李哲老师等专家学者的无私帮助，在此一并表示最衷心的感谢！

本书是为有志于从事工业设计事业的读者学习设计材料而编写的入门书。我们希望本书不但能满足艺术设计院校教学的需要，并且能为企业设计师、设计管理等部门以及设计再教育培训提供参考。

现代设计日新月异、博大精深，虽然我们尽了最大努力编写本书，但是由于才疏学浅，疏漏与不足之处在所难免，希望本书能起到抛砖引玉的作用，恳请广大读者不吝赐教。

张福昌

2024 年 4 月

目录

CONTENTS

第 1 章 设计材料概述

我们生活在一个五彩缤纷的世界之中，在得到大自然恩赐的同时，人类在漫长的历史长河中更凭借智慧和科学技术设计了无数的产品，满足了人们的精神和物质需求，创造了新的生活方式，提高了人们的生活质量，推动了社会的进步。

随着知识经济时代的到来，世界早已进入了一个崭新的设计时代。世界经历了大工业文明之后，设计已成为世界各国振兴经济的战略武器，成为人们生活的必需品。设计教育已成为世界性的热门领域，在我国已成为迅速发展的热门职业，可以预见设计将成为全人类的共同语言。

我们随时随地都可以听到、看到“设计”这个词，但真正确切地解释这个词却并不容易，因为不同的领域有着不同的解释。

1.1 设计与材料

1.1.1 何谓设计

“设计”一词是现代汉语词语，在我国古代汉语中有“设”和“计”，但没有“设计”两个字连用的。“设”在《汉语大字典》中有以下几种意思：① 陈列；安置。② 制订：建立；开设。③ 捕获。④ 周到完备。⑤ 宴；饮食。⑥ 合。⑦ 用。⑧ 大。“计”在《汉语大字典》中有以下几种意思：① 总计。② 计算。③ 估计。④ 谋划；商议。⑤ 计划；计谋。⑥ 计簿。⑦ 呈送计簿的官吏。⑧ 经济力量；经济开支。⑨ 考察；审核。⑩ 测量或计算时间、度数等的仪器。因此，就“设计”一词在汉语中的组成结构而言，实为一动词性的联合词组形式，强调一种动态性的想象、筹划、计算、审核直至确定为某种方案的过程。

1973 年商务印书馆出版的《现代汉语词典》中对“设计”一词的解释为：“在正式做某项工作之前，根据一定的目的要求，预先制定方法、图样等。”1999 年《辞海》中解释为：“根据一定的目的要求，预先制定方案、图样等，如服装设计、厂房设计。”两者的解释基本一样。

一般情况下汉字的“设计”是指工程方面的设计，而用外来语的则是指艺术设计领域的设计，如工业设计等。日本ダヴィッド社出版的《デザイン小词典》（福井晃一编集，ダヴィッド社 1991 版）中解释为：Design 译成意匠设计、图案等。狭义解释为图案装饰。广义指“对一切造型活动的计划。一般在制作具有某一用途的物品时，不仅要适合功能，同时具有最美的形态的计划和设计”。日本《广苑辞》中将汉字“设计”解释为进行某项制造工程时，根据其目的，制订出有关费用、占地面积、材料，以及构造等方面的计划，并用图纸或其他方式明确表示出来。英语的“设计”（design）也有许多解释，其中“图案”一义来自拉丁语 designare（动词）或 designun（名词），意思是指“在一定的意图前提下，将计划进行归纳表现为图纸等符号”。

随着科学技术的发展和经济的繁荣，设计的中心不再是装饰、图案，而是逐步转向对产品的功能、材质、结构和美的形式的统一，转向生活方式、生活形态的设计，设计被看成是一种综合性的计划。因此，当代的设计是指综合社会、人文、经济、技术、艺术、心理、生理等各种因素，纳入工业化批量生产的轨道，对产品进行规划的技术。

在这种情况下，再用图案表达设计的内涵就很困难了。日本在反映当代的设计内容时注意到这个问题，如很少使用汉字“设计”而采用外来语（译自英语“design”）。强调在制造生活中所必需的产品时，不单是对其用途，更重要的是对其形态进行合理的计划。

英语的“design”为复合词，由词根“sign”、前缀“de”组成。“sign”一词在英语中的含义颇为广泛，一般而言，具有“标记”“方案”“计划”“构想”等语义，着重于强调某种已然的状态；前缀“de”则广泛地含有“实施”“做”等动态语义，强调“肯定”“否定”或“组合”“重复”等动作行为。因此，“design”一词本身含有“通过行为而达到某种状态、形成某种计划”的意义，就符号逻辑而言，它意味着某种思维过程、确定形式的过程。

“design”一词随时代和社会的发展，在应用范围扩大的同时，其含义本身也在不断变化。总的变化趋势是内涵超出“一般艺术”形式的局限，所指外延日益扩展，趋向于强调该词结构的本义，即“为实现某一目的而设想、计划和提出方案”。“计划”和“方案”所指内容是极为广泛的，它可针对一切实体创造和一切有目的、有意识的创造行为，既可包括所有人造物品（物质生产方面）制作前的设想和计划，也可包括文学、艺术等（精神生产方面）的构想和筹划，同时，还可以包括国民经济、工程规划、科学技术等方面的决策和方案等。

1.1.2 设计的分类

随着世界进入大数据、智能化、协同创新设计的新时代，随着新材料、新技术、新工艺、新产品的层出不穷和全球经济一体化，世界各国的科技、教育、产业、经济、文化艺术等领域交融发展，设计领域的学科也随之不断增加和交叉融合，专业领域之间的界限也从分明变得日益模糊。因此，设计根据不同的观点可以有若干分类。

（1）根据“人－自然－社会”的连接关系分类

将连接人与自然的东西，作为“工具类装备”进行生产设计；将连接人与社会的“精神性装备”作为实现人类相互理解的东西进行交流和设计；将连接社会与自然的东西作为“环境性装备”进行环境设计。这些关系说明，设计作为开放的系统，在动态地相互作用的同时，形成螺旋状发展。根据“生产－环境－信息－生产”的不断连续循环，把设计的世界当成一个大的系统来发展。

（2）根据专业领域分类

日本产业设计振兴协会根据设计师的职业将设计分为工业设计、室内设计、手工艺设计、纺织品设计、包装设计和视觉传达设计等六类，并且这几类设计的业务范围还包括产品设计规划、系统设计、交互设计、CI 设计、服务设计、艺术指导、设计战略、设计管理、财务规划和咨询等。另外，根据日本通产省对设计产业的调查报告，除上述六个领域之外，还加上了展示设计、时尚设计、设计顾问等。

我们从以上的设计分类可以知道它们各自发挥作用的大小和广度。但是，在具体设计项目的时候，常常是根据项目的规模与性质，组织多个领域合作完成的。在全球经济国际化时代，产业经济领域日益重视设计，并对设计水平的提高日益期望。因此，对艺术设计总监和咨询设计师的规划力、设计理念等要求越来越高。

此外，也有一种观点是将设计归纳为视觉传达设计、产品设计、空间设计、时间设计和时装设计等五个领域。把建筑、城市规划、室内装饰、工业设计、工艺美术、妇女服饰品、服装、美容、舞台美术、电影、电视、图像、包装、展示陈列、室外装潢、风景画等许多设计领域系统地划分在以上五个领域之中。

（3）根据表现形式分类

主要有以平面为对象的二次元设计（平面设计），以处理立体和空间为对象的三次元设计（立体设计），与映像、音乐、活动时空相关的四次元设计等，这是根据设计表现的次元进行的设计分类。当今世界科技日新月异，高科技改变着世界的产业和产品结构，改变着人们的生活方式和消费理念，设计也随着时代的发展而与时俱进，不断出现新的领域。目前，世界各国设计的分类一般来说，大多分成平面设计、立体设计、空间设计，或根据次元分成二次元、三次元、四次元设计等（表 1-1）。

表 1-1　按次元分类的设计

次元	纵向分类			横向分类
	视觉传达设计	产品设计	环境设计	
二次元设计	·标记象征设计 ·文字图案设计 ·铅字选择排列设计 ·编辑设计 ·电视广告设计 ·画报设计 ·照片设计 ·插图设计	·纺织品设计 ·壁纸设计 ·挂毯设计 ·室内织物设计		体系 （系统）
三次元设计	·包装设计 ·POP 设计 ·陈列设计 ·展览会设计	·妇女服饰品设计 ·服装设计 ·时装设计 ·工艺品设计 ·机械设计 ·家具设计 ·工程技术设计	·商店设计 ·室内设计 ·园林设计 ·城市设计 ·公共设施设计 ·风景设计 ·全球设计	设计及其他
四次元设计	·影视设计 ·商业广告设计 ·动画片设计 ·舞台设计			

1.1.3 设计与材料的关系

对“材料”一词，有广义和狭义的不同解释。广义的“材料”可以指人的思想意识之外的所有物质；狭义的“材料”则可以视为特指工业生产加工所使用的物质。人类的衣、食、住、行、生产、工作等各种行为都离不开对某种材料的利用，因此“材料”的含义可以理解为对人类有某种功用的，可以被加工、成型、消费的物质对象；它可以是纯自然形态的，如木材、煤、泥土等，也可以是人类对自然物质加工以后的，如钢材、布匹、水泥等；它可以是由人工着意的，如某些草类、藻类、橡胶植物等，也可以完全是由人工合成的，如纤维、塑料等化工材料；它还可以是某一些工业技术的终端产品，如结构件、元器件，转而成为另一些加工工序的生产材料等。在本章的一般阐述中都将其视为“工业产品材料”。工业产品材料的种类是极其丰富的，但本章介绍时，则以与工业设计密切相关的几种具原材料性质的常用材料为主。

设计，作为一种人造物的创造计划、造型行为，是指人们在有意识地运用工具和生产手段将材料对象加工成具有特定形状、使用价值、商品价值的产品形式之前，对之进行缜密思考、规划的方案。要求对材料性能、加工工艺和使用特性之间的关系加以认识和实践，在材料的造型上注意兼顾材料的实用性与美学上的吸引力，使其达到功能和形式的统一。而且还要注意到随着科技的发展，将出现新材料、新工艺，随之必将出现与之相适应的新的形式特征，对产品设计提出更高的要求。

总之，设计和材料是密不可分的，因为设计是一种造物活动，它离不开对材料的认识，设计师只有了解材料、合理使用材料，并熟悉材料加工技术，才能设计出好的产品，使材料在制成物的使用过程中真正做到“物尽其材，物尽其用”，只有这样，人们才能令材料发挥出其真正的价值。

1.1.4 生活与材料

仔细地观察一下周围，就会发现我们的生活离不开由各种各样的材料制造而成的各类制品。现在很多家庭都备有电冰箱、洗衣机和电视机等家电产品，这些产品在过去是只有富有的家庭才能购买的奢侈品，是一般家庭无论如何也不敢想的。此外，作为交通工具的汽车和喷气式客机以及高速火车等，在短时期内取得如此快的发展是谁也没有预测到的。

这些当然是科学技术发展的必然结果，但其中由于人们不懈地研究而发现、发明的很多新的材料也发挥了重要作用。像水桶和面盆等制品过去通常用木材、金属制造，而现在被塑料所替代，又如合成纤维产品因能替代棉花和丝绸制作衣料而被广泛使用。

人类自古以来就不断致力于有效地利用各种各样的材料来改善生活环境，创造更好的生活条件。除金属、玻璃、木材、纸等各种材料外，塑料、精细陶瓷、半导体等电子材料、各种复合材料等新材料也层出不穷。随着社会不断发展，人们的生活条件进一步改善，可以预料更为丰富多彩的新型材料将会应运而生。

产品设计所选用的材料大多数是批量生产的工业材料，这与以原件作品制作为目标的工艺美术有所不同。因此，无论是在设计过程中还是在生产过程中，设计和成型法都必须考虑能够进行批量生产，如设计和生产塑料产品时要考虑选何种塑料、以什么方式容易脱模、用哪一种着色剂较为合适等各个方面。

当使用新的材料设计生产新产品投放社会时，用什么样的标准来判断该产品是否符合广大群众的需要呢？作为能使人的需求得以充分满足的设计手段，其方法论能否得以确立呢？尽管这些问题是设计产品、选择材料时最重要的方面，但往往可根据经验来进行。随着电子计算机的发展，设计生产正在摆脱这种经验性手法，可以开始看到在理论上解决这些问题的趋势，这就是应用统计性方法的多变量解析手段。但是由于这种方法还处在初期的应用阶段，因此很难能得到充分的应用。假如这种解析体系能确立的话，可以确信，不仅在工业设计的领域，而且在其他科学领域，可以将这方法作为解决问题的新手法。

如上所述，现在是一个新材料不断涌现并得以充分利用和发挥自身作用来提高人们生活质量的时代。没有材料方面的知识就不能创造新的产品。新材料的出现及伴随而来的技术进步和发展，确实是非常迅速的。我们生活在这个时代，除了要掌握以往所使用材料的经验之外，还需要进一步加深对不断出现的各种新材料知识的理解，并提高合理地利用材料的能力。

1.1.5 环境与材料

我们生活在一个被各种自然景观、各种材料制造的人工物和人类社会活动所包围的环境之中。人类社会的生活和所有产业都与材料有着密不可分的关系。材料始终随着人类科技日新月异的发展而不断发展。

长期以来，世界各国普遍存在着以牺牲环境和传统文化为代价来发展经济的情况，在材料的提取、制备、生产以及制品的使用与废弃的过程中，消耗了大量的资源和能源，并同时排放出废气、废水和废渣，污染着人类自身的生存环境。因此，确立生态环境保护意识、加强绿色生态设计是人类社会可持续发展的必由之路。

绿色设计是 20 世纪后期新兴的现代设计理念之一，是指在产品整个生命周期内以产品环境属性为主要设计目标，突出“生态意识”和“以环境保护为本位”的设计观念，要选材、惜材、物尽其材、材尽其用，使产品满足可拆卸性、可回收性、可维护性、可重复利用性等功能要求，并在满足环境目标要求的同时，发挥产品应有的基本功能，延长其使用寿命。绿色设计是将设计创新的核心建立在产品的功能、材料与工艺，产品与环境的亲和性，以及产品的流通、使用和废弃的系统创新之上。

在地球资源有限、地球净化能力有限这一共识的前提下，指导绿色设计的方针是产品的 6R 原则，即研究（research）、保护（reserve）、减量化（reduce）、回收（recycling）、重复使用（reuse）和再生（regeneration）原则。

图 1-1 为获得 2005 年红点奖的 LT01 Seam One 台灯，该设计采用铝板加工而成，元

素少，造型简洁优雅，比例均衡，演绎了经典的台灯样式。图 1-2 是以回收旧物制作各式新潮家具而闻名的设计师 Campana Brothers 将废弃的轮胎结合传统竹编工艺制成的实用椅座 TransNeomatic large bowl，体现作者一贯的环保意识和创意。

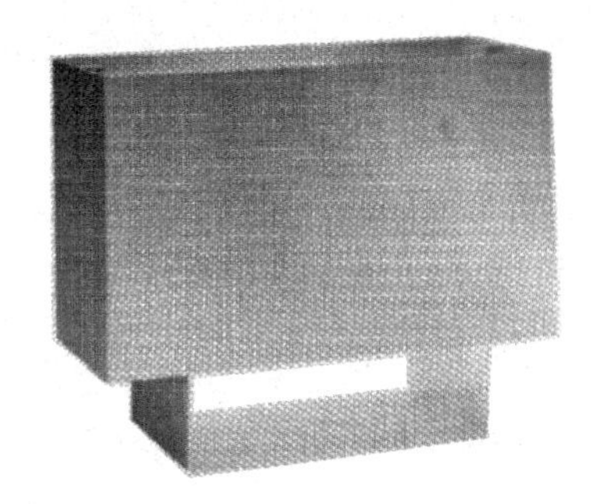

图 1-1 LT01 Seam One 台灯

图 1-2 椅座 TransNeomatic large bowl

现在已经进入大数据、智能化、协同创新设计的新的工业革命时期，展望未来，为了保证人类赖以生存的地球环境可持续发展，我们必须坚持"以人为本"、天人合一和绿色设计环境保护的原则，产品设计必须正确处理环境与材料的关系，要更加重视可持续发展与资源再生利用。必须立法禁止"过剩"包装、浪费资源、污染环境、造成"设计公害"的产品设计。要从过去"多、大、快"为特色、耗能源、大量生产、大量消耗、用后就扔的大工业文明向少批量、多品种、电子化、信息化、多功能、系列化、安全、省能源、"轻薄短小"的现代文明转变。

1.2 材料特性与种类

1.2.1 材料的特性

（1）感觉物性

所谓材料的感觉物性是指通过人的触觉和视觉形成的对材料的综合印象，这种综合印象包括材料对人的感觉系统的刺激影响，或者人的知觉系统从材料表面获得的信息。感觉物性分为自然质感和人为质感，难以定量测量，有的是异质同感，有的是同质异感，只能是相对比较而言。人们在社会经历、生活环境、居住地区、文化修养、民族风俗习惯等方面的差异都造成对材料的生理感受和心理感受是不全相同的，因此只能作相对的判断和评价。

在产品设计中对材料感觉物性的认识是非常重要的，合理地运用和安排材料的感觉物性将会给产品造型设计带来新的特色。例如木材质软，具有温暖感，表面还具有天然纹理和芳香气味。利用木材天然肌理制作的家具给人以舒适安宁和自然的感觉。天然大理石、花岗岩、麻石等石材具有美丽自然的纹理，表面光洁，给人以稳重、雄伟、庄严的感觉，适用于各种高档建筑的建设，名胜古迹的修复，地铁、园林等公共场所的建设。钢铁材料灰黑色的表面色泽有单调沉闷之感，而经过化学处理之后得到的彩色不锈钢板却能在保持同样金属光泽的同时具有柔和与鲜艳的色彩，直接用于仪器仪表、家用电器、精密机械的外壳制造，能得到良好的造型效果。铝材表面作腐蚀、氧化、抛光、喷砂等处理后均可产生不同的质感，大量用于室内装饰。这些说明同一种材料经过不同的加工处理与表面精饰后，给人的感觉也完全不同。而不同的材料，如金属和塑料，表面经过相同的电镀处理则能够呈现完全一致的视觉效果，给产品造型设计带来选材上的多样性和方便性。

（2）环境耐候性

这是指所选用的材料能否适应于环境条件，经得起自然因素的变化和周围介质的破坏作用。即不因外界因素的影响或侵蚀发生化学变化，引起材料内部构造改变而褪色、粉化、腐朽甚至损坏。充分了解材料本身所具有的这种属性，合理而有效地使用与保护材料是设计中应该注意的问题。为了提高材料的耐候性，有时需要在材料表面采取防护措施（如涂装、电镀等），防止基体遭受大气环境的腐蚀。

（3）加工成型性

材料只有通过加工成型成为产品，才能体现出设计者的设计思想。容易加工和成型的材料是设计的最佳选择，加工成型性也是衡量选用材料好坏的重要因素之一。不同的材料有不同的加工成型方法。钢铁等金属性能优良，具有切削加工性，能经车、钻、镗、磨、铣、刨等加工成合乎形体要求的物件。同时，将金属材料熔化，还可浇注成各种形状的铸件。金属还具有可锻性，能经受锤锻、轧制、拉拔、挤压等加工工艺后成型。此外金属材料具有可焊性。木材至今仍然是一种优良的造型材料，用途极广，这是由于木材具有易锯、易刨、易打孔、易组合等加工成型特性，表面纹理给人以纯朴、自然、舒适的感觉。塑料材料的最大特性是可塑性，在较低温度条件下可以采用注射、挤压、模压、浇铸、缠绕、烧结、真空成型、吹塑等多种方法将其塑造成几何形体非常复杂的制品。而且以塑料的板、片、模、管及模制品为原料，经过机械加工、热成型、接合、表面装饰等二次加工工艺成型，容易体现出设计者的设计构思要求，故塑料成为当代设计中不可缺少的重要材料。

（4）表面工艺性

任何基材、毛坯材料都不能直接使用，而是要通过一系列的表面处理，改变其表面状态。表面处理的目的除了防腐蚀、防化学药品、防污染、提高产品的使用寿命外，还有优化材料的表面装饰效果，以获得美观的外形，提高产品的审美价值和经济价值。不同的材料有不同的表面处理工艺，能赋予材料表面多种外观特征。根据材料的性质和产品的使用环境，正确选择表面处理和表面精饰工艺是提高产品外观质量的关键。

材料表面处理的方法很多，如涂料涂装（空气喷涂、浸涂、淋涂、无空气喷涂、粉末静电喷涂等），金属镀（电镀、化学镀、熔融镀、真空镀、离子镀、喷镀等），金属着色（化学转化、化学沉积、电解沉积等），铝及铝合金的化学氧化、阳极氧化，以及热喷涂、打磨、抛光等。通过表面工艺处理和装饰都能给产品以新的魅力。

设计中对材料特性的认识，除上述特点外还须考虑材料的选择与加工工艺应具有无毒、低公害、易装卸、可回收、废材易处理和综合利用等特性。

1.2.2 材料的种类

（1）按材料的发展历史分类

① 天然材料，如天然的石、木材等；② 加工材料，用矿物冶炼、烧结制成的金属和陶瓷材料；③ 合成材料，通过化学合成方法将石油、天然气和煤等原料制成高分子材料；④ 复合材料，以有机、无机非金属乃至金属等各种原材料复合而成的材料；⑤ 智能材料或应变材料，指对于环境条件的变化具有应变能力，拥有潜在功能的高级形式的复合材料。

（2）按材料的物理形态分类

自然界的物质在常温下存在的状态分为气体、液体、固体三种。工业材料常用的是固体，为了便于加工、存储、运输和使用，设计时一般采用固体材料，主要包括：① 块状材料。这类材料抗冲击力和承载能力强，便于加工、叠加、储存等，如木材、石材、发泡塑料等。② 线状材料。这类材料抗拉性能好，如各种材料的线材和管材等。

（3）按材料的化学组成分类

分金属材料和非金属材料两大类。非金属材料一般是指金属材料以外的一切材料，又可分为无机非金属材料（陶瓷、玻璃、耐火材料等）和有机非金属材料（塑料、橡胶、纤维等）。这种分类方法是依据物质化学键的不同，如金属键、离子键、共价键在三种不同材料组成结构上的独特表现。有些材料如半导体材料、磁性材料，介于金属材料和无机材料之间，有机材料也从天然有机材料改用合成高分子材料。

（4）按材料用途分类

这是按照各专业（如机械工业、电气工业、化学工业、土木建筑、医学、农业等）的需要选择符合特定要求的材料，如建筑材料、电工材料、结构材料、电子材料、研磨材料、光学材料、耐火材料、感光材料、耐腐蚀材料、包装材料等。这种分类对于社会上材料的应用较为方便，但不够具体化。

（5）按材料的物质结构分类

通常可分为金属材料、无机非金属材料、有机材料、复合材料及其他材料。

① 金属材料。金属材料是人类生活所必不可少的材料，特别是钢铁的用量很大，被广泛使用。铝的用量也在日趋增大。为了减轻飞机、电车重量及节省能源而使用的轻质合金，其主要成分是铝。有色金属中用量大的材料是铜。但是包括铁在内，这些金属很少使用纯粹的单体，大多是以合金形式被广泛使用。

此外还有钛、镍、锰、铅、锡、锌、银等，但与铁相比，这些金属无论是产量还是消费量，都要远远低得多。大量使用的铁一般都含有微量的碳，从而增加其机械硬度，这些含有微量碳的铁称为碳素钢，我们把它加工成钢板、钢管、钢轨、钢筋等，广泛应用于各个领域。表 1-2 为世界钢铁协会发布的 2022 年全年全球粗钢产量排名。

表 1-2 2022 年全年全球粗钢产量

排名	国家	2022 年 / 百万吨	2021 年 / 百万吨	同比增长 /%
1	中国	1013.0	1034.7	−2.1
2	印度	124.7	118.2	5.5
3	日本	89.2	96.3	−7.4
4	美国	80.7	85.8	−5.9
5	俄罗斯（e）	71.5	77.0	−7.2
6	韩国	65.9	70.4	−6.5
7	德国	36.8	40.2	−8.4
8	土耳其	35.1	40.4	−12.9
9	巴西	34.0	36.1	−5.8
10	伊朗	30.6	28.3	8.0

由于铝的密度比其他金属小，在空气中的耐腐蚀性也强，因此被大量用于轻量化的产品中。纯铝常以箔的形态被广泛用于防湿要求高的包装领域。加入铜、镁、硅等元素的铝合金，与纯铝相比，机械强度高，可作为构造材料用于制造飞机、车辆、船舶等。

由于铜的导电、导热性能仅次于银，因此，被应用于制造电器零件。铜与锌的合金（黄铜）及铜与锡的合金（青铜），自古以来就作为铸造材料应用于机械零件、装饰品和建筑金属构件等方面。

② 无机非金属材料。常见的玻璃、陶瓷等材料都属于这一范畴。玻璃在公元前就已有生产，是一种历史悠久的材料。玻璃的特征在于其光学性质。根据玻璃的不同组成成分，可把玻璃分成具有不同性质的各种类别而分别应用于各种不同场合。使用无机色料着色的玻璃主要用于制作装饰品及玻璃杯等。图 1-3 是用晶体单料制作成的玻璃碗。

图 1-3 晶体单料玻璃

陶瓷也是从远古时代就与人类生活有着密切关系的材料。陶瓷器一般是由原料黏土经成型、烧制后制成的，分为土器、炻器、陶器和瓷器几种类别。随着黏土的性质和烧制温度不同，制品性质也各不相同，如砖、瓦、瓷砖、茶具、咖啡具、餐具等，有着不同的性质和各自的用途。

图 1-4 陶瓷发动机

如今出现了精细陶瓷和新陶瓷等名称，开拓新陶瓷用途的倾向日趋明显。这种靠精密控制其化学组成和结构组织而制成的具有新的性能和功能的陶瓷，正在替代过去所用的金属材料。用新陶瓷制作的剪刀、刀子等已在市场出售，人们还在考虑把它用到汽车发动机（图 1-4）和燃气轮机等方面。此外，美国的航天飞机等所需的耐热面砖等材料也是新开发的特殊陶瓷。这种航天飞机从宇宙返回地球时，一进入空气层与空气摩擦就会发生高热。为了保护人的安全和机体的正常飞行，开发了这种耐高温的面砖。这种 10cm^3 的面砖材料具有良好的隔热性，即使将下部加热到呈白热状态，其上部仍然可以用手去抓握。这种面砖不仅具有极其优秀的隔热性，而且还兼备只有同体积水的 1/7～1/3 质量的轻量性。

③ 有机材料。有机材料中，塑料用量仅次于木材，其发展历史较短，是伴随着石油化学工业的发展而出现的新材料。此外，有机材料中还有纸、纤维和皮革等。

天然的有机高分子化合物有蛋白质、纤维素、淀粉等，塑料属于合成有机高分子化合物。石油裂解蒸馏时生成的部分碳氢化合物原料，最初是气体或液体形式，这些原料在热、光、压力、催化剂等条件下进行聚合反应，不断地高分子化，伴随着高分子化反应的推移，合成物质从有黏性的聚合体变成固体物质，最终成为塑料。

现在世界上每年生产 4.3 亿吨塑料。石油化学制品近 1/3 是塑料。这些塑料，正在替代过去的金属和陶瓷产品进入家庭用品、电气产品、汽车零件、建筑材料等领域，广泛地被应用。随着科技日新月异，很多具有极其优秀特性的新塑料正在不断被开发出来，塑料工业将继续向前发展。

④ 复合材料及其他材料。所谓复合材料是指两种以上材料互相复合而成的，能够发挥单一材料所没有的强度特性的材料。复合材料中有无机复合材料、有机复合材料以及无机、有机材料两者相互复合而成的材料。

为了提高材料的强度，向材料中加入某一微量材料进行复合时，一般称主要材料为母材，称微量材料为填充材。复合材料的发展历史很短，20 世纪中期左右才取得明显进展。然而，复合的方法自古就有。例如，房子的土墙壁是用砂、石子、水泥混合而成的，水泥等可以说是典型的复合材料。

20 世纪 40 年代，美国推出了玻璃钢（fiberglass reinforced plastics，FRP），由此揭开了复合材料的序幕，以后新的复合材料不断被开发出来。将玻璃纤维切短，分散在塑料中制成的 FRP 制品，比单独用塑料制成的制品增加了数倍的机械强度。这些产品淘汰了过去用钢铁制成的头盔，替代了用水泥制作的水槽和用胶合板制成的摩托艇船体。这些 FRP 制品与钢铁、水泥制品相比较，不仅轻而且机械强度很好，因此 FRP 成了这些制品的主流材料。

此外，金属和金属氧化物的针状结晶物分散到金属等物质中制成的高强度纤维合金，以及在钢铁上粘接复合不同性质的其他金属而形成的复合钢板等无机复合材料的开发也取得了快速的发展。可以预料，今后这些材料将在各个领域被广泛应用（图 1-5、图 1-6）。

图 1-5 碳纤维车架自行车

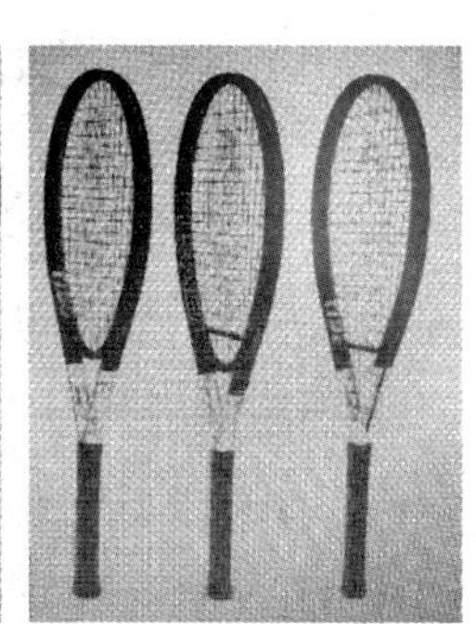

图 1-6 钛合金网球拍

把强度远远超过玻璃纤维的碳纤维复合在各种基体上而形成的碳纤维强化复合材料，由于比飞机用的铝合金轻，因此开始作为飞机的构造材料，从节省能源的观点来看，今后这种材料也是大有发展前景的。

此外，有机复合材料正在向制造人造器官、人造关节、假肢和假牙等应用方向发展，材料物性及今后人造器官类设计水平的提高，将对维持人类的生命做出巨大贡献。正如上面所述，复合材料的应用领域今后将逐步扩大，给人类生活也将带来很多便利。

1.3 设计材料选择

设计是一种复杂的行为，它涉及设计者感性与理性的判断。与设计的其他方面相比，材料选择是最基本的，它是设计的起点。材料选择适当与否，对产品内在和外观质量的影响很大。如果材料选择不当或考虑不周，不仅影响产品的使用功能，还会有损产品的整体美感，降低其使用价值，增加加工制作难度。因此，设计师在选择材料时，除必须考虑材料的固有特性外，还必须着眼于材料与人、环境的有机联系。

设计材料的种类多，量大面广。每一种材料都有自身的特点，在设计中如何正确、合理地选用材料是一个实际而又重要的问题。作为一个设计师，只有尽量发掘材料本身的特点、发挥它的特长，才能真正创造出好的产品。工业设计师在选择材料时，首先应当遵循科学的原则，了解材料的物理属性、加工方法。材料是设计师创造产品的物质基础，材质在产品上的运用被设计师赋予一定的意义。产品不只是实用功能的载体，其精神和文化上的象征功能也非常重要。根据产品的造型特点、定位层次、风格特征，来选择合适的材料，利用不同材质透出的感觉特性，按照一定的美学原则将其有机地和整个产品结合起来。

1.3.1 材料选择的原则

设计材料的种类很多，各种产品的功能要求不同，一般材料选择应遵循以下原则。

（1）实用性原则

① 产品的功能要求。由于产品的使用功能主要由材料的固有特性决定，因此，材料的选择首先必须满足产品的使用功能。

② 产品的结构要求。由于各种不同的材料具有不同的物理、化学、结构、强度等特性，对产品的使用安全和产品生命周期有影响，且不同的产品结构对材料有特殊的要求，因此，选择材料时必须充分考虑产品结构的需求。

③ 材料的外观。产品的外观美是决定商品成败的重要因素，由于不同材料具有不同的质地、肌理、纹样等特点，给消费者带来不同的材料感觉特性，因此，选择材料时要根据产品设计的形态特点、时代潮流、地域民俗风情、传统风格等，选择不同质感的材料来

满足不同地域消费者的需求。

④ 安全的要求。若产品不安全会危及消费者的生命安全和环境安全，因此，选材时必须充分考虑可能出现的不安全因素。

无论设计怎样的产品，都必须先考虑产品应具有怎样的功能和所期望的产品使用寿命，这样的考虑必定会在选用何种材料更合适方面做出总的指导。例如，操纵键盘的材料应具有恰当的接触摩擦性和冲击回弹性，以保证操作可靠和手感舒适；用作控制面板的材料应选择反射率较低并易于在其表面形成图样符号或易于粘贴图样符号的材料，以减少眩光和便于指示控制动作；医院中与病人接触的某些电疗设备，其表面应选择具绝缘性且抗静电的材料。

（2）工艺性原则

产品的所有零部件都是根据设计要求制成的，不同的构件采用不同材料加工而成，因此，产品选材要符合产品设计中成型工艺、加工工艺和表面处理等要求，应与加工设备及生产技术相适应，避免影响外观质量和加工成本等。材料成型工艺的选择应遵循高效、优质、低成本的原则。

（3）经济性原则

“实用、经济、美观”是产品设计的重要原则之一。由于不同地域的经济发展水平不同，不同消费层的生活方式以及消费理念和水平不同，因此，为了尽量降低成本，选材时在满足设计要求的基础上，还要充分考虑影响价格的因素，优先选用当地优质、价格低廉的材料，同时，尽可能采用自动化和批量生产方式，以确保高质量、高效率和低成本，使产品具有较强的竞争力，以获得最大的经济效益。

（4）环境性原则

① 尽量减少产品中使用的材料种类，以利于减少不同材料的采购、生产、加工、装配、使用、废弃等环节的成本。尽量采用易回收处理、可再利用、可降解的材料。

② 尽量不采用或少采用不可再生和稀缺、昂贵的材料，以降低成本、保护生态。

③ 尽量不采用对人类健康有害的材料，确保消费者的安全、健康和保护环境。

（5）创新性原则

随着科技日新月异、颠覆性技术层出不穷，新材料、新技术的不断出现为创新设计提供了更广阔的发展前景。设计的本质是“创造未来、造福人类”，因此，当一种新的材料出现后，设计师应该尽可能采用新材料来创造出一种具有新的功能和形态的产品，赋予产品新的品质和内涵，满足产品设计的要求。

1.3.2 材料选择的方法

现代工业设计是一个系统、综合、协同创新的工程。需要设计师有扎实的设计理论知识，通过设计实践对各种设计材料有较为系统的感性和理性的知识积累，特别是对各种材料的机械、物理、化学性能和加工工艺等知识及其应用领域要有充分的积累。材料选用的方法主要有如下几种。

（1）经验选材法

这是在利用前人和自己不断总结的经验基础上，根据设计的要求，借鉴或应用这些经验进行选材的方法。这种方法实用、方便、易操作，但是，这种方法有一定的局限性、随意性和缺乏科学性等不足。

（2）科学定量法

这种方法是指应用系统工程的方法，从产品设计的全系统出发，在材料与其他相关因素的作用、联系中，进一步加以量化，然后根据一定的评价标准进行优化选择的方法。这种方法比较科学、规范。

（3）计算机辅选法

当今世界已经进入大数据、智能化时代，给设计选材创造了便利的条件。由于现在计算机技术的快速发展，计算机存储的数据库量大而全，更新速度非常快，随时可以从计算机中找到全世界的数据，这种方法新颖、全面、科学、高速、准确、规范、合理、优质。

随着高科技的日新月异，还会不断涌现新的选材方法，一方面我们要及时应用新技术进行科学选材，另一方面产品材料选择最终还要通过设计师自己对于生产和使用全过程的实践，才能最后确认选材的正确与否。

1.4 产品设计的开发程序

在产品设计进行过程中必须注意的要点有若干方面，将这些要点一项项妥善地处理，便可以完成优秀的设计。根据工作的程序、其重要事项是什么、应如何处理等问题，现以塑料制品的设计程序为例作如下论述。此外，用模具成型的金属、玻璃、陶器等设计过程也大致相同。

（1）工作前的准备

首先是要有充分的准备，不管什么时候接受委托设计都没有问题。为此，平时需要积累有关材料以及成型加工的知识和资料，并要对有关实例的认识和体验等方面有所准备。

（2）确认产品的用途与性能要求

设计课题决定后，在确认产品的设计目的、销售日期、需要的总数量、开发和制造所需的总经费、目标成本等条件的同时，还有必要了解目标产品的各种性能，包括产品功能，材料物性，设计、使用环境，装配、施工及生产条件等。

（3）选择材料及其成型加工方法

第三步是选择材料及其成型加工方法，但也有直接进入第四步设计过程的情况，对不同情况按需要而定。

① 选择成型加工方法的要点在于要采用满足产品要求的各种性能的最适合的成型加工方法。为此，对材料的各种成型加工方法要事先进行了解，而且要将这些方法加以比较，并设想一些适用的成型加工方法和材料相结合所形成的最终状况，最后选定最合适的加工方法。

② 成型加工方法选定后的工作便是选择最适合于产品使用目的的材料，这是极其困难的工作，有必要在材料技术人员全面协助下进行。

总之，选择材料要把握好材料的特征，把重点放在满足产品性能要求上。由于原材料价格有很大的差异，因此，材料的选择对产品价格有很大影响。

（4）设计阶段

接着便进入设计阶段，产品设计一般程序是从构思草图开始，画粗略草图、效果图、设计图到模型制作。在这阶段要注意如下各项。

① 要先把握设计技术上的注意点再进行设计。要避免出现因对设计原则毫无理解而超越原则的情况。

② 成型品的设计应重点考虑简单合理的模具，因为复杂的模具不但难以加工而且价格昂贵。

③ 不要墨守成规，使设计成为过去产品的复制品。将大胆的设想导入设计时，选择新的材料和成型加工方法，才能体现产品的优点。

④ 尽量在设计开始时就与技术人员取得联系并得到较好的协作。设计是一种协同的工作，没有多人的协同就不能得到好的设计。

⑤ 经上述步骤得到的成型品的形状，要与产品的目的功能相一致，而且无论是使用材料还是成型加工方法，都要相适应。

（5）技术研究和定样阶段

设计一结束，下一步工作就是举行技术研讨会，进行设计说明的研讨活动。这种会议的参加成员包括模具、成型、质检、原料等方面的技术人员，规划和经营负责人及设计人员。头等重要的是这些负责人之间对产品形象意见的统一。要是各个部门负责人各自对产品有着不同的认识，那么就不可能产生好的产品。为此，必须提供会议研讨用的模型。

这种联席会议需要解决模具制作的可能性（行还是不行）、成型性、外观形状、成本等方面的问题。要是所有与会人员对重要性能认识一致的话，那么就能群策群力克服其中的难点。模具设计是困难的一环，因此，新的尝试要建立在对模具有深刻理解的基础之上，该修改处要修改，该坚持的要坚持，不断朝着最终样品方向努力。

（6）最终审校阶段

设计图完成后便进入绘制产品技术设计图及模具图的阶段，该阶段一结束，便进入模具的制作阶段。

塑料成型阶段，在电镀前要进行模具检查和成型品的校正工作。与设计图有差异的地方要进行修正，在修饰之后便可进行电镀。对电镀后的最终模具进行成型品的校正也十分重要，色彩、变形、尺寸精度等都是主要项目。这些工作一结束便可进入生产阶段。

（7）产品的跟踪调查

产品销售以后的跟踪调查是不可缺少的环节。产品是否在市场上取得预期的效果和作用，是设计师和各生产部门都必须关心的问题。若产品的强度不够，就必须考虑增加壁厚、变更构造，甚至改变材质等，若产品容易弄脏，则应研究改变色彩和进行表面装饰的改进方法。

这种跟踪调查，可以在早期发现产品的缺点，将损失降到最低限度，并可为今后开发新产品提供十分宝贵的数据。

研究与思考

① 联系实际，说明设计与材料的关系。

② 举例说明材料的分类及特性。

③ 简述在设计中选择材料的原则和方法。

④ 请在日常生活中找出选材不当的问题产品，并提出改进的设计方案。

第 2 章
金属

自古以来人们就将天然的金、银、铜等敲打成型的制品作为装饰之用。最初使用金属的是包括现在的土耳其、伊朗在内的中东地区，公元前4000年左右就已开始从矿石中提炼铜。从铜矿石中得到铜无论是对资源方面还是对经济方面都是有利的。后来，在发现含有锡和铅的青铜的同时，金、银等贵金属类的成型和相互结合的技术也被掌握，将这些金属制成装饰品和美术品的技术也已达到很高的水平。

到了公元前1400年左右，开始了利用铁的铁器文化，尽管与金和铜相比，铁的矿藏更加丰富，但是由于当时在技术方面的局限性，因此没能大量使用。

18世纪之前是炼金术的时代，炼金术者的哲学是以“transmutation”（变质）为目标，企图通过各种材料的变质来炼出金，结果毫无成效。这种尝试虽然最终以失败告终，但是开拓了成为现代化学基础的蒸馏法、结晶成长法和合金的制法等基础技术，与此同时创造了很多化学装置，在化学实验领域的发展上留下了功绩（图2-1）。

图2-1 中世纪炼金术

18世纪机械文明的发达提出了对所有的金属材料确立大量生产法和加工精度的要求，这是这个领域的研究飞跃发展的时代，钢铁需求也与日俱增。以德国高炉的大型化为例，1861年每天25t产量的炉，到了1910年激增到每天400t的产量。在这之后，各种非铁金属类，例如铝、铝合金、锰、钛等都已实现工业化生产，从此进入了轻金属开发的时代。

科学技术与时代一起进步，特别是在第二次世界大战以后更得到迅速的发展，开发了各种有趣的材料，如超耐热合金、超导合金、记忆合金等。这些材料要是真正得到很好利用的话，我们的生活会更加方便、舒适。

2.1 金属概述

2.1.1 金属材料的一般性质及加工法

（1）金属材料的一般性质

金属材料与其他材料相比有如下优点：

一般来说金属的导热、导电性能好，能很好地反射热和光。由于金属硬度大、耐磨耗性好，因而可以用于薄壳构造。很多金属富于延展性，因此，可以进行各种铸造加工。由于不易污损，易于保持表面的清洁，金属制品还能和其他材料相配合，发挥装饰效果和进行漂亮的加工。

金属材料与其他材料相比存在如下缺点：

一般来说金属的密度比其他材料大，有的金属易生锈。由于金属是热和电的良导体，因此，绝缘性方面较差。虽然具有特有的金属色，但缺乏色彩。此外，各种加工所需的设备和费用，比塑料和木材花费要大。

综上所述，金属既具有不少优点，同时也存在不少缺点，因此，必须充分认识金属的性质才能更好更有效地利用它。

（2）金属材料的加工法

将金属加热，在炽热状态下将其加工成板材和棒材，这种加工方法叫热加工。在常温下对金属进行压延、拉伸等加工方法叫冷加工。热加工是在高温下进行的，工作效率高，能得到金属组织无方向性的均匀材料，可是在大气中进行这种加工，金属表面易氧化而形成氧化层。冷加工主要是作为薄板、轴材、钢管、金属丝等的后道工序加工，用酸溶液除掉热加工时形成的金属表面氧化层后再在常温下进行压延和拉伸等加工。

冷加工的变形率比热加工低，经冷加工后金属的表面带有金属的光泽，能加工成正确的尺寸。经过冷加工的金属的力学性能如图 2-2 所示，随着冷加工率的上升，虽然强度与硬度增加，但延展性变差，对冲击的抵抗值也不断减少。我们把金属经加工后硬度增强的现象叫加工硬化。

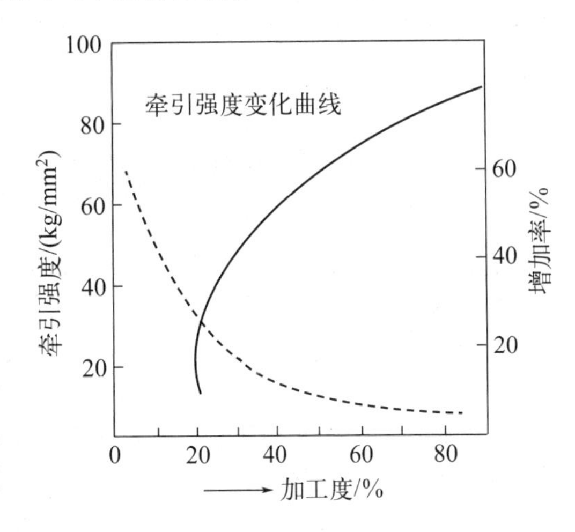

图 2-2 冷加工率与力学性能的关系

（3）金属材料的热处理

将金属在适当的条件下加热或冷却，以得到适合各种用途的组织和力学性能，这种处理称作热处理。下面以碳素钢的热处理为例作简要说明。

① 退火。退火是为了使材料软化和消除内部应力而进行的热处理。根据不同的材料用途，加热温度也不同。软化退火一般在 800～950℃的范围内进行，铁中含碳量越少所需温度越高。但若在过高温度下长时间加热会引起结晶粒粗大、强度低下的现象。加热时间一般是以材料直径（或厚度）为基准，每 25mm 约 1h。

② 淬火。碳素钢的热处理中淬火起着特别重要的作用。淬火是将钢由规定的高温急剧冷却而得到比标准组织的硬度更大的组织，因此淬火处理后的碳素钢适合于制作缝纫类物品、耐磨耗零件和其他工具类产品。

碳素钢含碳量越少，淬火所需温度越高，但硬度反而降低。碳素钢用冷水淬火越是快速则材料越硬，但是，这种方法不适于体积大的材料。淬火除用水之外，有时根据某种需要也可用油来冷却。

③ 回火。将含碳量高的钢在水中急速冷却淬火后，钢材硬而发脆，如果把它再加热至某一温度，硬度会有所减弱，成为有韧性的组织（如锰硅锌组织、富氮碳钛组织等），

一般把这种操作称作回火，通常加热到200℃左右，根据材料的大小和使用目的，加热温度有所增减。

以上就金属的主要性质和加工方法作了简单的说明，但是应在充分了解下面详述的各种金属材料物性的基础上才能进行加工和成型。

2.1.2 新的金属材料

第二次世界大战后金属材料的开发取得了显著的进步，出现了很多有特色的材料，如形状记忆合金就是一种很有趣的材料。钛镍合金记忆了成型时的温度，即使其变形，一旦加热，瞬间就恢复记忆时的形态，这就是记忆合金的特性，如图2-3中用钛镍形状记忆合金制造的人造卫星天线。

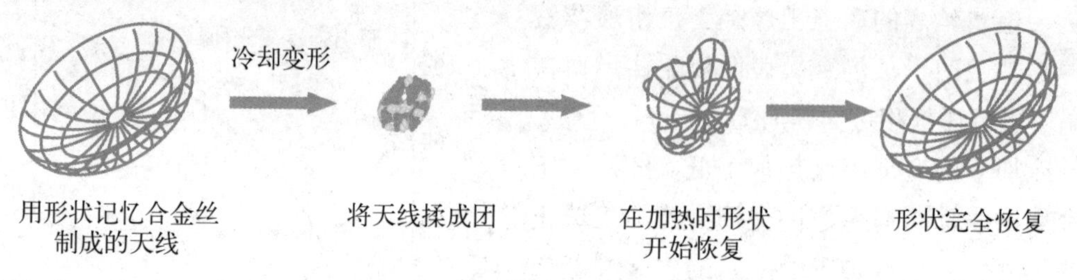

图2-3 用钛镍形状记忆合金制造的人造卫星天线

研究的结果表明不仅是钛镍合金，而且铜与铝、金与镉等合金也具有记忆现象。同时，随着改变合金的组成比，还会出现与过去不同的记忆现象。现在正在研究运用这些记忆合金试制新的发动机、折叠杯、锅和玩具等物品。由于现在记忆合金的价格过于昂贵，因此，还不能普遍使用。若记忆合金在大量使用方面的开发研究取得显著成果，实现大量生产和低价供应，未来一定会成为被广泛使用的材料。

2.2 钢和铁

钢和铁的产量居金属产量之首，这是因为钢铁价格便宜，具有较好的加工性能和优良的力学性能。此外，在钢铁中加进各种合金元素而形成的合金钢具有耐热、耐腐蚀、耐磨等优良特性，因而在近代作为机器用材得到广泛使用和好评。

2.2.1 钢铁的种类和性质

（1）纯铁

这种材料不能作构造材料用，主要作为制造电磁材料和合金钢的原料。

（2）碳素钢

碳素钢亦称碳钢，含碳量通常在0.0218%～2.11%范围内，是除铁、碳和限量以内的硅、锰、磷、硫等元素外，不含其他合金元素的铁碳合金。

根据含碳量的不同，碳素钢可以分为低碳钢、中碳钢和高碳钢。低碳钢韧性好，焊接性强，但强度较低；中碳钢强度和韧性较好，加工性好；高碳钢硬度较高，但韧性较低，经过热处理后具有良好的弹性。

碳素钢的性质随化学成分、加工和热处理状态的不同而异。标准组织主要由含碳量决定。碳素钢的用途极广，碳素钢经热处理，其组织就会发生变化，力学性能也发生很大变化。含碳量少的碳素钢和淬火的碳素钢比含碳量高的和退火的碳素钢难生锈。钢耐酸性较差而耐碱性好，碳素钢的加工温度一般是：低碳钢约在1250℃，含碳量为0.7%左右的高碳钢大约在1050～1100℃，冷加工则在常温下进行。经冷加工后其抗拉强度增加，硬度增高，韧性降低。一般把冷加工硬度增高的现象叫加工硬化，其程度随化学成分和加工程度而异。图2-4为铁碳合金相图。

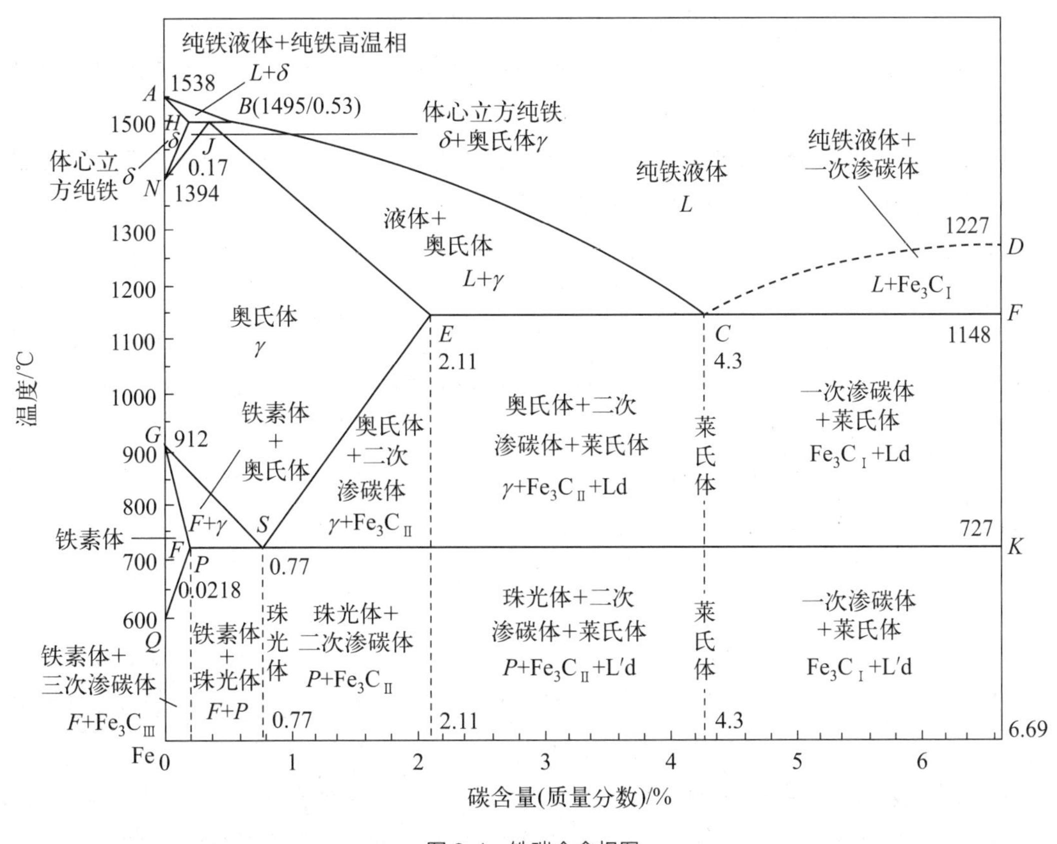

图2-4 铁碳合金相图

碳素钢板一般分成含碳量0.1%～0.2%的厚板、中板和薄板，设计材料大多使用3mm以下的薄板。薄板中有热压延和冷压延两种。以往冷冲压大量使用冷压延材料，但是最近热压延材料的厚度变动量减小，其他方面的性能也在不断提高，加上价格较便宜，因此也被广泛使用。钢板有各种尺寸，一般使用914mm×1829mm规格的钢板。批量生产时一般采用碳素钢卷带。

钢管有无缝钢管和用带钢加工而成的有缝钢管两种。机械、自行车、家具等对强度有要求，主要使用机械构造用的碳素钢管。这些钢管的材质和尺寸都有一定规格。

（3）合金钢

合金钢是指在碳钢的基础上加入一些合金元素，如Si、Mn、W、V、Ti、Cr、Ni、Mo等，能够改善钢的强度、韧性、淬透性、可焊接性等性能，往往具有特别的用途。

① 构造用合金钢。这种钢材又称强韧钢，有Cr钢、Cr-Mo钢等种类。无论哪一种材料都需要淬火、退火才能得到必要的韧性。与碳素钢相比，这种钢即使很厚，也能均一地进行内外热处理。构造用钢材中除强韧钢之外，还有氮化处理用钢和表层处理钢。

② 高张力钢和低温用钢。为了适应构造物的大型化、高性能化和轻量化，需要高强度而且易焊接的构造用钢。因此，开发了很多含碳量低、添加了少量Mn、Si、Nb、Ni、Mo、Cr等合金元素的低合金钢。特别把考虑焊接性的一系列钢材叫高张力钢，俗称高强度钢。此外，还有低温用钢和用于开发海洋的耐海水钢等。

③ 超强度钢。随着飞机和火箭的发展，要求使用轻而强的材料。一般把适用于这方面的钢材叫超强度钢或超高张力钢。

④ 快削钢。向钢材中加进少量的P、S、Pb、Se等元素，使钢材易于机械加工。这种材料用于批量生产的螺栓、螺母等机械零件。

⑤ 轴承钢。用于滚珠轴承和滚柱轴承等，要求有很强的耐久性和耐磨性，以及尺寸的经时变化要少。这种轴承钢中主要用高碳低铬钢。

⑥ 弹簧钢。弹簧钢是弹性极限高、疲劳强度高的材料，可分为热轧和冷拉（轧）弹簧钢。对热加工钢材进行退火、淬火处理，制成加热成型弹簧，或进行冷加工再热处理制成弹簧。

⑦ 合金工具钢和特殊工具材料。合金工具钢有含5%W、1% Cr的W-Cr系钢材，含22%W、11% Co的切削用工具钢，用于钢凿、冲头等的耐冲击工具钢，用于冷、热冲压锻造等成型材的冷加工钢和热加工钢等。此外还有特殊工具材料中以Co黏结剂、Wc粉末和Tic粉末烧结而成的钢材。

⑧ 耐磨钢。用作耐磨钢材的有碳素钢、表层处理钢、氮化钢、高锰钢和合金工具钢等。含有10%～15%锰的钢材，一般作铸件使用，若从1000℃退火，则可得到富于韧性的奥氏体组织，一受冲击就硬化，因此被用于破碎机的齿板等。

⑨ 不锈钢。在钢中加进12%以上Cr时便难以生锈，这种难以生锈的钢称为不锈钢。若在高Cr钢中加进Ni就会提升钢对硫酸和盐酸的耐腐性能。不锈钢有仅以Cr为主要合金元素的Cr系不锈钢和除Cr之外还含有Ni在内的Cr-Ni系不锈钢，除此之外，还开发了很多种加进各种合金元素的不锈钢，各具不同的特性。

上述各种不锈钢除以板、带、棒、管等形式供应市场之外，亦提供不锈钢铸造和锻造制品。不锈钢除具有出色的耐腐蚀性和耐热性之外，还可以对刃具的某些部位进行淬火处理以提高其耐磨性。对不锈钢表面的抛光和哑光处理等手段被广泛用于建筑、家具、车辆、机械、餐具以及化学装置等方面。

几种常用不锈钢的化学成分如表 2-1 所示。

表 2-1 几种常用不锈钢的化学成分

品种	化学成分 /%							
	碳 C	硅 Si	锰 Mn	磷 P	硫 S	镍 Ni	铬 Cr	钼 Mo
316L	—	≤ 1.00	—	≤ 0.045	≤ 0.030	12.0～15.0	22.0～24.0	—
403	0.15	≤ 0.50	≤ 1.00	≤ 0.040	≤ 0.030	—	11.5～13.0	—
410	≤ 0.15	≤ 1.00	≤ 1.00	≤ 0.035	≤ 0.030	—	11.50～13.50	—
430	≤ 0.12	≤ 0.75	≤ 1.00	≤ 0.040	≤ 0.030	≤ 0.60	16.00～18.00	2.00～3.00

⑩ 耐热合金。现开发了不含铁的以 Ni、Co 等为主成分的 Ni 基和 Co 基合金，它们作为耐 800℃以上高温的合金，也被称为超合金或超耐热合金。这种合金可用作锻造品或铸造品，喷漆发动机涡轮的叶片也用这种材料。

⑪ 其他合金。其他合金品种也不少，如含有 80% Ni、20% Cr 的镍铬合金、Fr-Cr-Al 合金用于电热材料，含有 0.5%～4.0% 硅的钢板用于发电机、电动机和变压器等，以 Al、Ni、Co 为主要元素加进铁里制成的永久磁钢，铁中加锰制成的非磁性高耐磨性的高锰钢，以及热膨胀系数小的 Fe-Ni（35%）、Fe-Ni（36%）-Cr（12%）不变钢。

（4）铸铁

铸铁，易铸造，可以铸造成复杂形状的物件。由于其机械加工性、耐磨性、耐热性能良好，价格便宜，因此广泛用作一般机械的构成材料。此外，减衰能（即吸收振动的良好性能）大也是铸铁具有的特性之一。

铸铁是碳含量为 2%～4% 的铁碳合金，此外还含有不超过 3% 的 Si、0.4%～0.9% 的 Mn 和少量的 P、S 等元素。

铸铁随着 C、Si 等含量，溶解条件，冷却速度等的不同，形成具有不同形状的石墨和不同量的纯铁块、铁碳合金、渗碳体的组织，随着这些量的不同其性质也不同。呈片状的石墨也叫片状石墨铸铁。FC25 称为普通铸铁，FC30、FC35 称作强韧铸铁。

铸铁中有代表性的品种在显微镜下呈现的组织如图 2-5 所示。球墨铸铁比灰铸铁品有更强的引拉强度和更大的延伸率，这种铸铁石墨呈球状，力学性能可与铸钢相媲美。

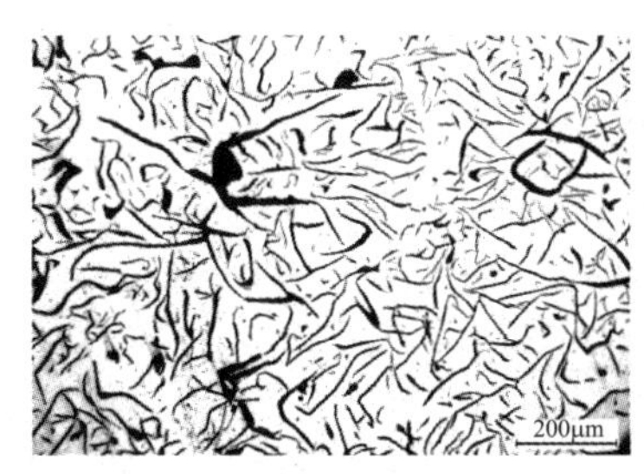

灰铸铁
强度性能和韧性较差
收缩率较小，铸造性能良好

共晶状铸铁
具有较高的强度、良好的抗氧化性和抗热疲劳性，加工性优良

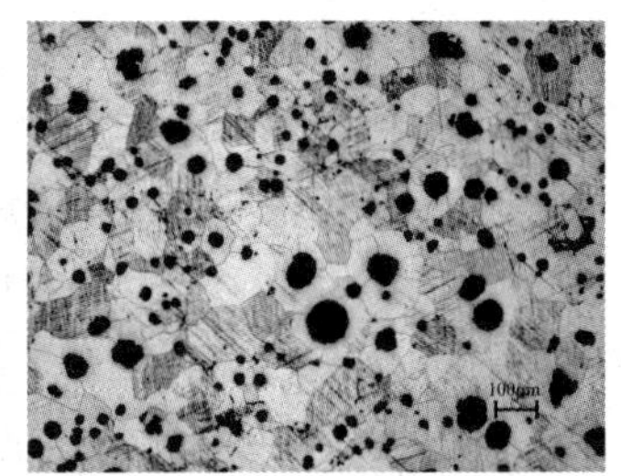

球墨铸铁
力学性能优良，强度和韧性都较好，硬度相对较低，易加工

图 2-5 显微镜观看到的代表性铸铁组织

把比普通铸铁含C和Si量低的铁水浇到铸模中，铸件的表面因急速冷却，成为仅仅表面硬化的组织，这种耐磨、耐压的冷模铸件用于激冷轧辊、车轮、凸轮旋转轴等方面。含Cr量在20%以上的铬铸铁具有出色的耐腐蚀性和耐磨性。含12%～20%Ni、1.5%～4% Cr、3%C的铸铁称为高镍铸铁，非磁性，有较好的耐腐蚀、耐热及耐磨性。含12%～17%Si的铸铁，则具有极好的耐酸性，但是，由于这种材料硬而脆，因此加工困难，只可进行研磨。

铸铁件过大时由于浇铸后冷却不均匀，往往会出现内部歪变。如果马上进行其他加工，则加工件伴随着内部应力的逐渐消除而发生变形。为了避免这种情况，通常在500～550℃条件下进行3～6h的退火处理。

铸铁一般用化铁炉或感应电炉熔解。

铸铁性能及应用见表2-2，球墨铸铁品的力学性能及应用见表2-3。

表2-2　铸铁性能及应用

<table>
<tr><th>类别</th><th>牌号</th><th>铸件壁厚 /mm</th><th>抗拉强度 Rm/ ≥ MPa</th><th>应用</th></tr>
<tr><td rowspan="4">铁素体灰铸铁</td><td rowspan="4">HT100</td><td>2.5～10</td><td>130</td><td rowspan="4">适用于载荷小、对摩擦和磨损无特殊要求的不重要铸件，如防护罩、盖、油盘、手轮、支架、底板、重锤、小手柄等</td></tr>
<tr><td>10～20</td><td>100</td></tr>
<tr><td>20～30</td><td>90</td></tr>
<tr><td>30～50</td><td>80</td></tr>
<tr><td rowspan="4">铁素体 - 珠光体灰铸铁</td><td rowspan="4">HT150</td><td>2.5～10</td><td>175</td><td rowspan="4">承受中等载荷的铸件，如机座、支架、箱体、刀架、床身、轴承座、工作台、带轮、端盖、泵体、阀体、管路、飞轮、电机座等</td></tr>
<tr><td>10～20</td><td>145</td></tr>
<tr><td>20～30</td><td>130</td></tr>
<tr><td>30～50</td><td>120</td></tr>
<tr><td rowspan="8">珠光体灰铸铁</td><td rowspan="4">HT200</td><td>2.5～10</td><td>220</td><td rowspan="8">承受较大载荷和要求一定的气密性或耐腐蚀性等的较重要铸件，如汽缸、齿轮、机座、飞轮、床身、气缸体、气缸套、活塞、齿轮箱、刹车轮、联轴器盘、中等压力阀体等</td></tr>
<tr><td>10～20</td><td>195</td></tr>
<tr><td>20～30</td><td>170</td></tr>
<tr><td>30～50</td><td>160</td></tr>
<tr><td rowspan="4">HT250</td><td>4～10</td><td>270</td></tr>
<tr><td>10～20</td><td>240</td></tr>
<tr><td>20～30</td><td>220</td></tr>
<tr><td>30～50</td><td>200</td></tr>
<tr><td rowspan="6">孕育铸铁</td><td rowspan="3">HT300</td><td>10～20</td><td>290</td><td rowspan="6">高载荷、耐磨和高气密性重要铸件，如重型机床、剪床、压力机、自动车床的床身、机座、机架，高压液压件，活塞环，受力较大的齿轮、凸轮、衬套，大型发动机的曲轴、气缸体、缸套、气缸盖等</td></tr>
<tr><td>20～30</td><td>250</td></tr>
<tr><td>30～50</td><td>230</td></tr>
<tr><td rowspan="3">HT350</td><td>10～20</td><td>340</td></tr>
<tr><td>20～30</td><td>290</td></tr>
<tr><td>30～50</td><td>260</td></tr>
</table>

表 2-3 球墨铸铁品的力学性能及应用

类别	牌号	力学性能		应用
		抗拉强度 Rm/MPa	延伸率 /%	
铁素体	QT400-18	400	18	高速列车转向轴箱架
	QT400-15	400	15	农机具：犁铧、犁柱、收割机导架，汽车、拖拉机轮毂等
	QT450-10	450\320	10	农机具：犁铧、犁柱、差速器壳，汽车驱动器壳体、飞轮壳等
铁素体＋珠光体	QT500-7	500	7	重载、高负荷的机械零部件，车轮、轮毂、曲轴、减速器、电机座等
	QT600-3	600	3	发动机缸体、重型机械的齿轮和轴、重型工业设备的零件等
珠光体	QT700-2	700	2	对强度要求较高的零件，如柴油机和汽油机的曲轴、凸轮轴，部分磨床、铣床、车床的主轴，球磨机齿轴等
珠光体或回火组织	QT800-2	800	2	汽车曲轴、汽车传递动力部件等
贝氏体或回火组织	QT900-2	900	2	高强度齿轮，如汽车后桥螺旋锥齿轮、大减速器齿轮、内燃机曲轴、凸轮轴等

2.2.2 钢铁制品实例

见图 2-6～图 2-10。

①凸轮旋转轴铸造品 ②曲轴铸造品

图 2-6 汽车用凸轮旋转轴和曲轴

图 2-7 汽车交流发电机转子

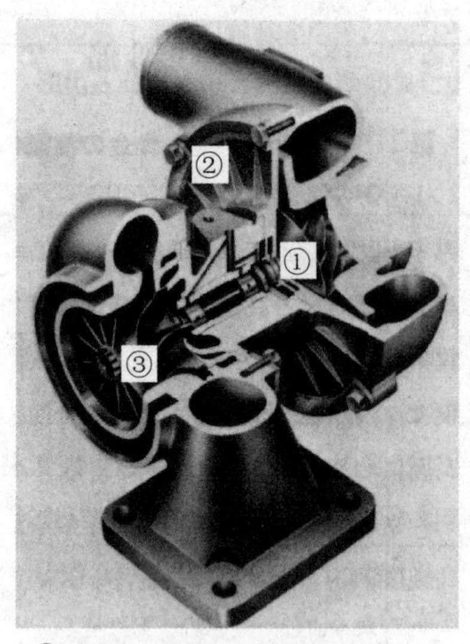

①压缩轮（铝合金）石膏铸模
②密封金属板（铝合金）压铸法
③涡轮失蜡铸造法

图 2-8 汽车用涡轮充气部

图 2-9 汽车钢板压力加工品和铸造品

图 2-10 自行车（钢管和钢板的压力加工品）

2.3 铝及其合金

2.3.1 铝及其合金的种类和特性

（1）铝

铝具有轻、耐腐蚀性强、导电、导热和反射率高等特性。铝的拉伸强度为 160MPa，纯度越高则强度越少，反之则增高。铝虽然是活性金属，但是若有氧存在则马上被氧化，在表面生成致密的 Al_2O_3 膜。由于这层膜保护内部，因此提高了耐腐蚀性。现在铝制品表面都人为地加上 Al_2O_3 膜，以增加耐腐蚀性，一般把这种机理叫耐酸铝（alumite）处理（将 Al 作阳极在电解液中电解，形成多孔的氧化膜，再在高压的加压水蒸气中处理，生成无孔的皮膜）。为了稍微提高电气用铝的力学性能，可以添加铁（Fe）和硅（Si）。高纯度的铝反射率高，可用于反射镜。

（2）铸件用铝合金

选用适合的砂模、金属模以及压模等铸造不同用途的铝合金。这时，需要从使用目的、价格等方面注意对铸造性、流动性、热间龟裂性（这是指铝合金凝固时，体积变小，因此铸件上有时出现龟裂的现象）、耐压性、耐腐蚀性、切削性、研磨特性、电镀性、阳极氧化处理难易等方面加以选择。

（3）延展用铝合金

延展用铝合金经压延、挤出、冲压和锻造等塑性加工制成各种产品。其中工业用纯铝（Al > 99.0%）是耐腐蚀性、力学性能和焊接性好的合金。纯铝虽然延展性、耐腐蚀性和焊接性很好，但是，强度比铝合金差，Al-Mn 系合金中 Mn 为 1.2%，Al-Mn-Mg 系合金中 Mn 为 1.2%，Mg 为 1%，这都是标准含量，这两种合金由于冲压、拉伸、焊接性能好，因而用于啤酒缸和各种贮藏槽等方面。Al-Mg 系铝合金耐海水性和焊接性能好，耐酸性和加工性能好，故广泛用于建筑、车辆、船舶的内外装修和家具等领域。Al-Si-Mg 系铝合金经热处理可以得到良好的力学性能，其锻造、挤出及其他加工性好，即使在常温下也能进行强加工。由于高强度铝合金耐腐蚀性能差，因此，应在铝板表面覆上纯铝或耐腐蚀合金。若对 Al-Zn-Mg 系铝合金进行热处理，可使其成为具有最高强度的合金。

延展用铝合金中有进行冷加工而使其硬化的材料和进行热处理而使其硬化的材料。后者进行适当的热处理就可充分发挥材料的特性。一般来说，延展用铝合金质地软，延伸率也大，因而容易进行冲压、拉伸等塑性加工。但是，由于强度弱，加工时比软钢板更困难些。

（4）压模用铝合金

压模用铝合金中，一般用 Al-Si、Al-Si-Mg、Al-Mg、Al-Si-Cu 系铝合金。压模合金要求流动性好，铸造时从铸模中取出产品时，不会与模具熔接。Al-Si 系铝合金，铸造性能好，热间龟裂情况很少出现，因而适于制作薄而大的压模产品。Al-Mg 系铝合金铸造性差，且不易脱模，因而用途较少。Al-Si-Mg 系铝合金的铸造性能和耐压性能均良好。Al-Si-Cu 系铝合金因铸性、力学性能和切削性能良好，故最大量用作压模用合金。铝压模合金由于轻而生产性能高，所以广泛用于汽车零件、摩托车零件、相机、家庭器具、玩具等方面。此外压模用合金中 Zn 合金也大量使用。

主要铝合金成分及用途见表 2-4。

表 2-4 主要铝合金成分及用途

种类	系列号	成分 /%						特点	用途
		Cu	Si	Mn	Mg	Zn	Al		
铝合金	1100	0.05～0.20	Si+Fe 0.95	0.05			99.0	不可热处理强化，强度较低，但具有良好的延展性、成形性、焊接性和耐腐蚀性	常规工业中最常用
	1000	<0.05		<0.05	<0.05	<0.10	99.5	优异的可加工性、高导电性、良好的耐腐蚀性和可焊性	适用于需要耐腐蚀性和导电性的应用，例如电缆、电线、电容器外壳和化学设备
铜铝合金	2000	3～5						硬度较高	航空航天铝材

续表

种类	系列号	成分 /%						特点	用途
		Cu	Si	Mn	Mg	Zn	Al		
铝锰合金	3000			1.0～1.5				高强度、低密度、抗腐蚀	航空、汽车用材，建材
硅铝合金	4000		4.5～6.0					低熔点、耐腐蚀性好	建材、机械零件锻造用材、焊接材
镁铝合金	5000				3～5			密度低，抗拉强度高，延伸率高	汽车车身、发动机部件和底盘，航空航天用品等
镁硅铝合金	6000		0.6～1.2	0.05～0.2	0.5～1.5			良好的导热性和导电性，有较好的加工性，可以通过挤压、拉伸、锻造等多种加工方法进行成型	适用于对抗腐蚀性、氧化性要求高的应用
镁锌铜铝合金	7000	少量				3～7.5		可热处理合金，属于超硬铝合金，有良好的耐磨性，也有良好的焊接性，但耐腐蚀性较差	航空、航天、汽车、高铁、船舶等领域

2.3.2 铝材制产品实例

见图 2-11～图 2-14。

图 2-11 铝合金缝纫机机体铸件

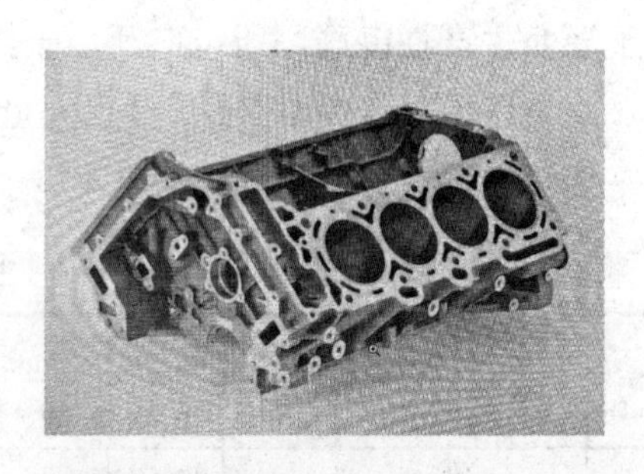

图 2-12 实型铸造的汽车发动机缸体

图 2-13 异形超薄壁铝合金铸件

图 2-14 砂型法制造的铝合金铸件

2.4　铜及其合金

2.4.1　铜

铜的加工性、耐腐蚀性好，热、电导率高，向来广泛作制造电线、化学装置和建筑装饰的材料使用。铜的熔点为 1084.62℃，铜虽容易加工，但是随着加工的进行会不断硬化，因而增加了加工的难度。为了使其软化，可以加热到 300℃，为了完全软化，可以把它加热到 500～600℃，加工程度高的软化温度低一些。铜的耐腐蚀性比钢铁好，在干燥的大气中几乎不变化，但当遇到二氧化碳（CO_2）气体和水分就产生绿色的 $Cu_2(OH)_2CO_3$。铜通常以板材、管材、棒材、线材和带材的形式提供市场，铜也能铸造加工。

2.4.2　黄铜

黄铜是在铜中加入 4% 以下的锌（Zn）而成的合金。黄铜的力学性能随含锌量多少、温度高低和加工程度等因素有很大变化。拉伸强度、硬度和延伸率随着含锌量的增加而上升。若将经冷加工的黄铜加热到 200℃左右，其拉伸强度和硬度稍有增加，但是再升温加热就会开始结晶以致急剧软化而引起拉伸强度降低、延伸率增加。当再结晶结束后，若再把温度升高到结晶粒生成的温度，延伸率就会减少，便不适宜作深拉伸用材。增加了锌，铜从红色慢慢变成黄色。含锌量超过 37% 会带有红色，6∶4 的黄铜就为带有红色感的黄色。黄铜 H62 含铜量 62%，常用于制造电线、电缆、地暖管、水管等；黄铜 H68 含铜量 68%，常用于制造薄板、暖气器、电话线路等；黄铜 H59 含铜量 59%，常用于制造螺钉和螺母等紧固件。

铜锌合金自古便被称为黄铜，除了有美丽的金黄色外，加工性能还很好，因此广泛用于装饰品和建筑五金器具。此外，黄铜在较低温度下就能熔化，因此广泛用作铸件。

铜锌合金中添加进 Pb、Mn、Al、Fe、Sn、Ni、Si 等元素就能成为特殊黄铜，起到改良铜锌合金的机械和耐腐蚀等性能的作用。为了有良好的切削性可添加 Pb；为了提高硬度和强度可添加 Al、Fe、Sn、Mn 等元素；为了提高其耐腐蚀性可添加 Sn，这种锡黄铜合金又称尼泊尔黄铜；为了增强耐海水和流水的腐蚀性可在铜中加进 Al，这又叫铝青铜。

2.4.3　青铜

青铜一般是指加进 Sn 的铜合金。

青铜的历史很悠久，公元前 5000 年是人类历史上的青铜时代。青铜现在广泛用作机械零件和美术品等的材料。纯粹的 Cu、Sn 两种元素的合金缺乏工业用途。通常使用时还得加进 Zn、Pb 和 P 等元素。工业用的 Cu-Sn 系列合金在国标中都有具体规定。

磷青铜板是在 Cu-Sn 合金中添加少量 P 加工成板状的青铜板，其拉伸强度、弹性均很大，磷青铜板及弹簧用的磷青铜规格在国标中都有具体规定。这些合金通常铸造性能良好。

2.4.4 铝青铜

一般把在铜中加进 5%～12% 的铝（Al）的合金叫铝青铜。这种合金远比黄铜的耐腐蚀性和拉伸强度要强得多。含铝 2%～5% 的铝铜合金由于延展性好，故常制成管、棒、板材。这种合金显黄金色，被广泛用于装饰。由于这种合金耐腐蚀性和强度好，通常被用于制作齿轮一类的机械零件。

2.4.5 焊锡

焊锡原来是指锡和铅的合金，是一种重要的工业原材料，可用于连接电路板上的电子元器件、修复金属物品等。但由于铅对环境和人体健康有害，现在越来越多的焊锡材料不含铅。焊锡材料通常由锡、铅、钴、镍、银、铜等元素组成，每种元素的含量和比例都会根据不同的应用要求予以调整。一般把含铜 30%～50% 的锌合金叫黄铜焊条，用于焊接铜合金和薄软钢，其化学成分及焊接温度如表 2-5 所示。

表 2-5 黄铜焊条的化学成分及焊接温度

材料	化学成分及焊接温度							
	Cu 含量 /%	Sn 含量 /%	Fe 含量 /%	Ni 含量 /%	Ag 含量 /%	Si 含量 /%	Zn 含量 /%	焊接温度 /℃
黄铜焊条	32～36	—	<0.1	—	—	—	剩余部分	820～870
	58～62	—	—	—	—	—	剩余部分	905～955
	50～53	3.0～4.5	<0.1	—	—	—	剩余部分	875～925
	46～49	—	—	10～11	0.3～1.0	<0.15	剩余部分	930～980

图 2-15 为黄铜制的阀门，图 2-16 为大型船用铜合金螺旋桨。

图 2-15 黄铜制阀门

图 2-16 大型船用铜合金螺旋桨

2.5 其他金属材料

2.5.1 锌

锌在常温下很难加工，但加热到100～150℃既可压成薄板，也可拉成金属线。若破坏其铸造组织，则以后就易加工。常温加工的材料，从50～60℃开始再结晶，在160～170℃结束。若温度再升高，则结晶体就会变得粗大。从化学性质上看，锌的金属性比铁要强，因此在铁的表面进行镀锌处理就能防止铁的腐蚀，这就是我们常用的锌铁皮。锌合金有模压用锌合金、模具用锌合金等。模压用锌合金中若含有少量Pb、Cd、Sn等不纯物就易引起粒界腐蚀，因此要特别注意。模具用锌合金可用作冲压和塑料成型模具。

2.5.2 铅、锡及其合金

铅是灰白色的金属，密度大而富于延展性，极易进行塑性加工，特别是耐腐蚀性极佳。铅除用于制作化学药品容器和水管外，还用作轴承合金、铅字、焊锡等。含有50%Bi的Pb-Sn合金熔点为60～100℃，这种合金称为低熔点合金，用于制作电熔断丝、低温焊锡和精密铸造模具等。

锡是银白色的金属，有良好的延展性，因锡在常温下能再结晶，故不能加工硬化。锡有良好的耐腐蚀性，除广泛用作白铁皮外，锡的合金还用于轴承合金和焊锡等。含有90%～95%的Sn、5%～10%的Sb和1%～3%的Cu的合金叫作白锻，用于制作餐具和装饰品等。

2.5.3 镍合金

镍和铜用任何比例都能制成合金，其延展性、耐腐蚀性良好，也能铸造。铜镍锌（Cu-Ni-Zn）系合金称为白铜，俗称“西洋银子”，这种合金的组成为镍5%～35%，铜45%～63%，锌15%～35%。镍含量在10%以上时合金呈银色，可广泛用于制作金属餐具、乐器、制图器件和装饰品等。这系列合金除制成板、线、带材外，还可用作铸件。

2.5.4 贵金属及其合金

把金、银、白金一类化学性能稳定、价格昂贵的金属称作贵金属。由于这类贵金属耐腐蚀性、导电性、延展性、铸造性好，因此，常被用作化学工业、电器工业和工艺美术品的材料。

（1）金

金有良好的耐腐蚀性、延展性和铸造性。因为金过软，所以一般在金（Au）里加进银（Ag）、铜（Cu）、铂（Pt）等元素作为合金使用。

含金量为 100% 的金称为 24K 金，含金量为 18/24（即 75%）的金称为 18K 金，含金量为 14/24（即 58.5%）的金称为 14K 金。金 - 铜 - 镍的合金称为白金，用于装饰品和手表等制品。

（2）银

银的导电和导热性是金属中最好的，且富于延展性和铸造性，在空气中也不氧化。但是空气中如含有 SO_2、H_2S 则会变成硫化银而发黑。银的用途也很广，广泛用于照相感光材料、电气触头、牙科材料、装饰品、工艺美术品材料和银焊条（Ag-Cu-Zn 合金）等。银焊条的化学成分及焊接温度见表 2-6。

表 2-6　银焊条的化学成分及焊接温度

材料	化学成分及焊接温度						
	Ag 含量 /%	Cu 含量 /%	Zn 含量 /%	Cd 含量 /%	Ni 含量 /%	Sn 含量 /%	焊接温度 /℃
银焊条	44～46	14～16	14～18	23～25	—	—	620～760
	39～41	29～31	26～30	—	1.5～2.5	—	780～900
	49～51	33～35	14～18	—	—	—	775～870
	55～57	21～23	15～19	—	—	4.5～5.5	650～760

（3）白金

白金的导电、导热性及延展性和铸造性良好，虽能溶于王水，但对一般的酸有很强的耐腐蚀力。白金广泛用作电器工业的触头材料、化学工业设备及医疗设备中的材料、装饰品及工艺品材料等。

2.6　金属材料加工法

2.6.1　材料选择

（1）材料选择的基本事项

为了供设计时选择材料作参考，下面列出金属材料所具有的主要特性：

① 能制造浅浮雕构造和大型构造物。

② 一般来说由于延展性、铸造性和焊接性良好，适于各种工法。

③ 耐热性好，不燃烧，热变形也少。

④ 硬度大、耐磨性出色。

⑤ 热传导性和导电性通常较好。

⑥ 易保持清洁。

⑦ 具有金属通常持有的重量感。

⑧ 不会因时间而发生变化，耐久性出色。

⑨ 易再生。

⑩ 具有金属光泽。

⑪ 各种形状的材料容易在市场上购得。

⑫ 其中有些金属易生锈。

⑬ 加工所需的设备及费用较多。

⑭ 一般冲击声、打击声较大。

在设计方面，与金属材料可以竞争的是塑料材料，这是因为塑料具有加工性能好、色彩丰富、产量大、尺寸精度高、轻量性等金属材料所不具备的优点。特别是随着高强度塑料的开发，使塑料不断占据了金属材料的领域。但是，金属材料也有塑料所不具备的性质。因此，应该熟知这些性质，在设计中选择适当的加工方法，充分发挥金属所具有的优势，以便产生好的效果。

（2）材料试验

为了了解金属性质，其试验法很多，从了解金属的原子构造到使用大型的试验机器了解实体构造物的试验法都有。在这里仅就进行压力加工法必须了解的主要试验方法加以叙述。

① 拉伸试验。这是了解金属材料强度最广泛使用的试验法。使用拉伸试验机将试验金属片慢慢拉伸来测定屈服点、耐力、拉伸强度、延伸率和断面收缩率，从测定值可以求取弹性限度、弹性系数和负荷——伸展曲线等。根据这些试验得到的拉伸强度、屈服点和耐力等成为材料强度的标准，延伸率和断面收缩率成为延性和加工性的标准。图 2-17 为表示金属材料负荷与延伸关系的曲线图。图中，*O-B* 段为弹性阶段，*B-C* 段为屈服阶段，*C-D* 段为强化阶段，*D-E* 段为颈缩阶段，试验件最后在颈缩处被拉断。

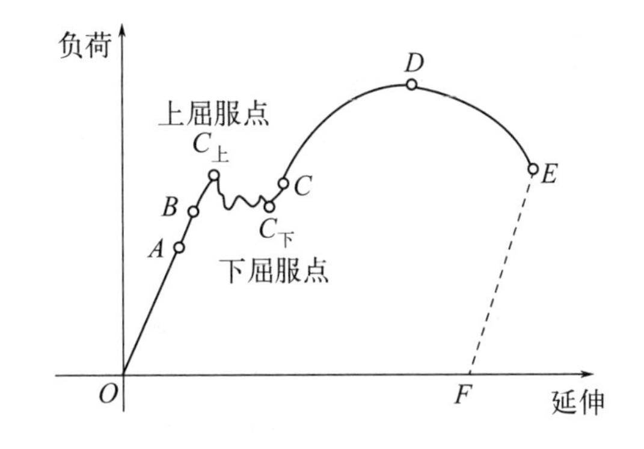

图 2-17 负荷与延伸关系曲线图

② 弯曲试验。这是为了了解材料变形能力的试验，方法是将试验片用规定的半径弯曲到规定的角度，看弯曲部的外部有无开裂及其他缺陷，见图 2-18。

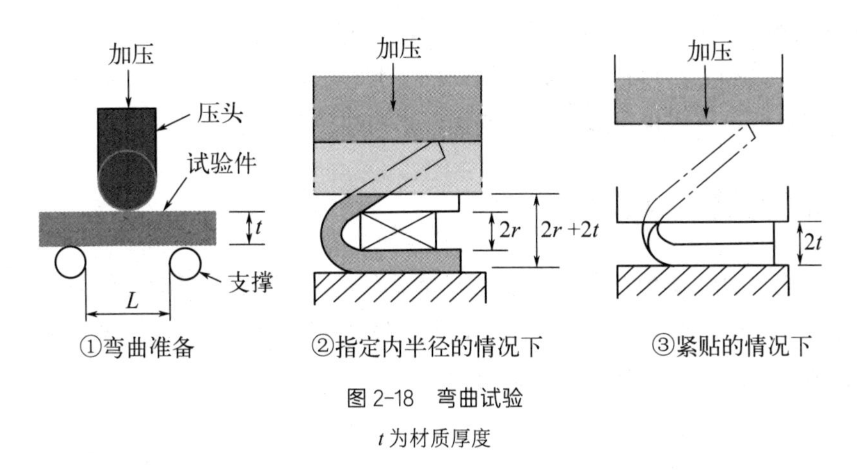

图 2-18 弯曲试验

t 为材质厚度

③ 埃里克森试验（金属薄板变形性试验）。这是为了判断金属薄板压力加工难易程度，特别是深度冲压性的试验。试验方法是将前端为 20mm 的冲头压入钢板，求得钢板出现破裂时的压入量。

④ 硬度试验。硬度的定义虽无一定，但可以将其视为对变形的抵抗。使用最广的测量仪器有布氏硬度计和洛氏硬度计。简易的方法有使用邵氏硬度计。除上述之外，还有很多试验法。

（3）加工上的注意点

下面就设计时必须要了解的金属材料所具有的性质加以说明。

① 塑性变形。一般将金属进行弯曲、拉伸等后产生的永久变形叫塑性变形。加力将金属弯曲，当去掉外力，金属就完全恢复原状的变形叫弹性变形；而去掉外力后不能恢复原状的变形叫塑性变形，在再结晶温度以下进行的塑性变形加工叫冷加工，反之叫热加工。

② 再结晶和结晶粒的生成及退火。钉子经弯曲便会变硬，但是，若加热到 500℃便变软。一般把加工后变硬的现象叫加工硬化。若加热去除畸变成为新的结晶而变软，这种形成新的结晶的过程叫再结晶。再结晶随着金属的种类不同而不同。将经过冷变形加工的工件加热到再结晶温度以上而变软的工艺叫再结晶退火。再结晶温度：Ni、Fc、Pe 约为 500℃，Au、Ag、Cu 约为 200℃，Al 约为 150℃。

③ 热脆性。将金属边加热边加工虽易于成型，但是当软钢加热到某一温度时反而比常温时还硬，变得发脆，当温度在 200～300℃，拉伸强度和硬度变大，延展性和挤压性变小，一般将这种现象称为热脆性。应注意避免在此温度范围内加工。

④ 时间开裂。冷加工的金属，由于内部残留着很大应力，常常在使用和贮藏过程中出现开裂，这种现象称作时间开裂。黄铜板及管、磷青铜、白铜和受过深度加工的不锈钢板有时也产生这种情况。为了防止这种情况的出现，可以在较低温度下进行排除内部应力退火处理。

⑤ 淬火与回火。将碳素钢从高温急速冷却而使其变硬的操作称为淬火。由于淬火后材料变硬而发脆，因此，在 500～680℃的温度下再次把材料加热而提高其韧性，这种操作称为回火。通过加热和冷却改变材料性质的工艺称为热处理。铝合金硬化与软化的原理与钢不同，但进行热处理也可以大大改变铝合金的性质。

2.6.2 加工方法

金属的加工法有很多种，但大体分类如表 2-7 所示。由于不可能将所有方法加以详细论述，下面就设计中所必需的加工法加以说明。固体金属的加工中，有塑性加工、连接和机械加工，液体金属加工法有铸造和烧结。

表 2-7　金属加工法的种类

机械加工	车床加工、刨加工、钻床加工、磨削加工等
塑性加工	锻造、压延、冲压等
铸造	重力铸造、低压铸造、模铸等
烧结	选择性激光烧结
连接	机械性连接、熔焊（气焊、电弧焊等），粘接（合成树脂系、橡胶系、纤维素系等）

（1）压力加工

压力加工成型的物品中，从笔尖到家具、电器机器零件、汽车、飞机等，范围极其广泛。压力加工作业要求较高，是在积累长期的经验和丰富知识的基础上进行的。在这里无法详细介绍这一加工技术，因此，就只对设计必要的知识加以说明。

压力加工的定义虽不是很明确，但可以分成切断加工、弯曲加工、冲压加工、成型加工、压缩加工和特殊塑性加工等。

切断加工是一种把平板冲成所需形状产品的加工方法，是截断、切落、冲孔、冲形等加工法的总称。弯曲加工是将平板进行直线性弯曲的加工法，是“V”字形弯曲、“U”字形弯曲、冲压弯曲、圆弧等加工的总称。冲压加工是制造没有接缝的圆筒状容器的加工方法，有深冲压、拉伸冲压等。所谓成型加工是在平板上加上各种拉伸力，再加以弯曲或冲压的复合加工法。压缩加工，则用作冷锻造的同义词。特殊塑性加工有旋转成型法、高速锤加工、液压成型、爆发成型等。

压力加工具有生产批量大、尺寸精度高、质量管理容易、材料利用率高等优点，因此，在所有的领域中广泛使用。但因需要制作金属模具，制作费用高而不适合小批量生产。压力加工中使用的材料是各种各样的，一般来说压延成薄板状的金属都可作为压力加工材料使用。使用最多的是压延钢板、锌铁皮、白铁皮、不锈钢板、硅（矽）钢片等，其次是铝板、黄铜板、磷青铜板等。加工材料的厚度从极薄到 50mm 左右都可以。

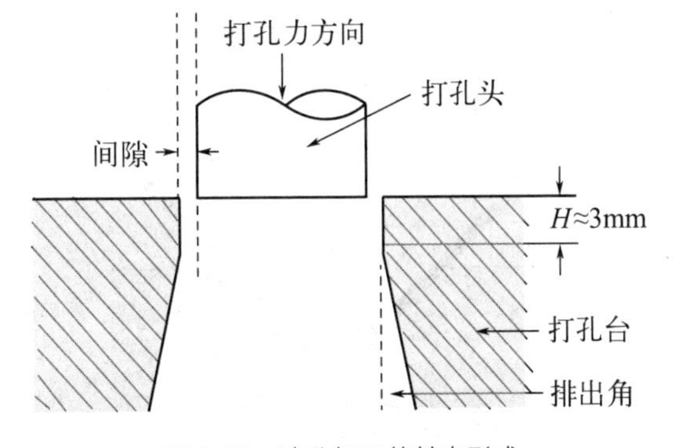

图 2-19　冲孔加工的基本形式

① 切断加工。切断加工中最有代表性的是冲孔与切断，基本构造如图 2-19、图 2-20 所示，这种形式的冲压切落虽然节省材料，但产品往往出现弯曲。冲床、冲模的构造是根据被加工板的材质、板厚和要求精度等设计的。脆性材料的切口做不到

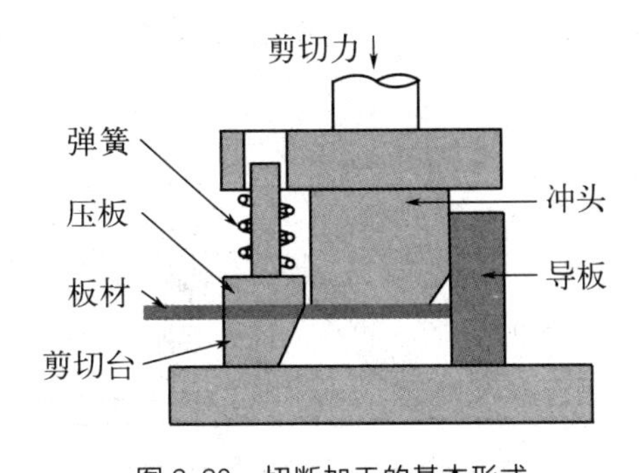

图 2-20　切断加工的基本形式

很光洁。硬材料也可以进行切断、冲孔，但模具磨损大。切断加工的板厚可达 15mm 左右，但会有塌边，其程度大体与板的厚度成正比。若采用精密冲法可以使边缘切口平整。加工品形状的限制从加工优劣、加工的难易来看，可参考图 2-21 所示之值。

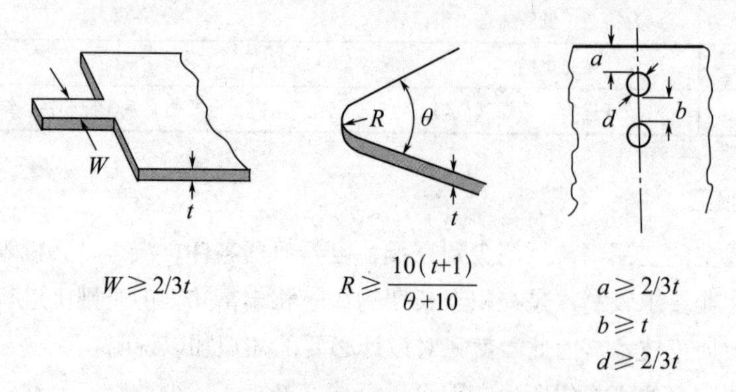

图 2-21　切断加工零件的形状限制

② 弯曲加工。弯曲加工除用压机压成“V”形和“U”形等外，还有用弯曲长卷板的弯板机进行的弯卷，用弯辊弯卷金属板材，用 2、3、4 根辊子将板制成管子、弯成角度的滚弯曲及弯管等。弯曲加工的基本形式如图 2-22 所示。

a. 最小弯曲半径。这是指进行弯曲时不损伤加工材料而弯成的最小半径，这个值随着材质、板的厚度、热处理状态、板的压延率和压延方向等因素的不同而不同。例如，极软钢的弯曲半径可为板厚的 1/2 或小于 1/2。磷青铜等材料若压延方向改变 90°，二者的最小弯曲半径相差很大，甚至达到 10 倍。

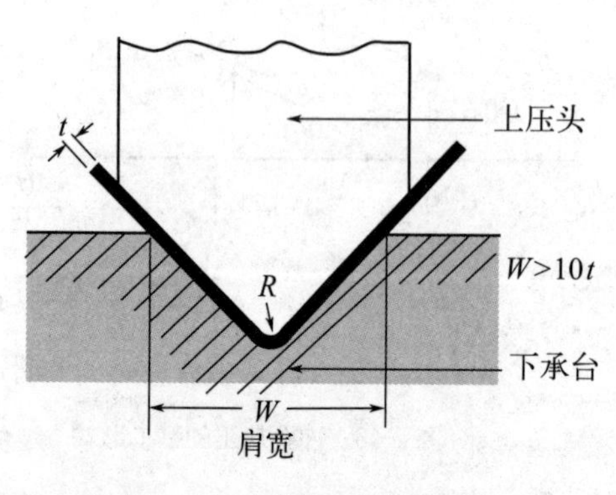

图 2-22　弯曲加工的基本形式

管材则随材质的处理状态、厚度、管径等不同而不同，但一般最小半径为管径的 2.5 倍左右。管中如放进低融合金、砂等材料进行弯曲，则可弯至更小的半径，但这种方法费时、费工、成本高。

b. 回弹。进行了弯曲加工的型材一旦去掉外力，因材料具有弹性而出现回复现象，这就是所说的回弹，如图 2-23 所示。这种回弹现象随着材质、板厚、弯曲半径、压力等有所改变。模具设计时必须事先估计回弹量。

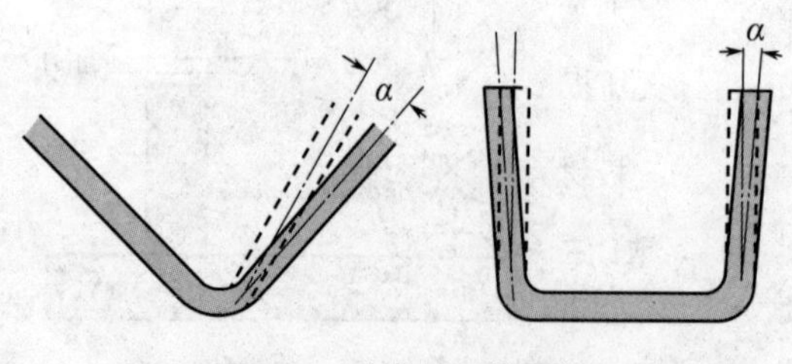

图 2-23　弯曲加工的回弹

在包含弯曲加工的设计中，我们必须事先了解用通常操作能加工的尺寸、界限和容易加工的形状。

这方面实例见图 2-24。表 2-8 为不同材料的最小弯曲半径。

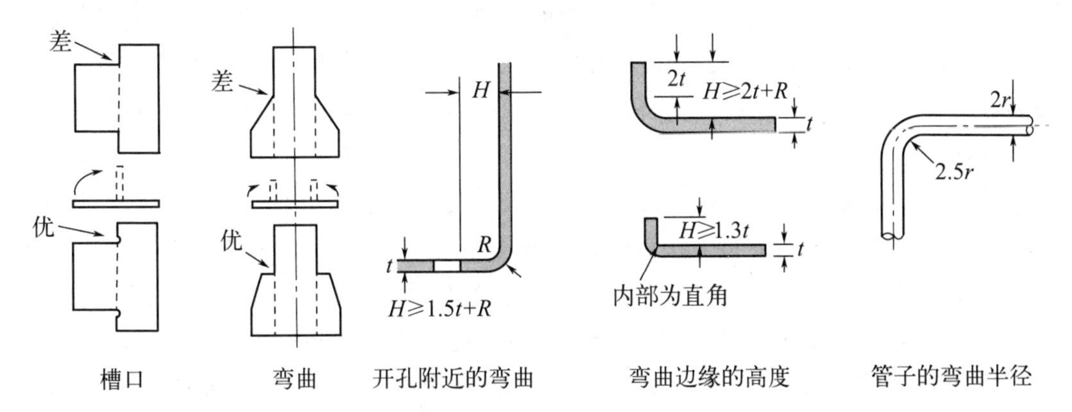

图 2-24　优选的设计

表 2-8　最小弯曲半径

材质	状态	最小半径 /mm
极软钢	压延	＜ 0.5t
半硬钢	压延	1.0t～1.5t
铜	压延	1.0t～2.0t
铝	压延	＜ 0.5t
黄铜（软）	与压延方向成直角	0
	与压延方向成平行	0～0.5t
黄铜（硬）	与压延方向成直角	1.0t～2.0t
	与压延方向成平行	10t～12t
洋银	与压延方向成直角	1.5t～2.0t
	与压延方向成平行	5.0t～6.0t

③ 冲压加工。制造像锅那样的无接缝制品的成型塑性加工方法称作冲压加工。冲压加工中一般使用单动式冲压，但在批量生产中往往并排安装多台单功能冲床，一次冲程同时进行几个工序的冲压，将带状板材一节一节依次递进，进行多工序加工，在最后工序把制品冲出，则冲压加工结束。每分钟冲 50～120 次，是快速的加工法。如今，十分钟就可更换冲床模具，因此也能使用冲压流水线顺序型模具，一批加工件数为 3000～5000 个的加工件。此外，用于这种机械的模具，虽然尺寸精度要求很高，但是由于近来模具制作技术很发达，也就比较容易采用这种加工方法。冲压加工的基本形式见图 2-25，加工时冲模头的肩中圆角 R_p、冲垫肩中圆角 R_d、模头与垫的间隙、板的厚度等都是重要的

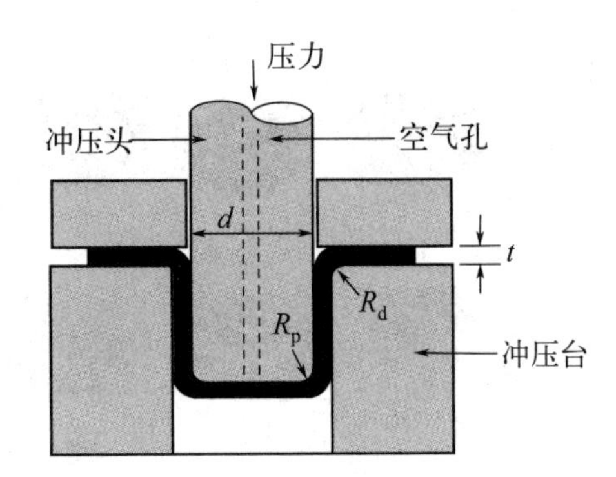

图 2-25　冲压加工的基本形式

注意点。

用于冲压加工的板，因在加工中受到强的拉伸应力和压缩应力，因此，需要选择耐上述应力的材料。为此，材料的薄钢板变形值、抗张力试验中的表面收缩率的大小就成为选材的依据。过去使用冷压延材，现随着质量和精度的提高，廉价的热压延材也被用于构造零件的制造。

设计中采用冲压加工时，材料的种类、形状、尺寸、公差、数量、交货期等要与加工者事先商定，这一点十分重要。以圆筒形深冲压加工为典型例子，如图 2-26 所示，将原材进行一次、两次、三次、四次冲压加工到最终形状，从图中可以看到，每冲压一次，底面积逐步变小，各工序间底部直径的变化之比称为冲压率，冲压率在实用上已有规定，因此，冲压率越大的加工品，其冲模头及冲垫花费的费用越大，工序数也增加，当然成本也变高。图 2-27 表示方筒的冲压加工。方筒的冲压比圆筒容易。冲压加工的难易，因为与板厚、方筒的宽度、曲线部的半径 R 大小有很大关系，所以必须加以注意。方筒中一次冲压约为 R 的 4～6 倍，圆筒冲压则限制在圆筒半径的 1.5 倍左右，大型产品的冲压中，简单形状物和左右对称的形状物的冲压虽不是那样难，但是需要与其相应的大的设备。好的加工品都加工得很光洁，但设计时若选错材料，那么最后就会出现皱纹、冲压痕、模具损坏、打痕、竖向破裂、扭曲、容器周围波状现象、冲击痕（冲压面出现针卷形凹状）等缺陷，也就成为难看的制品。图 2-28～图 2-31 为冲压加工制造的产品。

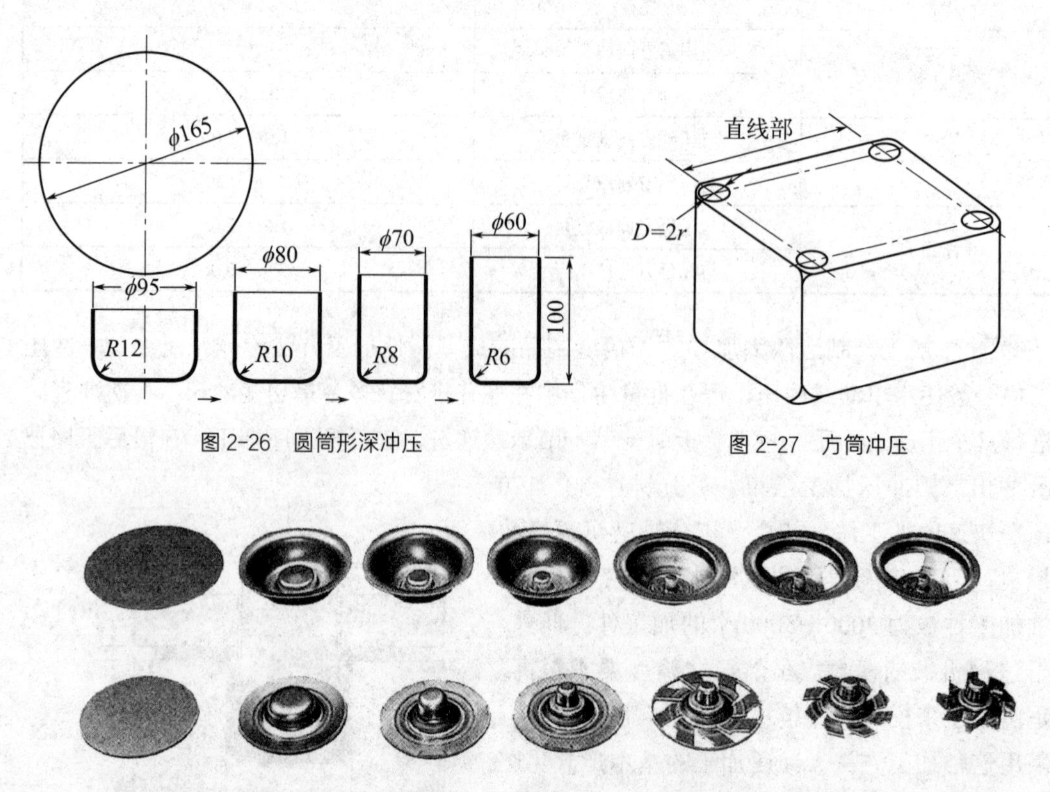

图 2-26　圆筒形深冲压

图 2-27　方筒冲压

图 2-28　两例冲压加工制品

图 2-29 烧水壶

图 2-30 电饭锅

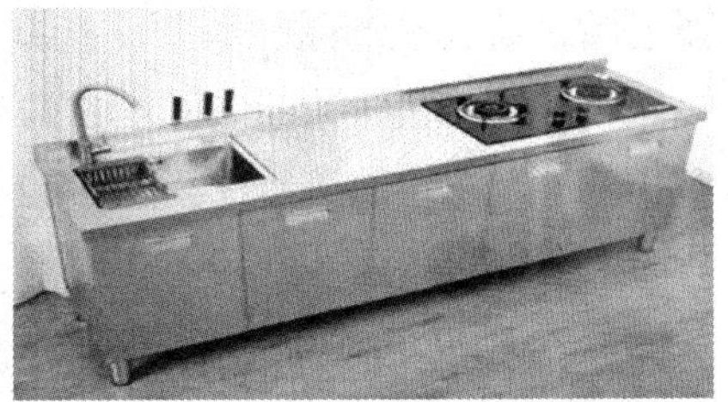
图 2-31 不锈钢制洗碗池及灶具台

（2）压力加工用材料

用于压力加工的材料很多，表 2-9 中是最广泛使用的材料。用于冲压的垫和模头由于现在使用 NC 机械和 NC 金属线切割来加工，因而其尺寸精度可以很高。

表 2-9 压力加工用的各种材料

种类		特性	用途
钢铁板材	热压延材	强度高、成型性好、表面质量较好、使用寿命长	船舶、桥梁、建筑、机械制造
	冷压延材	耐用、可靠性好、涂层的韧性强	车辆、机械零件、建筑用材
	锌铁皮	电镀的材料成型性良好，也可熔接（SEH、SEC 等）	汽车油箱、车体
	镀锡铁皮	冷压延板中有镀锡板（SPTE）和熔融锡中浸镀板（SPTH）成型加工性良好	容器、机械零件
	不锈钢板	成型加工性良好，加工硬化激烈，2D 加工（无光泽加工）拉伸性良好	化学工业用、建筑用材
其他金属材料	铝板	拉伸性、焊接性良好。由于加工硬化激烈，随着加工的进行，拉伸性恶化	化学工业用、家庭用机器
	铝合金板	耐腐蚀性差，但强度很好	家用机器、车辆、盖子
	铜板	工业中很多是电器零件，故大多用于切割弯曲加工，冲压成型性能良好	电器用、化工用、建筑用材
	黄铜板	进行激烈成型时，使用 7∶3 的黄铜，有金黄色美丽的外观	汽车散热器、热水瓶、配线零件
	其他	镁合金板（H4201）塑性加工性能差。钛板（H4600）高价，延展性相当好	钛板为化工用，镁合金板用于轻量外壳
复合材料	铝及铝合金板的复合板	加工性可考虑与母材同样程度。 皮膜虽可提高拉伸性，但皮膜有破坏的危险。 冲断加工板的断面，因无皮膜断面易生锈，故要注意。 将冲头对准皮膜一侧，可以包住切口	车辆、飞机用材
	软钢板		容器
	聚氯乙烯复合钢板		容器

（3）铸造

铸造是指将熔化的金属铸入铸型中，让其凝固而制成物品的方法。能熔融的金属可以铸成任意的形状，因此设计的自由度较大。铸造是机械零件、日用品以及工艺美术品制作中不可缺少的加工法之一。铸造工业作为现代产业的一环，随着生产技术的提高，铸件产量急增。铸造品的品种很多，有单个重达 200t 的轧机架和单个重 20t 以上的船用螺旋桨，有用精密铸造法铸造的 10g 左右的超耐热合金铸件的喷气发动机叶片，还有现在每月生产几十万件汽车用的铸造件。图 2-32～图 2-36 为铸造产品实例。

图 2-32　铸铁平底锅（使用生砂模）

图 2-33　浴室水龙头（铜合金铸造）

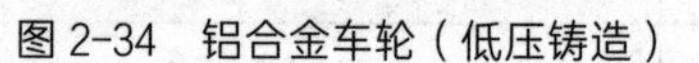

图 2-34　铝合金车轮（低压铸造）

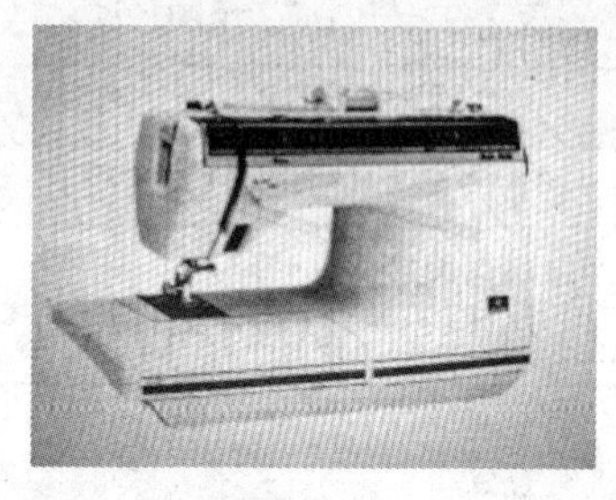

图 2-35　缝纫机（铝合金铸造）

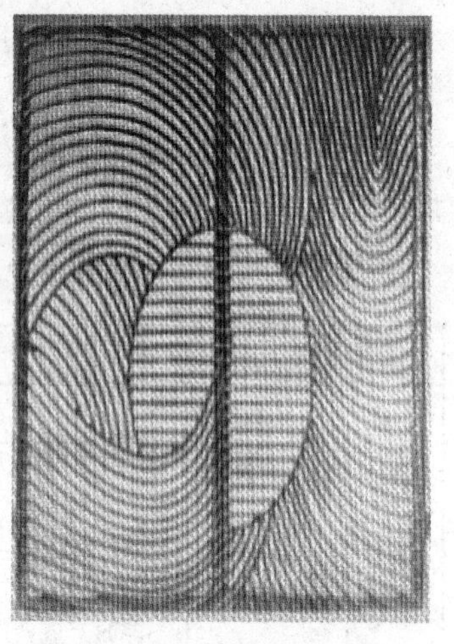

图 2-36　门扇（铝合金铸件）

设计的对象欲使用铸件时，需要事先了解铸件具有的特性和铸造法。图 2-37 表示制造铸件的基本形式。将熔化的金属从上铸孔倒入，使其充满模腔，凝固后将浇口和出气孔等处多余金属去掉。因此，铸件设计中首先必须考虑成型品的浇铸口和排气口等的设置位置以及如何去掉因除去铸成品的多余部分所留下的痕迹等。此外，复杂形状的铸件需要考虑使用内芯等。

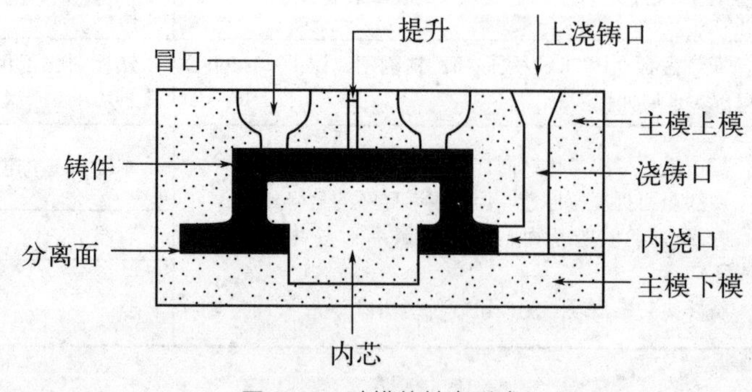

图 2-37　砂模的基本形式

为了铸出无缺陷的好铸件，最好做成如图 2-38 中所示带有“○”记号的形状，接着决定使用怎样的铸造法。在选择铸造法前，需要对使用的材料再次从能否满足强度、机械加工性、价格、外观等加以确认。

① 铸模的种类。铸模可分为砂模和金属模。

砂模是在以粒度分布、化学成分、水分等为基准选择的砂中加入黏结剂而固化的，不能反复使用。根据使用黏结剂和硬化机构的不同，可以分为生砂模、自硬性铸模、煤气硬化铸模、热硬化铸模等。

金属模因铸模是金属制的，铸造轻合金铸件可用 2 万次左右，铸造铁件可反复使用 1000 次左右。根据熔融金属注入方法的不同，可以分为重力铸造、低压铸造、压铸等。此外，特殊的铸造法还有精密铸造法、减压铸造法等，分别用于特殊的铸模。

用生砂模铸的流程如图 2-39 所示。

② 铸模的制造方法。铸造模具的制法有如下几种：1 小时制 300 个铸模的批量用的生砂模，使用氨基甲酸乙酯反应和呋喃树脂的酸硬化反应的常温自硬性铸模造型法；将水玻璃加入砂内吹入二氧化碳使其硬化，为了促进氨基甲酸乙酯反应，吹入三乙基胺硬化的气模法；

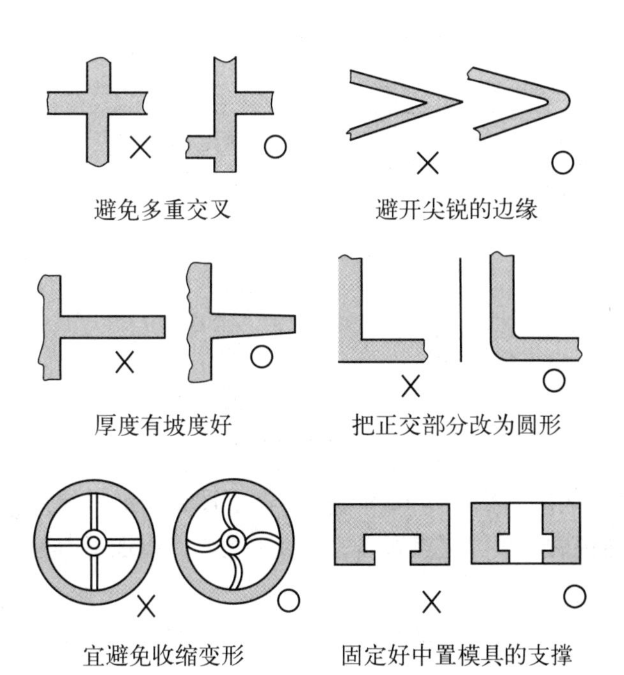

图 2-38 铸件设计

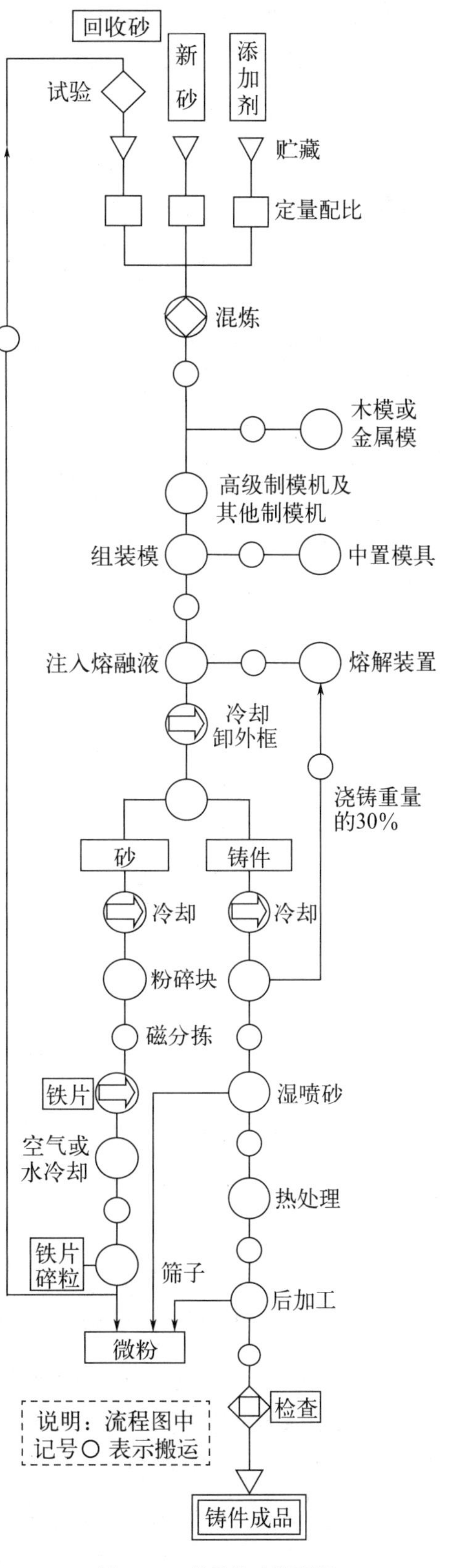

图 2-39 铸造生产流程图

在加热的金属模具中，使用表面吹上覆有一层热硬化性酚醛树脂的喷镀砂的罩模法等。此外还有其他各种制造方法。

（4）连接

连接有机械性连接、金属性连接和化学性连接。机械性连接是由螺栓、螺母、铆接、弯扣等连接，金属性连接为焊接，化学性连接是最近急速发展起来的由粘接剂的连接。

① 焊接法。焊接法若细分可达 50 种以上。最广泛使用的有气焊和电弧焊，与薄板压力加工一起使用的点焊、缝焊，还有不引起底材熔融的锡焊等低温连接。

气焊是使用氧、乙炔燃烧的火焰，烧焊时有用焊条和不用焊条两种。电焊是在母材和焊条间进行点焊，用其热量焊接母材的方法。电焊用的电流有直流的交流两种。这些都是最广泛使用的焊接法，广泛用于大型构造物、船舶和建筑物的制作。

点焊、缝焊用于较薄板的连接，无论哪一种都是用电极夹住重合的母材，边加压边通电，利用产生的电阻热来焊接的方法，点焊是点状焊接，缝焊是进行连续性的焊接。

汽车车体、电器机器及其他设备制作中广泛使用这些方法。气焊、电焊几乎都能够焊接所有的材料。焊接作业因大多依靠人力，故效果常因人而有差别。不锈钢板因热膨胀量大而易发生变形。点焊最小边缘距离和最小焊接距如图 2-40 和表 2-10 所示。

焊锡可以分为有铅焊锡、无铅焊锡、含银焊锡以及银焊、黄铜焊、金焊等。

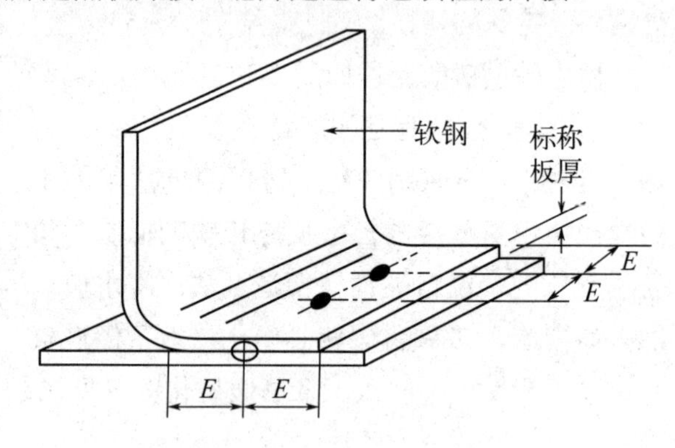

图 2-40　点焊最小边缘距离

表 2-10　点焊中最小边缘距离、最小焊接距　　单位：mm

标称板厚	最小边缘距离（E）	最小焊接距（S）
0.6	6.0	10
0.8	6.5	12
1.0	7.5	15
1.2	8.5	18
1.6	9.5	26
2.0	10.5	30
2.3	11.5	35
3.0	13.5	50

② 粘接剂连接。适于连接金属的合成树脂有很多，其中有在常温下硬化和加热硬化两种。由于这些粘接剂的粘接力很强，连接时一般可用点焊固定主要的位置，而连接力是依靠粘接剂的粘接力，但是加热的地方不能用。

现就具代表性的粘接剂加以简单说明。合成橡胶系粘接剂能有效地粘接如金属、玻璃等非多孔质的物品，无论风干还是热压都可以。不饱和聚酯系、环氧树脂系在硬化时无挥发物，适于金属的粘接。氰基丙烯酸酯系粘接剂呈液状，具有速粘性，数秒间即可粘接。聚氨酯系耐老化性、耐药性能好，用于金属的粘接。

③ 机械性连接。机械性连接有可以拆装的螺栓、螺母、螺钉的连接，还有永久连接的铆钉连接、开口铆接、弯扣连接、折边连接以及各种辅助方法等，如图 2-41 所示。

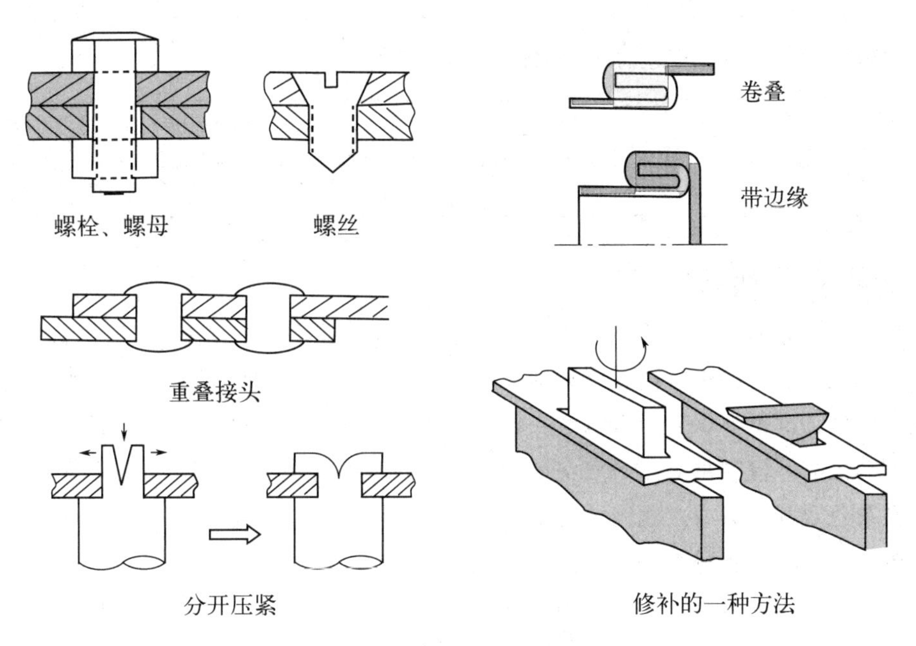

图 2-41 几种机械性连接方法

2.7 金属的表面处理

2.7.1 表面处理的含义

我们之所以把金属作为材料来使用是因为金属的强度大，有优良的加工性能，经表面处理后有美丽的光泽、色彩及光滑的触感等，在设计中可加以利用。但是，金属在受到空气和水分侵蚀后易生锈，引起强度降低和光泽减退，所以为了使金属表面保持光泽和色彩，具有美感，要对金属进行表面处理。除了上述主要目的外，还有对金属在导电性、退水性、润滑性等特殊要求。

表面处理技术常常是在达成一个主要目的的同时也起着达成其他目的的作用，有时也会为了一个目的使用若干技术。例如最简单的涂装表面处理，处理前先进行保护性氧化膜加工或涂底漆，然后再涂外层，这是常见的工序。涂装的色彩起到了提高产品视觉、触觉效果的作用，涂膜同时还起到保护表面的作用。从这种意义出发根据不同的目的来将表面处理分类有些困难，现将主要的涂装技术进行分类，如表 2-11 所示。

表 2-11　各种表面处理技术的分类

加工过程	主要目的	方法与技术
表面装饰	平滑化、光泽化、制作凹凸模样	机械方法：切削、研削、研磨 化学方法：化学研磨、表面加饰、蚀刻 电化学方法：电解研磨
表面层改质	耐腐蚀化、着色、耐磨耗	化学方法：化成处理、表面硬化 电化学方法：阳极氧化
表面涂层	耐腐蚀化、色彩化、增加表面机能	金属涂层：电镀、金属涂层 有机物涂层：涂装、涂塑处理 陶瓷涂层：搪瓷、景泰蓝、玻璃涂层

（1）腐蚀与表面处理

一般来说，金属在大气中容易生锈。在有大气的自然界中，人们需要付出很大努力才能从稳定的金属氧化物中分离氧元素提取出金属，将其作为材料来使用。因此，人们都希望金属在任何情况下都保持原来状态，但是只要环境条件合适就会生锈，这就是金属的腐蚀。我们的生活环境常常满足金属腐蚀的条件。为了保持金属品的美观，提高耐久性，确保安全性及有效利用资源，就需要对金属进行防腐处理，腐蚀是从表面开始的，因此耐腐蚀化是表面处理的主要目的。

要想得到防腐蚀效果，首先必须很好理解腐蚀的机理。大部分腐蚀是由氧化和溶解两种反应引起的，腐蚀的机理相当复杂。铁的腐蚀简略模式如图 2-42 所示。

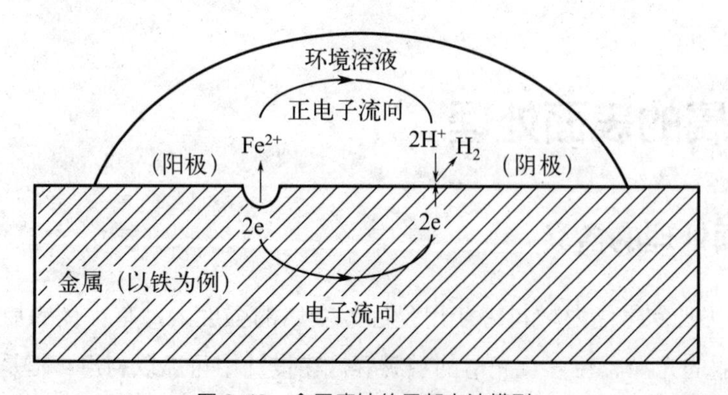

图 2-42　金属腐蚀的局部电池模型

腐蚀是由向外部供给电子的阳极和接受外部电子的阴极形成的。电子的移动和两极的化学反应是成对进行的，在某种环境条件下，自然发生一对极，把形成像电池那样的二极叫作伽伐尼对，产生成为腐蚀原因的伽伐尼对和电化学电位差的状态有如下几种：

① 表面化学组成的不均匀性（与异种金属接触）；

② 表面构造、能量的不均匀性（表面应力、塑性畸变、微细组织、粒界、伤痕）；

③ 接触不均匀环境（空气、水分、垃圾等）；

④ 由环境引起的直接侵蚀。

因此，假如不能改变腐蚀环境或避免接触的话，为了防腐蚀有如下三种基本方法：① 把表面处理成不能形成伽伐尼对；② 加上保护表面，使金属表面避开腐蚀环境；③ 积极进行防腐技术处理。耐腐蚀处理及保护膜的长、短处见表 2-12、表 2-13。

表 2-12 金属表面的耐腐蚀处理

加工过程		防腐蚀的作用	处理技术
表面性状的均一化		表面构造和能量的安定化	研削、研磨、表面清净
表面层的改质		表面的不动态化	阳极氧化、化成处理
表面涂层	金属涂层	电化学防腐蚀	电镀、金属涂料
	有机物涂层	形成保护表面	涂装、涂塑
	陶瓷涂层	形成保护表面	搪瓷、玻璃涂层

表 2-13 保护膜的长处与短处

涂膜材料	主要处理方法	短处	长处
金属	电镀	·因伤痕等原因使涂膜破裂会形成两极电池，引起腐蚀 ·有时溶出金属离子	·引起变形的可能性小 ·不溶于有机溶剂 ·导热性好
有机质（塑料）	涂装	·氧化（耐气候性低） ·因质软易有伤痕 ·耐热温度有制约	·作业简单 ·比较便宜 ·不会形成两极电池
陶瓷	搪瓷 玻璃涂层 陶瓷涂层	·脆、不耐冲击 ·对急剧温度变化耐受力较差 ·难传热	·质硬，不易产生损伤 ·耐高温强 ·不会形成两极电池 ·耐气候性好，稳定性好

（2）表面处理及加饰、印刷

设计方面所要求的表面处理首要的是产品外观的美化，即色彩、光泽等。因此有必要在底材金属具有的色调不能满足要求时，用若干方法使它变成符合目的的色彩。金属表面加饰的主要方法如表 2-14 所示。

表 2-14 金属表面的加饰技术

1. 金属着色（硬金属表面发生化学变化而形成色彩膜）
化成处理、阳极氧化、染色
金属盐等着色膜形成
氧化：
铁的黑染法、铁的蓝烧法
铜、黄铜的氧化着色，锌的铬氧膜
氧化还原：铁的黑染法、铜的红色亚氧化着色
硫化：铜、黄铜的着色法，银熏处理
合金膜形成：汞合金法形成的金、银色，镀锡
染色方法：阳极氧化膜染色（铜、铝）

续表

2. 金属涂色（金属表面涂上颜料或金属，分散在皮膜中）
涂装、电镀、搪瓷、景泰蓝
金属附着：
电附着、电镀（Au、Cu、Cr）、金属熔喷（Cu、黄铜、Au）
蒸着：铝蒸着、金蒸着
颜料分散膜的形成：
有机质膜涂装、印刷
玻璃质膜：搪瓷（Fe、Cu、Al、不锈钢）、景泰蓝（Cu、Ag、Au）

注："1." 为附着金属类，"2." 为金属基材。

金属着色膜有铝阳极氧化膜和钢铁的磷化膜，一般膜层相当薄（4～5μm 以下），容易发生化学性变化而变色（图 2-43、图 2-44）。因此，着色后进行透明涂装的同时需要注意使用环境。此外，涂了铝阳极氧化膜的金属一般在着色上有限制，缺乏色彩多样性，即使电镀也同样如此。而用颜料着色的涂装、搪瓷、景泰蓝等，色彩鲜艳，选择余地大。

金属印刷中有平板印刷和像啤酒罐一类制罐后印刷等方法。这类印刷与一般印刷不同，在表面加饰的同时兼有保护表面的作用。根据底料金属的种类和印刷方法，可分马口铁印刷、软管印刷和装饰钢板印刷等。可以用转印法、胶印法和叠层法等方法来印刷。油墨基本上与涂料相同，是由主要的色彩成分（颜料、涂料）、展色剂及助剂配制而成，印刷后加热干燥。图 2-43、图 2-44 为经表面处理的制品实例。

图 2-43 铝合金瓶盖

图 2-44 印铁制的铁盒

（3）对有害物质的处理

表面处理技术的目的是经过处理而提高各种材料的耐久性、耐老化性及附加值等，在其处理过程中不应对人类生活有所损害。例如食品容器和玩具产品的表面都进行防止金属离子溶出的处理，这就是代表性的例子。

进行表面处理的工厂除了排出有害物之外，还有粉尘、臭气、振动、噪声等环境污染问题。随着消除环境污染意识的增强，制定了有关法规。经过政府的行政指导和企业界的共同努力，污染已得到了不少改善。对污染采取的措施可考虑如下三点：

① 封闭系统，不排出有害物；

② 使用代用品，停止或减少使用有害物；

③ 无公害技术的开发，表面处理技术的改善和对排出有害物的完全处理技术。

2.7.2 表面加工

金属材料的表面覆盖着氧化物和污物。把金属材料加工成符合使用目的的形态，同时对金属进行平整、美化、光滑及凹凸模样等表面形态的处理，这种处理叫表面润饰，即是对所有金属所具有的色彩光泽和表面手感特征进行的处理。其作为电镀和涂装的前处理也极为重要。

（1）切削、磨削加工

像用小刀和砂纸来切削木头那样，使用刀和石来磨削金属表层的加工方法。切削是指用车刀和钻头那种带刃物（切削工具）进行切断或削的加工。磨削是指用磨具磨出目的形态的方法。

这些方法的使用过程中会产生切削屑，似乎材料有所浪费，但与铸造、锻造、冲压加工等相比，一般来说，切削法可迅速制造高精度物品，特别对少量生产是极为经济的。

表面的精密润饰中也用油石加工和超润饰加工方法，这些也是切削磨削加工的一个部分。

切削工具在切削过程中刀尖部会产生高温高压，因而要求刀尖部有如下特性：① 硬度比被加工材料大且不变形；② 具有韧性，不会产生开裂和破损；③ 耐磨损性能好。具有这些性质的材料有碳素工具钢、合金工具钢、高速钢、超硬合金、陶瓷等，都可用作切削工具，作研磨用的磨石是将磨石粒与瓷质黏土混合烧结而成的。磨石粒使用有各种大小粒子的 Al_2O_3 或 SiC 的人造矿物结晶。

以车床为代表的机床大部分是切削、磨削加工机械，根据不同的目的、加工形态和加工精度等要求，分别使用车床、钻床、镗床、铣床、刨床、磨床等（图2-45）。一般来说大部分螺栓、齿轮等精密的机械零件及非标准的单件品等都用这种加工方法成型和润饰。

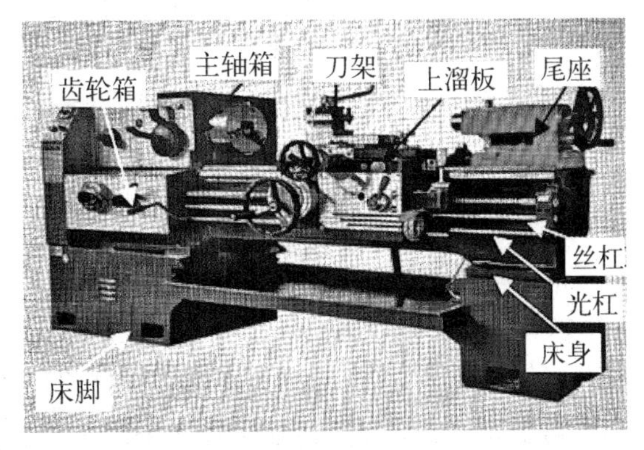

图 2-45 车床

（2）研磨

研磨的目的是使金属表面平整、光洁、有光泽或成镜面、哑光等，研磨有表面的最终润饰和作为电镀或涂装前处理而进行的加工。研磨有用硬而细微的研磨材的机械研磨、通过电解金属表面而溶解的电解研磨、用药品进行化学性金属溶解的化学研磨等三种。

金属表面种类及相应润饰方法见表2-15。

表2-15　金属表面的种类及润饰

表面种类		表面润饰
清洁		酸洗、溶剂清洗和高温烧结
镀层		表面镀上一层特殊材料（铬、镍、锌等）
镜面		抛光
粗糙	原材	原材或去除单纯的氧化物
	未加工粗面	包括电解、化学研磨形成的光泽物在内，滚压润饰
	研压	研压抛光
	哑光	抛光或喷砂、液体研磨加工

① 机械研磨一般使用的研磨材如表2-16所示，研磨材要满足下列条件。

表2-16　研磨材的种类

类别	品种
天然品	金刚砂、石榴石
	刚玉、金刚砂、硅砂、尖晶石、钻石
人造石	氧化铝系（人造刚玉、白色人造刚玉、矾土）
	碳化硅系（金刚砂、绿金刚砂）
	碳化硼
	氧化铈
	氧化铬
	氧化锆
	氧化铁（铁丹）
	人造钻石

a. 要硬而且耐磨性好；b. 能得到各种大小、各种形状的粒子；c. 粒子有适当的锐角，整个几乎呈球状；d. 便宜且易购。

除d.的条件外，钻石是最能满足条件的研磨材，但是因高价，一般金属常用Al_2O_3系、SiO系和Cr_2O_3等研磨材。研磨材有研磨粒、油脂性研磨材、研磨布、研磨带、研磨纸、磨石、液体研磨材等，使用时根据不同目的来选择。

精密加工有滚压、研磨、抛光研磨和擦光等。其中使用最方便的是抛光研磨与其他机械加工。

② 电解研磨、化学研磨。这些研磨需要有溶解金属表面的能力和选择性溶解表面的凸出部分使其平滑的能力。电解研磨中以用电解溶解金属为基础，化学研磨则是基于用强烈的溶剂进行的直接化学性溶解。在这些处理中可以得到具有独特的色调和光泽的装饰面，因而可以用于日用品和照明器具类或各种机械零件的表面处理加工。

③ 蚀刻。蚀刻是指用化学药品侵蚀溶解金属的表面的特定成分，形成凹凸纹样的加

工方法。其工艺是用耐药性膜涂饰整个金属表面，然后用机械或化学的办法将要加工的部分去掉保护膜，以露出金属表面，接着浸入药中，使金属露出部分溶解而形成凹部。最后用别的药液去除不要的涂膜，而形成凸出部，这样金属表面就形成了所描绘的凹凸纹样和图像。

17 世纪中期发明、普及的铜版画就是将整个铜版涂上蜡，用针描绘肖像和风景，然后浸入硫酸内使描绘部分形成凹部，这种凹版制版蚀刻技法后来在涂膜、药品（蚀刻液）和描绘方法等方面进行了改良，开发了照相制版的方法代替了手工方法，到了现在更是可以表现极为微妙的色调，被用于制作有价证券的原版。

图 2-46 各种金属铭牌

另外，由于照相制版可以得到极细微的加工，因此，在印刷工业中除铅字之外的部分即照片、图版、多色版的制版，以及金属片基、集成电路基板、彩电用的网罩板、铭牌、印刷电路等制作都广泛应用这种技术（图 2-46）。

图 2-47 为照片制版流程，图 2-48 为装饰用铝板加工流程。

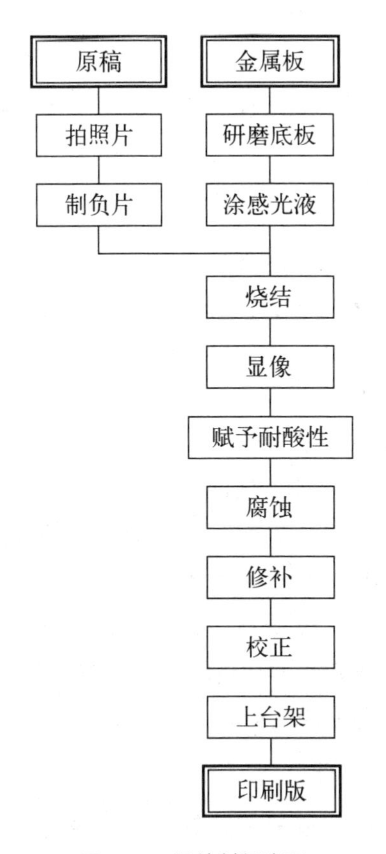

图 2-47 照片制版流程

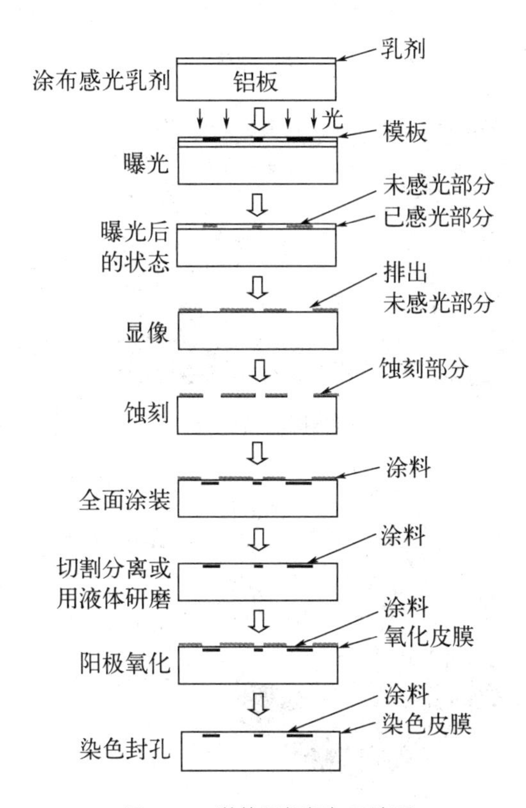

图 2-48 装饰用铝板加工流程

2.7.3 表面层的改质

表面层改质是为达一定目的而改变金属表面具有的色彩、手感、性质等，使表面层在反应中进一步变质的过程。具体方法是将金属表面进行电化学或化学的处理，加上金属氧化物或无机盐一类涂膜，由此进行底材金属的耐腐蚀、着色或耐磨等加工。主要的技术有化成处理、阳极氧化、表面硬化、金属着色等加工技术。这些处理有时也作为电镀和涂装等其他表面处理的前处理。

（1）化成处理

这是利用各种酸碱溶液使金属表面形成氧化物和无机盐薄膜的处理方法，也有应用金属着色的方法。膜的性质要求：① 最好是底材金属保护性皮膜；② 具有耐磨性；③ 与底材金属的密接力强，不易脱落等。其中皮膜本身在使用环境中应稳定而且致密，是一层液体和离子不能浸透的耐腐蚀膜。

图 2-49 不锈钢餐具

对钢铁来说，一般用由磷酸、磷酸盐在表面产生磷酸铁结晶膜的方法。在铁器所用的黑染色法中，通过在表面形成 Fe_2O_4 保护膜而进行防腐处理。将不锈钢表面进行酸处理，这种不动态化的处理也是化成处理的一种。工业上还进行铜、铝合金、锰合金等处理。经化成处理的制品实例如图 2-49、图 2-50 所示。

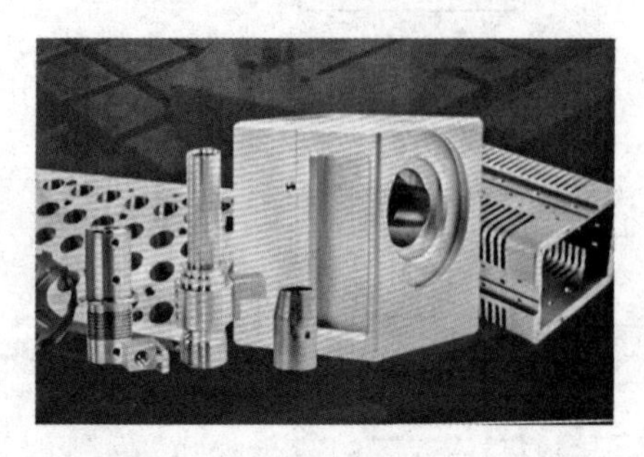

图 2-50 铝合金制品漂亮的外表面

（2）阳极氧化

这是以金属为阳极进行电解，在金属表面形成氧化膜，使金属不动态化的加工方法。这种处理中最常用的是铝阳极氧化处理。耐酸铝是大家所熟悉的处理物。铝开始使用之初是不作任何处理的，后来为了有更好的耐腐蚀性、长期保持美观和具有更好的装饰效果，阳极氧化法成了重要的方法。氧化膜是多孔质的，如图 2-51 所示，具有六角柱的外形且相互紧密相接排列在表面上。着色是用特殊的电解液制成有色的涂膜或在阳极氧化后将染料和其他金属附着（用电附着）在皮膜孔中，进行封孔处理，以形成难掉色的硬质表面。

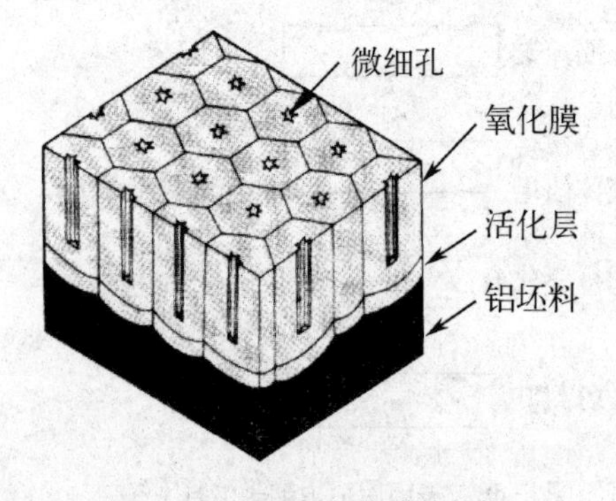

图 2-51 铝阳极氧化膜的结构

（3）表面硬化

一般来说材料硬就有脆的倾向。为了提高耐磨性使材料变硬，但也会因发脆而易损坏。因此不改变底材金属具有的强韧性而仅仅改变与磨损有关的表面部分硬度来提高耐磨性，只是将必要的表面层部分进行强化处理，这就是表面硬化。

这种技术在古代被用于刀剑的刃部的表面硬化（淬火），在现代被广泛用于制造汽车、自行车、缝纫机及其他一般机械的零件，像齿轮那样可动的机械零件，磨损大和耐冲击的零件等。

工业上钢铁表面硬化成为主体，主要技术有浸炭、氮化、淬火（火焰淬火、高频淬火）、硬饰面、放电硬化法、金属渗透法等，往往也包括硬铬电镀法在内。

2.7.4 表面涂层

电镀和涂装是在金属表面进行覆膜加工的主流。主要有两种加工方式：一是使用透明膜涂覆，以保持底材金属表面原有的色彩、光泽；二是将表面改变成合乎使用目的的性质、色彩和手感。不管哪一种加工方式，都是为了美化制品表面并使其在使用中得到保护。

电镀加工有：湿法电镀（电化学电镀和化学电镀）和干法电镀（真空电镀、气相电镀和熔融电镀）。

涂装加工有：有机物涂装（如涂塑）和无机物涂装（陶瓷、玻璃、搪瓷等）。

不管哪一种处理，底材金属和皮膜的密接性及物理性（如膨胀力等）的不同，对皮膜的稳定性，即制品的耐久性有很大影响，因此，必须加以注意。

（1）表面镀饰

表面镀饰因在表面形成具有特性的金属薄膜，因此是代表性的表面处理。这种方法能提升金属表面的耐腐蚀性、耐久性，同时也增加色彩或平滑度和光泽感等，使表面美化，有良好手感。适度而出色的镀饰能提高金属制品的价值。

镀层的表面状态大体上分为镜面和粗面（哑光、喷砂、不整粗面、原材面）。现在光泽、半光泽、无光泽镀饰也已成为可能。镀饰前的底材表面状态（平滑度、光泽、污物等）对镀层的外观、耐腐蚀性、密接力等有一定影响，需要加以注意。镀饰的弱点是缺乏色彩变化，产品的大小和形状都有限制。不同镀层材料的性质见表2-17。

表2-17 不同镀层材料的性质

镀层金属	金属原色	镀层色调	耐老化性	对树脂的影响
金	黄色	从带蓝的黄色到带红的黑色，可以调节	厚膜时不变	不变
银	白或亮灰白	纯白、灰色、带蓝的白色	带色味，光泽消失	变
铜	红黄色	粉红色、红黄色	带红，黑化	变
铅	带蓝的灰色	铅色	灰色，耐腐蚀性好	不变
铁	灰色、银色	茶灰色	变成茶褐色	变
镍	灰白色	茶灰色、白色	光泽消失	微变
铬	钢灰白	蓝白色	不变	不变
锡	银白、白带黄	灰色	光泽消失	微变
锌	蓝白色	蓝白色、黄色、白色	出现白色锈物	变

镀饰中使用的金属为Cu、Ni、Cr、Fe、Zn、Sn、Al、Pb、Au、Ag、Pt及这些金属的合金。镀饰有电镀、化学镀、熔融镀、熔喷法、真空蒸镀等。特殊方法有笔镀法、摩擦镀银法。最近随着产品的多样化和功能化，合金镀、多层镀、复合镀、功能镀也日益发展、日趋重要。此外，非金属材料例如塑料等也可以镀了，并且得到了广泛应用。各种金属镀饰加工的概况见表2-18。通常产品突出部位及边缘镀层较厚，而凹面较薄，如图2-52，在产品设计时必须注意这样的厚度分布。

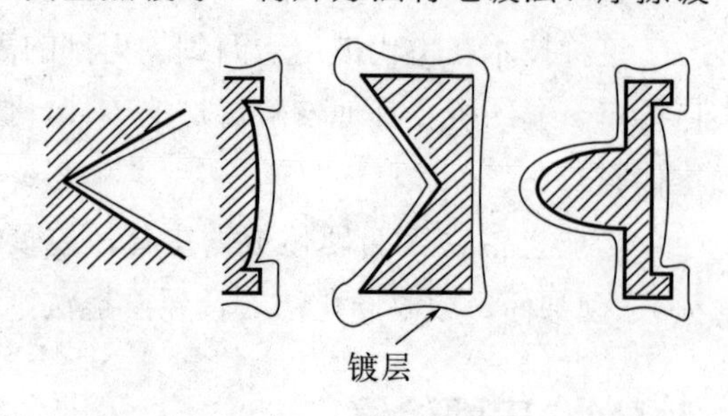

图2-52　形状不同引起镀层厚度分布的变化

表2-18　各种金属镀饰加工概况

种类	概况
电镀	在水溶液中使金属离子附着于表面
化学镀	在水溶液中由金属离子的置换反应或还原反应析出金属
熔融镀	浸在熔融的金属中
熔喷法	用压缩空气喷射熔金属，使金属附着
真空蒸镀法	在真空中使蒸发的金属气体凝固、附着（是物理镀法一种）
气相镀法	由金属化合物蒸汽的热分解或氢气还原析出金属
笔镀法	在接通阳极的笔上使含有溶液电附着
摩擦镀银法	涂布银盐或使用银粉和还原剂的混合物进行强烈摩擦
合金镀	利用合金作为镀金属原，具有单一金属镀所不能得到的优点
多层镀	改变镀种反复镀，成为多层镀层，有底镀和表面真镀
复合镀	与金属一起析出无机微粒子
功能镀	表面处理不是主要目的，而是为了利用镀膜特性的镀

（2）涂装

在产品表面形成以有机物为主体的膜，这是最简单而经济的表面处理。涂装的目的为：① 防止金属底材被腐蚀、损伤和污损，提高产品的耐久性。② 将金属底材原有的表面特性改变成涂膜具有的色彩、光泽、手感，使产品在视觉、触觉方面更具美感。③ 在隔热性、绝缘性、耐水性、耐药性、耐强性等方面，根据不同的场合赋予产品隔音性、导电性、防锈性、防虫性等特殊性能。

由于各种优良的合成树脂涂料的开发，涂装技术也取得了显著进步，因此，适合上述各种目的的涂装变为可能。并且在采用多重涂装手段后，可以得到在相当恶劣的使用环境中仍能耐腐蚀的涂膜。

涂装工程虽由所希望的表面性状来决定，但一般如表2-19所示顺序进行。涂料是展色剂、颜料、溶剂为主成分的混合物，展色剂主要起使颜料分散地定着在涂面的作用，大多使用合成树脂类。颜料、染料的种类和实例见表2-20。

表 2-19 金属涂装的基本步骤

工程	作业	内容
前处理及底材调整	去锈	通过酸洗、钠处理、火焰清理、砂纸（布）打磨、金属刷、喷砂、网刷等来除锈去污
	脱脂	用溶剂、乳剂、碱等洗净去除油脂
	止锈	用磷酸盐、重铬酸钾、碱、专用物等处理，在表面形成耐腐蚀性膜的同时，利用锌铜合金提高涂料的密接性，铁材涂红丹
底料构成	事先准备	上油灰、底面两用涂料
涂装	涂装	底涂、中涂、面涂上光
	干燥	自然干燥，利用红外线炉进行硬化处理

表 2-20 颜料、染料的种类和实例

种类		实例
无机颜料	白	氧化锌、硫化锌、钛白、铅白、锌钡白
	黑	碳黑、黑铅、氧化铁黑、乙炔黑、松烟
	黄 - 橙	铅黄、镉黄、锌黄、氧化铁黄
	红 - 茶	铅红、镉红、铁丹、氧化铁粉
	蓝	绀青、群青、钴蓝
	绿	氧化铬绿、铬绿、土绿
沉淀颜料		汉沙黄、猩红 4R、甲苯红
体质颜料		碳酸石灰、白胡粉、碳酸钡、抛光粉
水溶性颜料		亮兰、玛尔斯红
碱溶性染料		孔雀石绿、色淀黑
油性染料		油性黄、油性深红
直接染料		直接深红
酸性染料		曙红、酸性棕、酸性绿、氨苯黑、间苯胺黄
氯基性染料		罗丹明、甲基紫、俾斯麦棕 R

基于有机溶剂产生的大气污染和节省能源的目的，过去的有机溶剂系涂料向着水系涂料、粉体涂料、高价立体涂装、反应性涂料等不用有机溶剂的涂料方向转变。涂装的方法除了过去使用的刷涂、滚涂、帘幕涂装、浸涂法之外，喷雾和静电涂装的方法日趋增多。此外，干燥方法有自然干燥、红外线和热风等加热干燥。

此外，因涂膜是一层薄的有机物，因此要时刻牢记随着使用状况和环境、时间的推移会产生劣化、侵蚀和磨损而影响功能，在进行适当涂装同时，涂装后的管理也十分重要。

（3）金属衬里

这是在金属制品表面厚厚加上一层金属的加工。其方法有喷涂、真空涂膜、焊接等。这种加工使用其他衬里金属将底材金属表面的性状特性加以改变，以起到止锈、耐腐蚀、装饰美化、耐热化、具有导电性等效果。

金属衬里的效果、用途、加工方法见表 2-21。

表 2-21 金属衬里的效果、用途、加工方法

效果	用途	主要加工方法
止锈	铁桥、船舶等钢制构造物，贮水槽等	Zn、Al、Zn-Al 的熔射
防磨（防止故障）	食品容器、调理容器等铜铁制品	Al、Sn、Su 合金的熔射，不锈钢包层
防蚀（高温）	化学工业装置等	Ti、Ti 合金的蒸气涂膜，Al 熔射，不锈钢包层
美化装饰	美术工艺品、家具、家庭用品	Cu、黄铜、青铜的熔喷
修理	长柄、凸轮等机械零件	碳素钢、不锈钢、Ni、Cr 的熔射
表面硬化	土木机械、齿轮等机械零件	碳素钢、特殊钢、蒙乃尔熔射，Cr 真空涂膜
给予耐酸性	处理硫酸的装置部件	Pb 的熔喷、焊接
给予导电性	电器产品的导电配线、电磁屏蔽材料	Ag、Cu、Al 的熔喷，Al 真空涂膜
防止放射线	放射线、原子反应堆用品	Pb 熔喷、焊接
增进光反射	反射镜、光学装置零件	Al、Ag 的真空涂膜

金属衬里中常使用 Al、Zn、Cu、钢铁、不锈钢、Ag、Ni 及其合金，有关金属衬里的注意点，其中有些方面与搪瓷和塑料衬里相类似，即：① 需要进行适当的前处理；② 要在提高涂膜的密接度上下功夫；③ 要去掉内部的弊病（残留弊病）；④ 进行致密化处理，形成耐腐蚀皮膜；⑤ 仅靠金属膜不能得到强耐药性；⑥ 皮膜易氧化；⑦ 皮膜最好要厚度均匀；⑧ 需在注意上述各点基础上选择适当的处理方法。

（4）塑料衬里

这与在材料表面涂塑的方法是相同的，但是，一般来说能形成比涂装更厚的皮膜。这种处理主要以在恶劣环境中更好地保护金属制品、水槽、容器、汽车等为目的。施工方法和使用的塑料及其特征如表 2-22 所示。

塑料衬里中由于金属与塑料膜的膨胀率不同，因而会造成伴随塑料硬化形成的收缩，因皮膜中残留弊病等原因，产生皮膜剥落、膨胀、龟裂等缺陷。因此，加工时要尽量避免这些原因，使其不发生缺陷。

表 2-22 塑料涂层的施工方法与特征

施工方法	使用的有机材料	主要特征
熔喷法	聚酯、环氧树脂	适于大型机器
积层法	环氧树脂、呋喃树脂	外出加工用较为方便
机械吹制法	环氧树脂、聚酯	施工效率高
粉末喷涂法	聚三氟氯乙烯、聚酯、聚四氟乙烯	用于无适当的溶剂树脂
流动浸涂法	聚酯、氯乙烯树脂、醋酸纤维素	适于在小物体上大量涂膜可以厚涂
贴着法	氯乙烯树脂、聚酯	用于简单的构造物

（5）搪瓷、景泰蓝

公元前3000年前后，埃及已经有在铜表面镀珐琅的技术，这种技术，后来作为一种工艺技术被继承下来，用于制作景泰蓝这种珍贵的工艺美术品。另外，这种技术也应用到工业技术方面，称为搪瓷，即在金属表面覆上一层玻璃质材料。

这些产品的金属原材料一般以钢板为主，还有Cu、Al和不锈钢。在景泰蓝这种工艺品中还使用Au、Ag。涂层是在金属表面涂上带颜色的玻璃质釉，经短时间（在约800℃）烧成的。这种技术能使金属坚牢、耐腐蚀而且表面有美丽的装饰、光泽和手感，但也有在变形、急剧温度变化和冲击情况下易脱落的缺点。这种缺点受金属和玻璃质的膨胀系数不同及密接性等影响很大，因此，采用多层涂覆即二次上搪瓷方法，以提高膨胀率的控制和密接性。这类产品被广泛用于厨房用品、医疗用品、浴槽、化学装置和装饰品等，如图2-53。

图2-53 太阳能热水炉（内部搪瓷衬板）

表2-23为可搪瓷的金属材料的种类和用途。

表2-23 可搪瓷的金属材料种类和用途

金属材料种类		用途
铁	软钢板	内外装用平板、波形板、大型瓦、间壁、柱、顶棚、顶板、瓦、食器、洗脸器、水池
	铸铁	煤气器具、浴槽
不锈钢板		内外装用平板、波形板、洗脸器、水池
铝		面板、门、间壁、装饰品
金、银、铜（景泰蓝）		装饰品、纪念章
铝（景泰蓝）		装饰品

（6）陶瓷涂层

随着宇宙工程、原子能工程和信息工程的快速发展，景泰蓝和搪瓷技术等技术日趋进展，伴随着新的用途进而产生了新的陶瓷涂层技术。具陶瓷涂层的物品能耐很恶劣的环境，有效地利用了金属的强韧性和涂覆陶瓷的特性，是具有耐热性、耐酸性、耐摩擦性和耐腐蚀性等特性的安全材料。

下面列举三种陶瓷涂层。① 在软钢或耐热合金表面涂上陶瓷釉。② 用氧-乙炔火焰和等离子的喷涂技术得到结晶质耐火物。③ 由高温下的气相反应或热分解形成扩散薄膜等。

研究与思考

① 分别画出5种冲压成型或铸造品的草图，调查其材质和加工方法。

② 了解金属、合成树脂、木材、陶瓷材料的餐具制作法，以及这些物品在使用上的优缺点。

③ 用石膏制作铸模再倒入熔化的石蜡，就浇口、出气口、铸模分割面、中子设定凝固收缩等进行研究，接着试了解石蜡、木蜡着色流动的状态。此外，石蜡与铸铁、石蜡与铸钢各自凝固形式很相似，可以仔细观察。

第 3 章 陶瓷

人类在适应大自然的过程中学会了用火，在改善生存环境、提高生活质量方面迈开了至关重要的一步。在距今约200万年到20万年前，直立人就已经学会了使用自然火并保存火种，他们用火烧烤食物、取暖、照明，也用火驱赶野兽。

在几万年前的陶器制作中，火也是不可或缺的。人类学会使用火之后，偶然发现泥土被火烧后会变得坚硬且不溶于水。当人们把水加进泥土，将泥土揉捏成型，然后晒干，再用火烘焙烧制，最初的陶器就诞生了。当时的烧制温度较低，在800～900℃左右，制作的陶器也粗陋、简单，但陶器是人类第一次按照自己的意志利用天然材质创造出来的物品，意义非凡。

2012年，在我国江西省的仙人洞遗址，考古学家发现了迄今为止世界上最古老的陶器。用放射性碳素断代法对该陶瓷的取样进行测定，将最早出现陶器的时间确定为2万年到1.9万年前。因此说中国人发明了陶瓷，一点都不为过。图3-1、图3-2是江西仙人洞考古发现的陶器碎片。2004年在江西仙人洞3B1层出土的条纹陶，其烧制年代至少在13000年前。

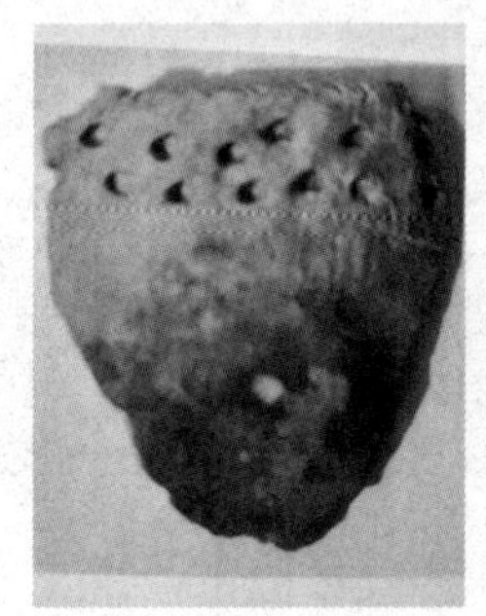

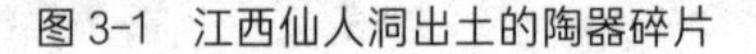

图3-1 江西仙人洞出土的陶器碎片

图3-2 江西仙人洞出土陶器碎片的复原陶器

3.1 陶瓷概述

陶器的产生，代表了一种文明方式的变革。在陶器出现之前，文明是以采集的形式出现的，因为生产力尚未提高，所以并没有保存的需要，随着生产工具的发展，采集文明向农耕文明发展，这个时候就自然而然产生了对“器”的需求，进而造出了陶器。因此，陶器的出现、植物的栽培和动物的驯养等文化特征一起被认为是新石器时代来临的三大标志，而农业生产和陶器制作两者都跟泥土有关。

最初用含有长石的土烧制成瓷器的是中国，10世纪末的唐代末期已成功制造白色底的瓷器，即白瓷。与陶器相比，瓷器的硬度高，光泽也漂亮，所以世界各国都研究其制作技术，但因为所使用的土壤材质及烧制温度的控制等难点而难以成功。到了13世纪的宋代，瓷器的制作技术不断提高，制作出有名的青瓷。即使现在，宋代青瓷也被视为珍品。

我们日常接触的陶瓷器，受到冲击容易破损，这是它的缺点，但另一方面陶瓷质地坚硬，其不透光性、保温性、表面的清洁性等长年不变，除此之外，还具有耐磨、耐老化、耐热、耐水、耐药、电绝缘性好等特性。因此陶瓷器历来得到广泛的应用。

到了现代，随着科学技术的急速发展以及现代工业对各种用材有更高的要求，若把陶瓷的一般的特性与金属相比较，可以看到陶瓷具有耐高温、高强度、高硬度、高耐磨性等特性，且具有低热传导性、低热膨胀性、对化学药品的稳定性等优良性质。今后不仅传统陶瓷会继续发展，也会将新陶瓷、精陶瓷推向新的发展高度（图 3-3）。

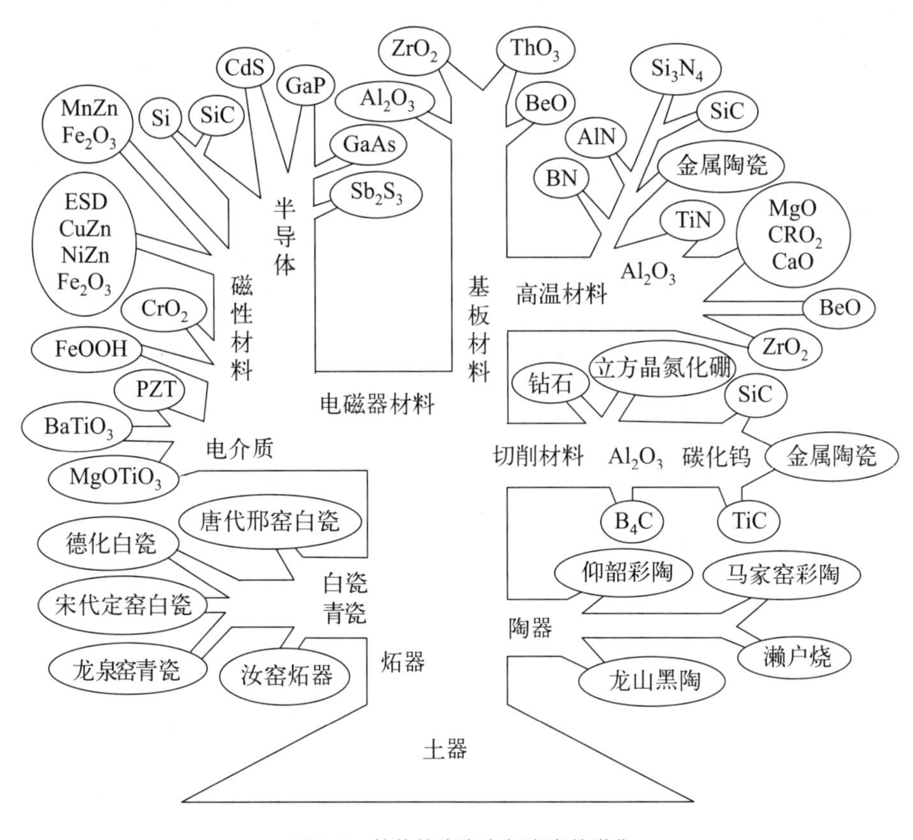

图 3-3 从传统陶瓷向新陶瓷的进化

3.2 陶瓷器分类

从不同角度出发，陶瓷器可有多种分类方法。在本书中，仅将陶瓷器简单分为两大类：普通陶瓷与工业陶瓷。

3.2.1 普通陶瓷

普通陶瓷以天然长石、黏土和石英等典型的硅酸盐为原料，经混料成型，后烧结而成。

普通的陶瓷器原料来源丰富、成本低、制造工艺成熟。制品有日用陶瓷、建筑陶瓷、化工陶瓷等（图 3-4）。

制造陶瓷所用到的天然的岩石矿物、土壤矿物因产地不同而成分有异，因此所制成的制品也有差异。

通常，按烧制的温度、吸水性、透明性、耐火度等，陶瓷器可以如表 3-1 那样分为陶器、炻器、瓷器，进一步可细分为精、粗、硬、软等。

图 3-4　漂亮的陶瓷用品

表 3-1　陶瓷器的分类

分类			烧制温度 /℃	底色	吸水性	透明性	釉药	成品及其他
土器			700～1000	有	大	无	无	砖、土制人像、土炉、花盆
陶器	粗陶器	黏土质陶器	1100～1400	白	大	无	有	黏土质花瓶、瓮、壶、碗等
		白云陶器	1100		大			装饰品（新产品）、餐具
		长石质陶器	800～1100		大			杯、碗、花盘、壶
	精陶器	软质陶器	800～1050		中			室内用瓷砖、花色陶瓷餐具
		硬质陶器	1200～1300		小			卫生陶瓷、瓷砖、餐具
		溶化质陶器	1280～1300		小			卫生陶瓷
炻器	粗炻器		1120～1280	有	小	无	无	建筑装饰陶瓷、墙地砖
					无	小	有	陶坛、陶缸
	精炻器		1250～1300	白	无	小	无	紫砂壶、土管、外用瓷
							有	桌面衬砖
瓷器	软瓷器		1250～1320	白	无	有	有	瓷、陶瓷、瓷器、瓷砖
	硬瓷器	低火度	1250～1300					骨瓷
		中火度	1350～1380					白瓷、桌面衬砖、绝缘子
		高火度	1410～1460					点火栓（插头）、琉璃

3.2.2　工业陶瓷

工业陶瓷以高纯度且超细的人工合成材料经精确控制烧结而成。

工业陶瓷的常用原料有氧化硅、碳化硅、氧化铝、氧化锆、氧化硼等。

由于陶瓷制品比其他制品在耐热、耐磨、耐腐蚀、电气绝缘性等方面具有优势，并且随着新材料出现及陶瓷制造技术不断进步，已经产生了特种陶瓷（精密陶瓷）、金属陶瓷、玻璃陶瓷等新型工业陶瓷。可以说工业

图 3-5　绝缘子及其应用

陶瓷已进入新的发展阶段。

图 3-5～图 3-8 为工业陶瓷的应用实例。

图 3-6 工业窑使用的氧化铝陶瓷辊棒

图 3-7 金属陶瓷车刀片

图 3-8 精密陶瓷配件

3.3 陶瓷的性能

（1）硬度高

陶瓷的硬度是各类材料中最高的。

以维氏硬度衡量，高聚物＜20HV，淬火钢 500～800HV，而陶瓷 1000～5000HV。

（2）刚度强

陶瓷的刚度高于其他材料。塑料为 1380Pa，钢为 207000Pa，而陶瓷的刚度比钢高 10～15 倍。

（3）高熔点

陶瓷材料通常具有很高的熔点（大多在 2000℃以上），且在高温下具有很强的化学稳定性；陶瓷材料的导热性低于金属材料，同时陶瓷还是良好的隔热材料，它的线膨胀系数比金属低，当温度发生变化时，陶瓷材料有良好的尺寸稳定性。

（4）良好的电绝缘性能

大多数的陶瓷材料都具有良好的电绝缘性，所以它们常常被用于制作各种电压（1～110kV）的绝缘器件。铁电陶瓷（钛酸钡 $BaTiO_3$）具有较高的介电常数，可用于制作电容器，铁电陶瓷具有压电材料的特性，在外电场的作用下，能改变形状，将电能转换为机械能。

（5）化学性能

陶瓷材料的化学性能也很好，它在高温下不易氧化，并对酸、碱、盐具有良好的抗腐蚀能力。

（6）光学性能

陶瓷材料还有独特的光学性能，现在常用作固体激光器材料、光导纤维材料、光储存器等，透明陶瓷可用于高压钠灯管等。磁性陶瓷在录音磁带、唱片、大型计算机记忆元件方面的应用有着广泛的前途。

3.4 陶瓷的加工工艺

陶瓷器制造加工流程见图 3-9。

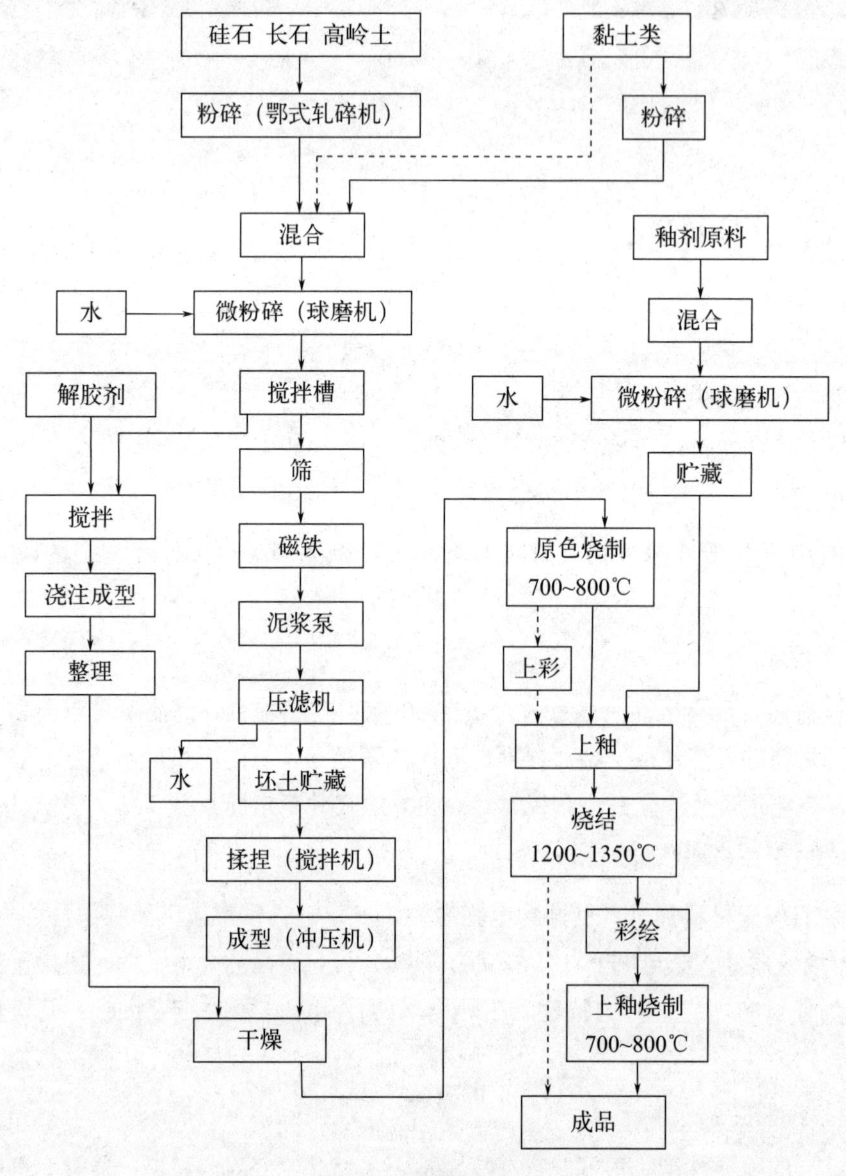

图 3-9 陶瓷器制造流程图

3.4.1 选择原料

陶瓷器的种类多，所使用的原料也多，陶瓷所用原料的选择，首先是要保证其经加工后能生成制品所需的各种晶相和玻璃相等组成，其次是要能在加工过程中实现所需的各种工艺性能。一般，我们把所需的陶瓷原料归纳为三大类，即可塑性原料、非可塑性原料和熔剂原料，此外还需要一些辅助原料。

（1）可塑性原料

黏性原料：花岗石、片麻岩、长石、巨晶花岗岩等火成岩风化后变成瓷土、高岭土、木节黏土、蛙目黏土、蜡石黏土、炻器黏土、砂质黏土、石灰石黏土等可塑性原料。

非黏土可塑性原料：滑石，用水将滑石的粉末湿润，就可予以加压成型，这时即使把它掺入土坯中，也不会减少其可塑性。

通常情况下，制品中可塑性原料的比例可达 70% 左右。

（2）非可塑性原料（也称瘠性原料）

石英（俗称骨料），石英与黏土在高温中，生成的莫来石晶体赋予瓷器较高的机械强度和化学稳定性；此外，碳化物、氮化物、硼化物、硅化物、硫化物等高熔点化合物也属于这一类原料。

通常情况下，添加非可塑性原料的比例一般为 5%～10%。

（3）熔剂原料

最主要是含碱金属氧化物的矿物原料，除此之外，一些含碱土金属的矿物也可作为熔剂原料使用，其中含氧化钙和氧化镁的碳酸盐矿物比较常见。

（4）辅助原料（也称功能性原料）

少量加入能显著提高制品的某些功能。其中有降低浇铸泥浆黏度的解胶剂（水玻璃、碳酸、苏打等），有用于调整浇铸泥浆流动性的凝胶剂（硫酸镁、氯化钙等），有用于改善成型性、增加生坯强度的有机结合剂（面粉、浆糊精、阿拉伯树胶、CMC、PVC）等。

原料的主要化学成分见表 3-2，制作陶瓷器的原料配比见表 3-3。

表 3-2 陶瓷器原料的主要化学成分 单位：%

原料	CO_2	SiO_2	Al_2O_3	Fe_2O_3	CaO	MgO	K_2O	Na_2O
高岭土	约 14	约 48	约 37	少量	约 2	约 1	少量	少量
黏土	约 10	43～55	20～25	1～3.5	少量	少量	少量	少量
陶石	约 3	＞60	＞20	少量	少量	少量	1～3	1～3
蜡石	约 9	约 53	约 36	少量	少量	少量	少量	少量
长石	约 1	64～79	12～20	少量	少量	少量	少量	4～7.5
硅石	少量	96	少量	少量	少量	少量	少量	少量
石灰石	约 44	少量	少量	少量	约 56	少量	—	—
白云石	约 48	少量	少量	少量	约 30	约 21	—	—
滑石	约 5	约 64	约 2	—	—	约 32	—	—

注：因不同场所的采样有异及分析手段方法等不同，得到的数值会有偏差。

表 3-3 制作陶瓷器的原料配比 单位：%

陶瓷器种类	高岭土	陶石	黏土	长石	硅石	石灰石	滑石
石灰质陶器	—	—	50	—	35	15	—
混合陶器	—	—	50	2.5	40	7.5	—
长石质陶瓷	—	—	50	5	45	—	—
石英瓷器	24	—	16	54	6	—	—
半石英瓷器	17	—	20	6	35	2	20
瓷器	15	—	13.2	30	41.8	—	—
有田瓷器	—	25～35	—	20～35	41～45	—	—
骨瓷器	—	—	40	30	30	—	—
硬瓷器	50	—	—	25	25	—	—
精炻器	—	炻器黏土 30～70		5～25	30～60	—	—

这些原料除部分为人工制成的原料外，其他都是天然的土石类，在地球上广泛分布。但因使用的目的、成型法等条件的不同，就限制了所使用的原料。实际上原料是否适于制作所需的成型品，要进行各种试验。试验内容如岩石类粉碎加工的难易程度、成分内容、粉末度、沉降状态，可塑性与黏度、泥浆的浇铸性、耐火度、烧制时的性状（颜色、光泽、透光性、气孔、吸水、相对密度、强度、硬度、收缩等）、耐酸性、耐碱性等。

3.4.2 选择釉药

釉药是被覆在陶瓷器土坯上的一种玻璃质薄层，其成分见表 3-4。

表 3-4 陶瓷器釉药的熔融温度及其典型成分

种类	编码	熔融温度 /℃	不同成分含量 /mol									
			PbO	Na_2O	K_2O	CaO	ZnO	BaO	MgO	Al_2O_3	SiO_2	B_2O_3
低温熔融釉	010	900	0.80	—	0.10	0.10	—	—	—	0.17	1.00	—
	08	940	0.88	0.06	0.06	—	—	—	—	0.10	1.30	—
	06	980	0.46	—	0.09	0.43	—	—	—	0.17	1.13	—
	04	1020	0.51	—	0.12	0.30	0.07	—	—	0.12	1.33	—
	02	1060	0.70	—	0.20	0.10	—	—	—	0.25	1.60	—
	01	1080	—	0.32	0.18	0.50	—	—	—	0.52	0.40	—
	2	1120	—	—	0.20	0.40	0.40	—	—	0.22	2.55	—
中温熔融釉	4	1160	0.250	0.192	0.064	0.490	—	—	—	0.280	2.810	0.384
	5	1180	0.256	0.018	0.185	0.396	0.145	—	—	0.237	2.484	0.364
	6	1200	—	—	0.25	0.30	—	0.45	—	0.35	2.00	—
	7	1230	0.50	—	0.10	0.20	0.20	—	—	0.30	2.00	—
	8	1250	—	—	0.30	0.60	0.10	—	—	0.25	2.90	—
	9	1280	—	0.30	0.30	0.40	—	—	—	0.60	4.00	0.40
	10	1300	—	—	0.30	0.60	0.10	—	—	0.40	3.80	—

续表

种类	编码	熔融温度 / ℃	不同成分含量 /mol									
			PbO	Na_2O	K_2O	CaO	ZnO	BaO	MgO	Al_2O_3	SiO_2	B_2O_3
高温熔融釉	12	1350	—	—	0.20	0.40	0.30	0.05	0.05	0.05	4.00	0.10
	14	1410	—	—	0.30	0.70	—	—	—	0.80	8.00	—
	16	1460	—	—	0.15	0.65	—	—	0.20	1.00	10.00	—
	18	1500	—	—	0.25	0.60	—	0.10	0.05	1.35	14.00	—
	20	1530	—	—	0.30	0.70	—	—	—	1.60	16.00	—

瓷器、高温度陶器的釉药主要以钙（由长石所含的）和石灰作为碱。釉药的基本成分是 SiO_2 与碱性氧化物、中性氧化物、酸性氧化物，釉式中一般表示为 RO、R_2O_3、R_2O、RO_2。R_2O 表示碱性氧化物（Li_2O、Na_2O、K_2O 等），RO 表示碱性金属氧化物（CaO、MgO、BaO、ZnO、MnO 等）。R_2O_3 为中性氧化物（Al_2O_3、B_2O_3、Fe_2O_3 等），RO_2 表示酸性氧化物（SiO_2、SnO_2、ZrO_2 等）。在使用天然材料时，配比不能完全按照釉式，因为其含有不为酸性的氧化物，所以影响了碱性，釉药的熔点会降低一些。

釉药可以根据组成的主成分来分类，分为铅釉、长石釉、石灰釉等，可以根据熔融温度来分类，分为低温熔融釉（900～1140℃）、中温熔融釉（1140～1300℃）、高温熔融釉（1300℃以上），或者根据表面的颜色、光泽、性状分为透明釉、底釉、结晶釉、色釉等。

色釉：色釉以上述的釉药为基本釉，然后加上适量的氧化金属及颜料予以调整，加入氧化金属、碳酸盐，使用氧化烧制、还原烧制等手段使其呈现不同的颜色。

使用着色金属类：三氧化二铁、硫酸亚铁、硅酸铁、三氧化二铜、一氧化亚铜、碳酸铜、氯化亚钴、氧化钴、碳酸钴、一氧化铬、铬酸钾、三氧化二锑、氧化铀等。

3.4.3 成型工程

在大批量生产陶瓷器之前，有必要进行原料、坯土和制成品的试验。这是因为原料是天然的东西，其组成不是一成不变的，特别是在采用新原料时，进行原料的试验是理所当然的，即使对一向使用的原料，为了得到适于成型品的种类和烧制温度的好结果，也要进行试验。陶瓷器是经烧制而成的，其成品的性质、形状尺寸也难免有偏差。因此对陶瓷器成品有一定要求，比如在《卫生陶瓷》（GB/T 6952—2015）中规定了产品外观缺陷最大允许范围，如不准许有开裂、坯裂、釉裂、棕眼，也规定了产品中出现针孔、中釉泡、花斑、小釉泡、斑点的总数限制，以及有关缩釉、缺釉、磕碰等方面的规定。在生产过程中，因干燥、烧制所引起的收缩率因原料的不同配合状态而有所不同，并且由于坯土、泥

图 3-10　机械冲压制杯

图 3-11　机械冲压制盘

图 3-12　挤压成型的花园用砖块

图 3-13　瓦片干式加压成型

浆的可塑水量也有不同。因此在大批量生产时，不能仅靠经验和感觉，而必须遵循规定的方式进行充分的生产管理。

（1）调整底质土

在粗陶器的情况下，可以在底质土中加入其他原料拌匀的土，但在精陶器和瓷器的情况下，在高岭土、蛙目黏土、木节黏土等底质土中，把硅石、长石、陶石和一部分石灰石、滑石及其他材料，按制成品的种类和用途、收缩率、烧制温度的相应需要掺进去，作为泥浆贮藏起来。泥浆经过滤加压，再经搅拌均质可作为坯土。

（2）成型

根据坯土的状态，如液状（泥浆）、塑性、干性等，以及制品的形状、性质、生产能力来决定成型方法。

① 塑性加压成型。把处于可塑状态的坯土制成板块状放入金属模、石膏模中，然后用机械或油压加压成型，此方法用于台面衬、盖盆、坩埚、绝缘物等的成型，见图 3-10、图 3-11。

② 机械旋转成型。在凹型的石膏模中放入可塑状的坯土块，用镘刀刮出成型杯、碗等，在凸型的石膏模上放上坯土，用镘刀刮出成型器皿，而旋转台则起着机械旋转的作用。图 3-10 所示的成型法是用金属制的阳模或阴模旋转代替镘刀的旋转。在机械动作方式中，有手动、半自动、全自动（从真空匀土机开始直到把成型品放入到干燥器为止的操作）三种方式。

③ 挤压成型。在黏土排出口上安装挤压嘴，把有一定断面形状的黏土棒挤出，按所需长度截断得到成型品。用于砖、空心砖、铺地瓷砖、排水管、绝缘物的成型，花园用的砖块就是挤压成型的应用实例，见图 3-12。

④ 干式、半干式加压成型。把加入尿素和硬脂等的坯土做成颗粒状，再放入金属模内加压成型。这种成型法用于瓷砖、电气用的低压绝缘子、低周波用绝缘子的成型。图 3-13 为瓦片干式加压成型实例。

⑤ 泥浆浇注成型。一般把水玻璃、碳酸苏打[1]作为解胶剂掺入到泥浆中，让泥浆流入石膏模（一重模、二重模）（图 3-14～图 3-17），经过一定的时间，石膏吸收了泥浆里的水分，可得到所要的成型厚度，把没有附在模子上的泥浆倒出再回收利用。

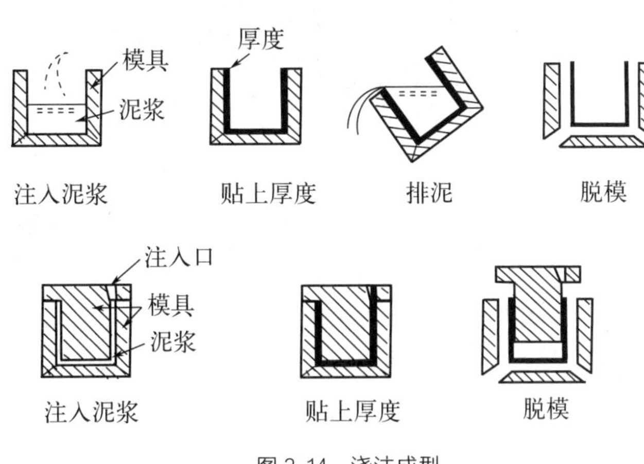

图 3-14 浇注成型

（上：单层成型 下：二层成型）

图 3-15 浇注成型设备

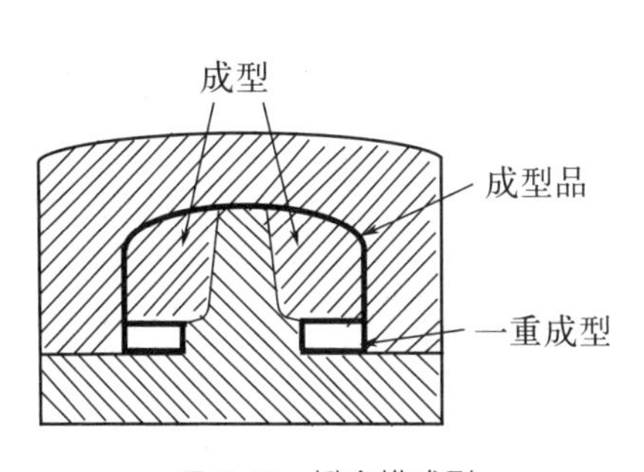

图 3-16 瓣合模成型

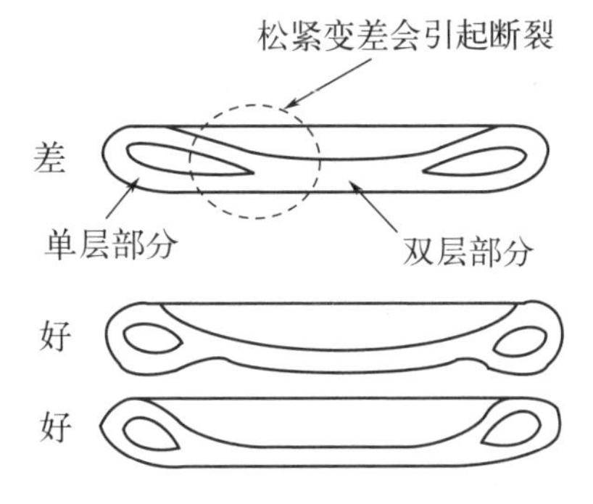

图 3-17 单层成型部与双层成型部分界部的处理

浇注成型用于壶等用品的成型，但壶的把手要另外浇注成型，再粘接。所谓粘接，是使用与底质相同成分的泥浆，把硫酸镁、醋酸铵作为凝胶剂[2]加入 0.1%～0.2%，把两者粘接，在大批生产时用机械进行粘接。

把高浓度的泥浆加压注入石膏模中，在固化之后进行脱模，这是另一种浇铸成型方法（图 3-18～图 3-20）。

图 3-18 泥浆浇注成型的蹲式马桶

❶ 浇铸的泥浆尽可能减少其含水量，并且在有必要降低黏度的情况下，在泥浆中加入解胶剂。也可以用铝酸苏打、碳酸锂等。

❷ 所有酸均能作凝胶剂使用，但为降低泥浆的流动性可用硫酸镁，而作为沉降固化的防止剂可用氯化钙。

图 3-19 座式马桶成型生产线

图 3-20 座式马桶成型线脱模后整理

若用手工操作脱模，则拉出的斜度能做到相当小，但若是机械成型的话，通常有必要确保脱模斜度为 1/50。用这种成型法制作卫生陶瓷等时，不能设置拉出斜坡的地方和有倒斜坡的地方的成型，可以用分割模。分割模使用方便，使相当复杂的造型也变得可能，但是考虑装模操作、脱模时模子展开的操作效率以及一次成型部与二次成型部的交接部分的处理等，使造型设计受到相当大的限制。

（3）上釉

上釉有浸入法、流动法、喷雾法三种，在卫生陶瓷等上面可以用压缩机把釉彩泥浆均匀地喷到表面。有锐利的刃部（在陶瓷器造型设计时希望避免这种情况）时，可在刃部用毛刷涂釉之后再进行喷釉或浸釉。

上釉的目的在于：① 覆盖土坯以增加光泽，增加装饰意义上的美观性；② 使制成品表面光滑，防止弄脏，去除吸水性，增强耐药品性。此外从实用的意义上说，可增加陶瓷器的机械强度。

（4）烧制

烧制是制造陶瓷器的最后一个工序，可以大致分为烧底质、后道烧制、实烧、釉烧和着色烧。

烧制的窑有单独窑与隧道窑。热效率高、操作方便的隧道窑多数用于批量生产中（图 3-21、图 3-22）。燃料可以使用石油、重油、液化天然气、煤、电，但有必要注意燃料中硫黄成分对釉药的影响以及在用电的时候不能进行还原烧制。

图 3-21 送入隧道窑烧制

图 3-22 隧道窑出口

可用三角土锥[1]、热电偶、辐射温度计来测定烧制温度。

[1] 用适合于一定温度的泥土做成三角形的锥体，把三角锥放到窑中，利用三角锥因升温软化塌下来的性质测定窑温。

① 烧底质。用 700～800℃烧制，以去除已成型坯中的水分，固化原料粒子。

在约 400℃时除去成型坯的水分，在 550℃时粒子之间开始固化，要注意达到这温度前需花一定时间。在上釉药进行实烧（在瓷砖、卫生陶瓷成型后干燥，再上釉，省去烧底质进行直接烧制）时也要十分留意 550℃前后的温度，这温度要保持一定的时间。

② 后道烧制。陶器的烧制温度为 1200℃，瓷器的烧制温度为 1300℃左右，在无釉或使用低火度釉时进行后道烧制。

③ 实烧。以 1200℃以上的中性火焰烧制高火度粗陶器、硬质陶器。

④ 釉烧。在烧制精陶器时，以 1300℃以上的温度进行后道烧制之后，上釉，再进行釉烧，这是因为使用了比后道烧制温度低的低熔点釉药。

⑤ 着色烧。在低火度色釉中加入含铅或不含铅的色彩或颜料进行着色后，以 700～800℃进行烧制。在批量生产时的着色，可以用描印、网线曲面印刷或喷涂等方法。

3.5 陶瓷制品设计

3.5.1 日用陶瓷器

在陶器的设计中，根据制品的用途来考虑其容量、厚度、使用的舒适度、整齐度、保温性、稳定性、清洁度等，同时要充分研究制品的形状所带来的对于成型中的制约因素。而且制品在匀土成型开始到烧制成功为止会有 10%（误差 ±3%）左右的收缩量。这种收缩是由可塑水量的消失（干燥）以及烧制时粒子的熔融、固结而引起的，收缩量因原料的配比及可塑水量的多少而不同，所以有必要在设计之前得出因干燥、烧制而引起的收缩率，公式如下：

$$干燥收缩率 = \frac{生料的长度 - 干燥后长度}{生料的长度}$$

$$烧火收缩率 = \frac{干燥后长度 - 烧火后长度}{干燥后长度}$$

在实际设计中，通常按制品的尺寸做成模型（石膏制）。根据所用坯土的收缩率绘制原模图，按该图用石膏制成母模，以此制作阴模。利用阴模来制作试制品，进行制品的形态、成品率等的研究后再转移到批量生产。

图 3-23 马赛克瓷砖

（1）瓷砖

从用途来区分，瓷砖可分为内装修用、外装修用、地面用以及马赛克瓷砖（图 3-23）4 种，见表 3-5。瓷砖具有烧制过的材质所具有的耐水、耐火、耐用性以及耐磨性，而且是在质地和色彩方面具有独特美感的建筑材料。在瓷砖的成型法中，有使制品的面和形状突出表现、柔和及有工艺品感觉的湿法成型，有坚硬感觉、制品尺寸精度高的干法成型，两者都是使用金属加压成型。在制品接近棒状的情况下，也可采用挤压成型方法。

表 3-5　瓷砖的种类

分类	底质种类	用途
内用瓷砖	瓷器、炻器、陶器	主要用于建筑物的内装修
外用瓷砖	瓷器、炻器	主要用于建筑物的外装修
地瓷砖	瓷器、炻器	主要用于地面铺装（包含楼梯瓷砖）
马赛克瓷砖	瓷器	用于建筑物内外地面及墙面铺装

瓷砖的形状、尺寸与建筑模数有关系，这是不能忽视的。外装修用的瓷砖要求具有耐水性并可耐天气变化，一般是陶器、炻器制品，其形状、尺寸与砖瓦的尺寸相关。内装修用瓷砖，使用尺寸精度高的陶性瓷砖，在其上涂釉，降低了吸水率，容易清扫及保持清洁，同时也能得到丰富的色彩。

至于釉药，外装修用瓷砖中有无釉和施釉二种。在施釉的情况下有要求颜色相同或要求每一块的颜色有微小变化两种。内装修用的瓷砖要求具有清洁度和内装修效果，根据其表面的光泽性，可分为光亮、哑光及无光三类，其色彩变化丰富，在其上也可作画。而地面用瓷砖耐天气变化性要好，吸水率要低，而且要有良好的步行性，有必要选择耐磨性好、耐冲击性好的优质底材。

（2）陶瓷餐具

餐具种类多样，如晚餐具、早餐具、茶具、咖啡用具、调味料用具等（图 3-24、图 3-25）。餐具有陶器、炻器、瓷器制品，根据原料的不同，餐具的底色、厚度、重量、保温性以及釉药不同，其质感也不同。因此在考虑以上的特征的同时，也要考虑作为容器的功能，根据其收藏的方便性等来进行餐具形体的设计。

图 3-24　陶瓷餐具 1

陶器、炻器的修饰为底画，在底质烧制后、未上釉前，使用氧化铁、氧化铜、氧化钴等金属氧化物，并在陶瓷颜料中混合填充剂及油等，制作成油墨状，采用喷涂、刷涂、描画、旋转印刷、贴画等方法进行着色绘画，然后上釉，再进行实烧。

（3）卫生陶瓷

瓷器具有接近于玻璃的性质，同样也有平整的直线切割方法，在有缺口时呈贝壳状，有近于玻璃的透明的状态。因为瓷器在窑中呈现像玻璃那样的融熔状态，所以小型的、重量轻的制品尚可以支撑，但是当单个制品达数千克重以上时，会因为不能支撑自身的重量而产生变形。虽然瓷器有不吸水的优点，

图 3-25　陶瓷餐具 2

但因上述的理由不能用于卫生陶瓷的制作。

图 3-26 卫生陶瓷

陶瓷有一些吸水性，不易改变形状，这也就意味着其底质的耐火度高。底质的原料是高岭土、黏土、硅石、长石、石灰等，以 1180～1200℃进行实烧而成的硬质陶器，经 1280～1300℃的高温烧制而成的吸水率为 1% 以下的溶化质陶器，以及使用频度较高的公共设施用的炻器等，都可用于卫生陶瓷。但是溶化质陶瓷在烧制时有可能会变形，因此需加以注意。图 3-26 为卫生陶瓷实例。

卫生陶瓷的功能和构造强烈地影响它的造型，因此在构想、设计的阶段中，利用粗描，并在其他部门（营业、设计、技术等）的同事共同出主意的基础上进行多种设想，以谋求构想的展开。卫生陶瓷的设计流程见图 3-27。

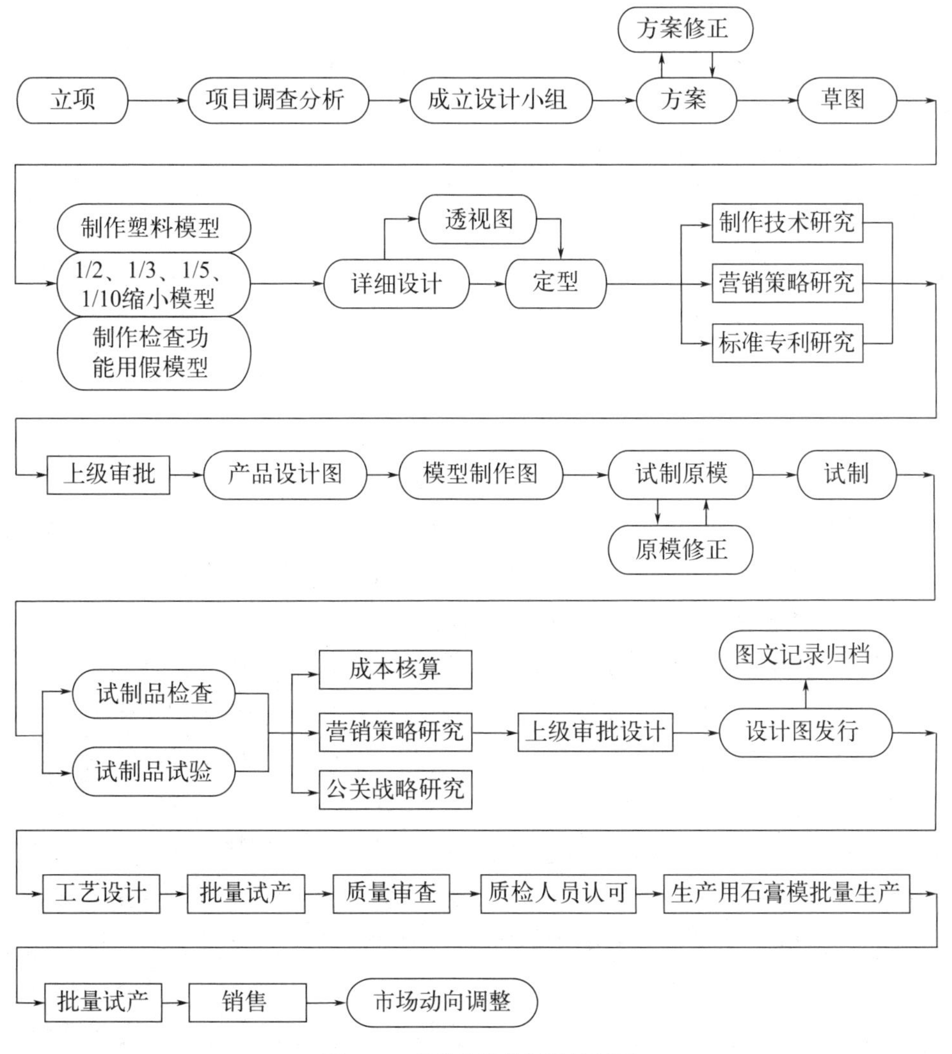

图 3-27 卫生陶瓷的设计流程图

其后，在缩小模型、设计、细部设计、做模型的各个阶段中进行设计和技术方面的探讨，这样以后的工作就能加快进行并取得效果。结合人体工学的功能要求，成型法、产品生产率的制约，作为安装于建筑物中的给排水设施器具的施工方便性、耐用性以及维护（修补、管理、更替等）的方便性，消臭、消音、节水、节能等的功能和构造要求等方面的考虑，就成为卫生陶瓷设计中的重要课题。换句话说，在考虑卫生陶瓷的形体时，就要谋求解决上述诸多问题的方法。

3.5.2 工业用陶瓷

精陶瓷具有优良的物理化学性能，在各个领域得到广泛的应用，而且其用途正在不断扩展。精陶瓷硬度高，具有良好的耐磨性，但没有金属那样的延展性，因此就可以对其表面进行精加工，在转动部分不必加润滑油。这就意味着利用精陶瓷能造出精密的机械，不必担心润滑油的氧化和发生聚合变化，而且机械的面也能保持平滑。

用陶瓷制成的车刀切削金属，切削精密度有所提高，这是因为陶瓷车刀的硬度和刚性优于金属。图 3-28 就是烧制精陶瓷所造出的新产品。

图 3-28 精陶瓷制成带刃制品

以小刀和厨房用刀为例，与金属刀相比其刃面硬，切东西很快，而且用其切过的鱼、肉上面不会带有金属的气味，因而被厨师视为佳品。这些陶瓷制的带刃物的制造难点是高硬度，在刃面的制作时相当花时间，但是一旦制成后，它不会生锈，刃面也不需要研磨，也就可以半永久地使用。

属于新陶瓷范畴的材料，除了硅、铝等的氧化物之外，还有氮化硼、碳化硅、氮化硅以及由硅、铝、氧、氮经烧结而成的赛隆陶瓷（sialon）。通常这些材料的熔点都很高，很难烧结，所以需对烧结技术加以研究。烧结法中有高温加压、不加压、反应烧结等方法，前两者要加入助剂，高温加压法是在黑铅制的压模中进行加压结的方法，不加压方法是把成型材料置于真空或者是在还原性的状态下烧结，反应烧结法不是把 SiC 和 Si_3N_4 作为原料，而是把反应和烧结同时进行最终生成的 SiC、Si_3N_4 或 sialon 作为原料。

用这种反应烧结法制成的陶瓷制品，用于电气部件中作绝缘体或用于耐火、发热体中都有良好的效果。目前用这种材料试制汽车发动机、燃气轮机、喷气发动机的本体。若开发成功则可望得到高效率、节能的发动机。

二氧化锆（ZrO_2）为立方晶体，被称为稳定的二氧化锆，它能良好地通过离子起着固体电解质的作用，利用这一特性可把它用于电池和传感器之中。作为传感器，它用于汽车修理时减少排气中的一氧化碳、亚氧化氮等有害成分的自动控制系统中，也用于预防工厂或家庭的可燃煤气的漏气检测。

如上所述，精陶瓷的使用领域日渐扩大，将给人类的生活带来很大的便利。脱离开餐具和工艺美术品的范围，这种陶瓷器的新用途不断增加，将有助于提高工业各个领域的进步和发展。下面在表 3-6 中列出精陶瓷的主要用途。

表 3-6 精陶瓷的主要用途

应用面	用途
运输	汽车刹车、点火、发动机
通信、计算机	振子、铁氧体、电波吸收体、陶瓷电容、热敏材、光导纤维
电、能源	电池电极材、光化学电池材、发热材、传感器、能量变换材料、原子炉构造材
医疗、医疗化学	人工齿、人造骨、医用生物仪表材料
机械、精密机械	耐热强度材、加工用具、耐腐蚀材、热不良导性材、复合材
建材、土木	水泥、轻质混凝土材、发泡陶瓷墙料
化工、金属业、窑炉	玻璃线材、电极材料、炉衬
宇宙开发	航天飞机机身材料
日常生活	耐热餐具、眼镜片、无形眼镜

研究与思考

① 观察身边的陶瓷器皿的造型和图案，对印象不佳的制品提出改进建议。

② 亲自设计、选料、制作一件陶瓷器。

③ 了解陶瓷产品在建筑行业的发展趋势。

④ 了解并展望陶瓷新材料的发展。

第 4 章 玻璃

设计材料
与加工工艺
Design Materials
and
Processing Technology

考古证据表明，玻璃发源于距今4000多年前的两河文明，在美索不达米亚地区出土的玻璃瓶经测定，为公元前1500年前后制作的器皿（图4-1）。

在中国，自制的玻璃也有长达2500余年的历史，湖北江陵望山1号墓出土的保存完好的越王勾践剑上的半透明、内含小气泡的蓝色玻璃是目前较为公认最早的中国古代玻璃（图4-2），剑上还镶嵌有天然绿松石。

图4-1 美索不达米亚出土的玻璃瓶

图4-2 越王勾践剑的镶嵌部分

公元前1世纪中叶西方发明了吹制玻璃工艺，成为世界玻璃史上重要的里程碑，相关的玻璃吹制品在东汉时期传入中国，到了隋唐时期，中国的玻璃吹制技术得到一定的发展。玻璃器皿成为世俗化日用品的时间大约在宋辽时期，但由于中国有着精湛的制瓷工艺和悠久的制瓷历史，因此相当一段时期，玻璃器皿一直都没有发展成为我国的主要日常用具。随后是在宋代到清代，玻璃制作不管是在民办的作坊还是在官方的官窑中都得到了发展，特别是清代制作的玻璃器物在世界玻璃史上留下了浓重一笔。图4-3～图4-5为不同朝代的玻璃制品。

图4-3 宋代玻璃葡萄
（静志寺塔基地宫出土）

图4-4 元代玻璃莲花托盏

图4-5 清代玻璃制品代表作

4.1 玻璃概述

图 4-6 玻璃杯

人们日常使用的玻璃器皿、玻璃器具以及建筑物所用的玻璃等，通常是将石英砂、纯碱、石灰石等原料混合加热至高温熔融状态，再将熔融液倒入模具中，经快速冷却后制成的。可以说玻璃属于人造的无机非金属材料。

玻璃因具有透明性、气密性、抗渗透性、装饰性、化学耐久性及绝缘性等性质，现已成为我们日常生活中不可缺少的东西。

在我们的身边可以看到许多的玻璃使用实例，如装载水、饮料、化妆品等的玻璃容器，各种杯、托盘等玻璃餐具，白炽灯泡、荧光灯等电器用玻璃，建筑物装修、车辆用的玻璃，还有眼镜、照相机、仪表设备等用的光学玻璃等（图 4-6～图 4-8）。

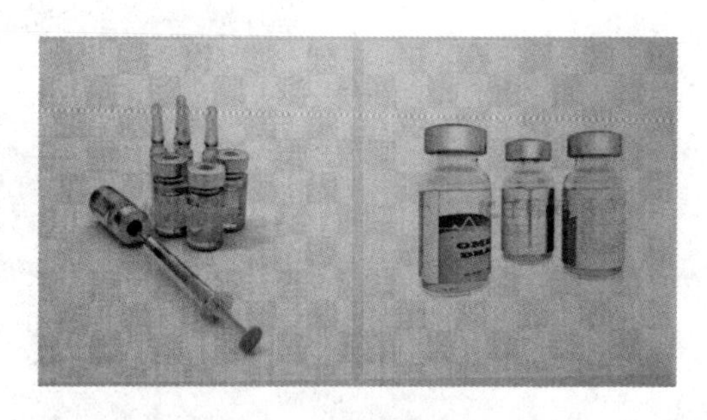

图 4-7 医用玻璃制品

图 4-8 工业用玻璃

玻璃通常被定义为其熔融体冷却后，没有呈结晶状而固化的无机物。但是随着时代进步、科技发展，产生了许多新技术，如用真空蒸着、化学反应、热处理成型等加工方法，可得到并不符合上述定义的强化玻璃，即结晶化玻璃，成为新的玻璃材料。又如以玻璃纤维为增强材料制成的玻璃钢可以替代钢材制造机械零件和汽车、船舶外壳等。

在新的时期，中国正从制造强国向智造强国发展，我国的玻璃工业将以更大的步伐向前迈进。

4.2 玻璃的分类

玻璃随着温度的上升显示出特有的状态变化现象，变为软化的液体状，但是不像结晶体那样有一定的熔点，从液体状冷却下来就固化为刚体。

玻璃根据其化学成分可以区分为以二氧化硅（SiO_2）、氧化硼（B_2O_3）为主成分的酸性玻璃和以氧化钠（Na_2O）、氧化钾（K_2O）为主成分的碱性玻璃。

按不同用途对玻璃的分类见表 4-1。

表 4-1 玻璃的分类

<table>
<tr><th colspan="2">类别</th><th colspan="3">品种</th></tr>
<tr><td colspan="2" rowspan="2">平板玻璃</td><td colspan="3">普通平板玻璃</td></tr>
<tr><td colspan="3">安全玻璃及双层玻璃</td></tr>
<tr><td colspan="2" rowspan="2">玻璃纤维制品</td><td colspan="3">长玻璃纤维制品</td></tr>
<tr><td colspan="3">短玻璃纤维制品</td></tr>
<tr><td rowspan="18">玻璃制品</td><td rowspan="13">产业用玻璃制品</td><td rowspan="5">玻璃基础制品</td><td colspan="2">安瓿用玻璃管</td></tr>
<tr><td colspan="2">灯泡类玻璃泡</td></tr>
<tr><td colspan="2">电子管用玻璃泡</td></tr>
<tr><td colspan="2">光学用玻璃坯料</td></tr>
<tr><td colspan="2">照明、信号用玻璃透镜</td></tr>
<tr><td colspan="3">理化学、医学用玻璃</td></tr>
<tr><td rowspan="6">容器类</td><td rowspan="3">饮料用</td><td>酒类用玻璃瓶</td></tr>
<tr><td>清凉饮料用玻璃瓶</td></tr>
<tr><td>营养饮料用玻璃瓶</td></tr>
<tr><td colspan="2">食品用、调味料用玻璃容器</td></tr>
<tr><td colspan="2">化妆品用玻璃容器</td></tr>
<tr><td colspan="2">药瓶</td></tr>
<tr><td colspan="3">其他产业用玻璃制品</td></tr>
<tr><td rowspan="5">生活用玻璃制品</td><td rowspan="4">餐厨用品</td><td colspan="2">玻璃杯</td></tr>
<tr><td colspan="2">高脚玻璃杯</td></tr>
<tr><td colspan="2">玻璃碗碟</td></tr>
<tr><td colspan="2">其他玻璃用具</td></tr>
<tr><td colspan="3">玻璃花瓶、玻璃烟灰缸</td></tr>
</table>

玻璃的化学成分见表 4-2。

表 4-2 各种玻璃的化学成分　　单位：%

玻璃品种	SiO_2	Al_2O_3	Fe_2O_3	CaO	MgO	Na_2O	K_2O	PbO	SO_2	B_2O_3	其他
平板玻璃	71～75	0.5～20	0.09	7.93	1～4	13～15	—	—	0.25	—	TiO_2 0.23
型板玻璃	72.00	1.25	0.17	11.25	0.75	13.76	—	—	0.75	—	TiO_2 0.10
玻璃瓶（蓝色）	70.90	1.38	2.24	14.02	0.49	10.66	—	—	—	—	MnO 6.30
玻璃瓶（无色）	73.80	0.40	0.05	6.89	0.57	18.33	—	—	—	—	—
玻璃瓶	70.10	2.10	0.15	11.93	1.02	14.60	—	—	—	—	—
玻璃热水瓶胆	73.52	3.68	—	6.62	0.10	14.50	—	—	—	1.20	—

续表

玻璃品种	SiO_2	Al_2O_3	Fe_2O_3	CaO	MgO	Na_2O	K_2O	PbO	SO_2	B_2O_3	其他
空心玻璃	77.08	1.80	0.13	2.65	0.04	17.83		—	—	—	—
铅水晶玻璃	63.14	0.10	0.01	—	—	0.02	12.88	—	—	1.10	—
荧光灯玻璃	57.50	1.57	0.12	0.25	0.05	4.14	8.19	—	—	—	BaO 0.56
钨电灯泡	72.05	2.21	—	—	—	4.23	1.12	—	—	14.07	ZnO 6.75
照明用乳白玻璃	58.00	5.47	—	5.79	—	8.31	2.48	4.12	—	6.30	F 3.05
耐热耐火玻璃	75～80	1～3.5	—	—	—	3.5～4.7	0～2.0	—	—	10～17.5	—
理化学用硬质玻璃	80.50	2.00	0.25	0.29	0.06	4.40	0.20	—	—	11.80	—
寒温计	72.40	3.50	0.20	6.30	0.40	17.20	—	—	—	—	—
光学玻璃 ZK 6	70.60	—	—	—	—	17.00	—	—	—	—	ZnO 12.00
光学玻璃 BK 1	48.10	—	—	—	—	1.00	7.50	—	—	4.50	ZnO 10.10 BaO 28.30
眼镜玻璃	67.86	3.73	0.11	12.58	0.06	15.88	—	—	—	0.25	MnO 0.14
玻璃纤维	53.90	14.23	0.31	21.73	0.10	0.36	0.40	—	0.05	8.69	F_2 0.44

不同玻璃的主成分、特性、用途见表4-3。

当然也可按玻璃的特性（如气密性、透明性、光学特性、化学耐久性、热特性、电气特性、强度、硬度、加工性、装饰性等）分类，或按用途（如建筑用、家用、电气用、光学用、车辆用、工业用等）来分类。

表4-3　不同玻璃的主成分、特性、用途

玻璃种类	主成分	特性	用途
碳酸钠石灰玻璃	SiO_2、Na_2O、CaO	用途广泛的、最常见的玻璃，微溶于水	平板玻璃、瓶、餐具、器皿、一般玻璃器具
碳酸钠石灰铝玻璃	SiO_2、CaO、Na_2O、Al_2O_3	难溶于水	啤酒瓶、酒瓶
铅玻璃	SiO_2、K_2O、ZnO	较软，易溶。作餐具会有铅溶出（特别对酸性物），要加以注意。比重大，屈折率大，有金属的响声	光学用玻璃、电珠用玻璃、装饰用玻璃
钾石灰玻璃	SiO_2、K_2O、CaO	有强的机械性，耐药品性好，屈折率大	光学用玻璃、模造宝石、化学用玻璃
硼硅酸玻璃	SiO_2、Na_2O、CaO、Al_2O_3、B_2O	膨胀率小，有耐热、耐酸性，电气绝缘性好	真空管用玻璃、光学用玻璃、理化学器用玻璃、安瓿用玻璃
碳酸钡玻璃	SiO_2、Na_2O、BaO、CaO	易溶，耐水性弱，比重大	光学用玻璃
石英玻璃	SiO_2	热膨胀率小，耐热性好，熔点高	电气用玻璃、理化学用器皿

4.3 玻璃的基本性能

（1）光学性能

玻璃被列为高度透明的物质，能透过可见光的80%～90%，紫外线大部分不能透过，但红外线较易透过。

（2）抗拉、抗压强度

玻璃抗拉强度较弱，但抗压强度很高，具有良好的耐压性，可以承受一定的外力。

（3）硬度

玻璃硬度高，比一般金属硬，不能用普通刀具进行切割加工，只能用磨料、磨具等其他加工方法加工。

（4）热性能

玻璃有较好的耐热性，能承受较高的温度，不易熔化。

玻璃有较好的热稳定性，导热性差，热膨胀系数小。

（5）化学性能

玻璃的化学性质非常稳定，无毒无味，通常情况下与绝大多数物质都不会发生化学反应。

（6）电学性能

在常温下，玻璃是电的不良导体，当温度升高时玻璃的导电性迅速提高，而在熔融状态时则成为电的良导体。

（7）防辐射性能

玻璃有较好的防辐射性能，因此在医疗和实验室等场所有重要应用。

玻璃的熔融温度与操作温度见表4-4。

表4-4 玻璃的熔融温度与操作温度

玻璃种类	熔融温度/℃	操作温度/℃
铅玻璃	约1300	约1100
碳酸钠石灰玻璃	约1400	约1200
硼硅酸玻璃	约1500	约1300

4.4 玻璃的成型与加工

玻璃制品的设计，首先要考虑使用的目的及成型方法，与此同时还要选择与之相适合的原料组成。要根据设计图做出模型，用其他材料来做不可能表现出玻璃的透明感及光泽等特性，所以要用玻璃来做，用以检查其容量、质厚、质量、形态及商品性等方面。修正后再做金属模，金属模的好坏对玻璃成品的好坏起着决定性作用。

4.4.1 成型工程

在经过酸洗去除了不纯物的适当的粒子原料中，掺入同一成分的玻璃屑，然后把它们放在炉窑中熔融，提高炉温使不熔解物也熔解，进行澄清操作去除泡沫。

再把炉温降到如表 4-4 所示的相应操作温度，从炉中取出熔融状的玻璃（称为玻璃种）进行玻璃板、瓶、餐具等的成型。再把成型品放入渐冷炉中，从温度约 600℃开始逐渐降温以减少成型品的歪变，最后对成型品进行检查，成型工程结束。

4.4.2 玻璃成型法

玻璃制品的成型法在小量生产和批量生产时有所不同。在批量生产的情况下采用连续成型机和全自动成型机，见图 4-9、图 4-10。

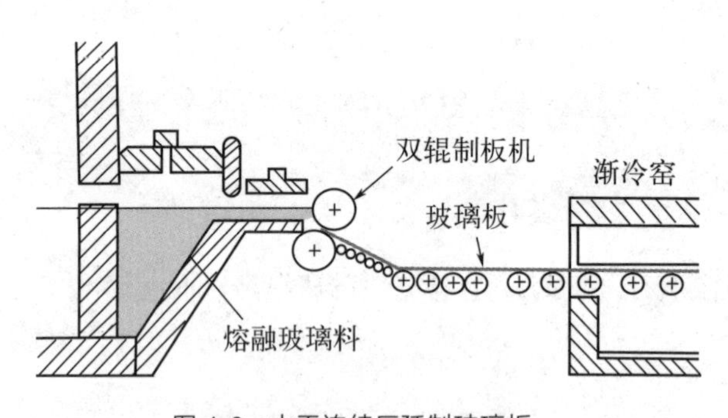

图 4-9 水平连续压延制玻璃板

图 4-10 全自动制瓶机

在制作玻璃板材时有牵引法（图 4-11、图 4-12）、网带玻璃成型法（图 4-13）、辊筒法、浮法，使瓶类、杯类成型的吹气法，用于杯类、器皿类的压模法等。

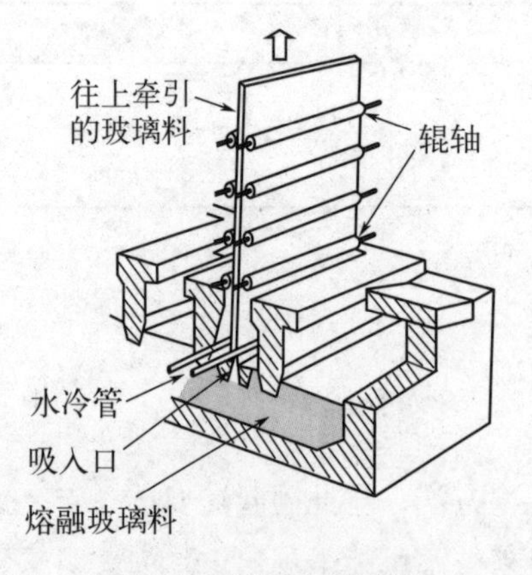

图 4-11 牵引法制玻璃板

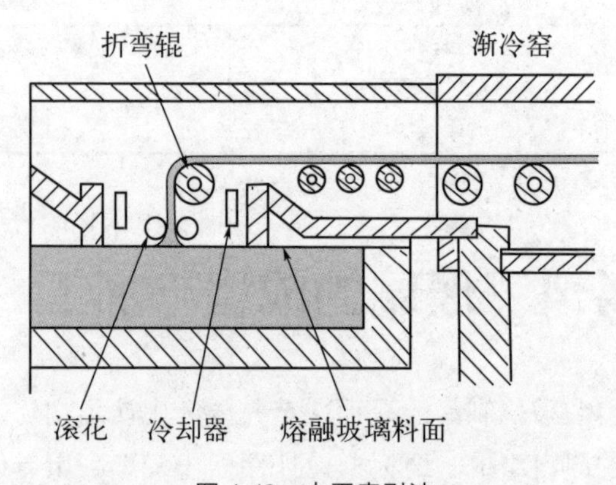

图 4-12 水平牵引法

在板型玻璃成型中，其下辊筒使用了有雕刻的金属辊，在吹气法、压模法中使用了金属模（图4-14），所以这些模的设计、制作、表面处理以及金属模表面的温度等成为决定成型品好坏的关键。而且在杯类的成型和瓶类的成型中除了其容量和用途，还必须注意因所盛物料而引起的耐压性、遮光性，与盖子的接合部等方面的问题。

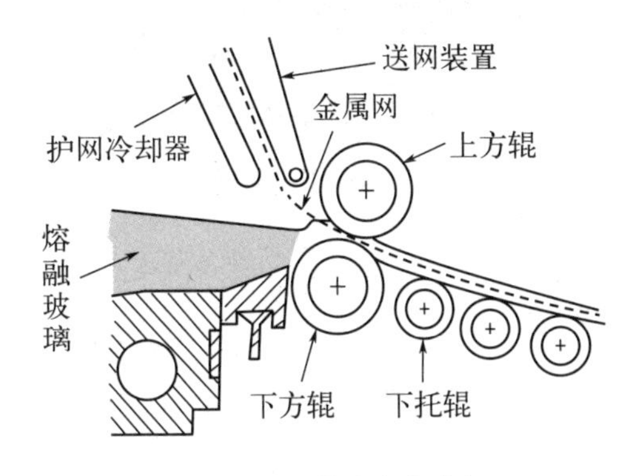

图4-13 网带玻璃成型法

图4-14 压模法用的金属模

4.4.3 玻璃加工

把玻璃板、玻璃管按规定的尺寸截断后，成型工程就结束了，但尚需加工的地方还有许多。挤压成型品或瓶类在经过渐冷处理后也可说是完成了，但对杯类制品还需要再进行加工。

（1）玻璃板加工

经浮法（图4-15）成型的板材，按尺寸切断后经粗割、平整、磨砂的操作成为磨砂玻璃板制品，玻璃因磨砂而除去光泽。

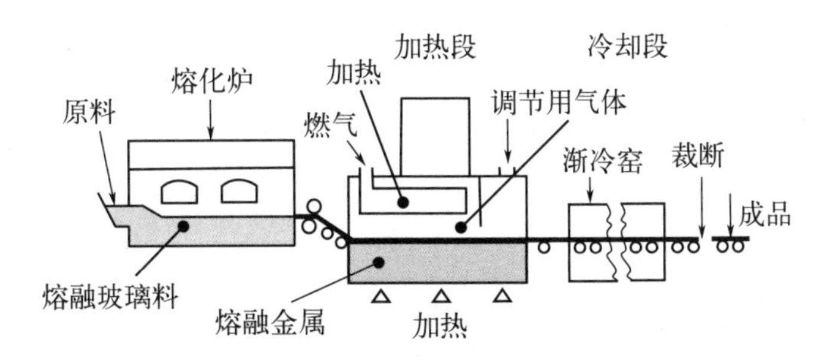

图4-15 磨砂玻璃板浮法成型

把聚乙烯醇缩丁醛夹在玻璃之间，把压合的复合玻璃加热到接近软化再用液体或气体急冷，固化其表面（物理强化法），这样制成的强化玻璃可作为车辆的安全玻璃来使用。强化玻璃受强力冲击会损坏，虽破碎但不会四散开来，从而保护乘客不至于被玻璃碎块击伤。图4-16为强化玻璃受力破碎后的状态，图4-17为复合玻璃破损状态。

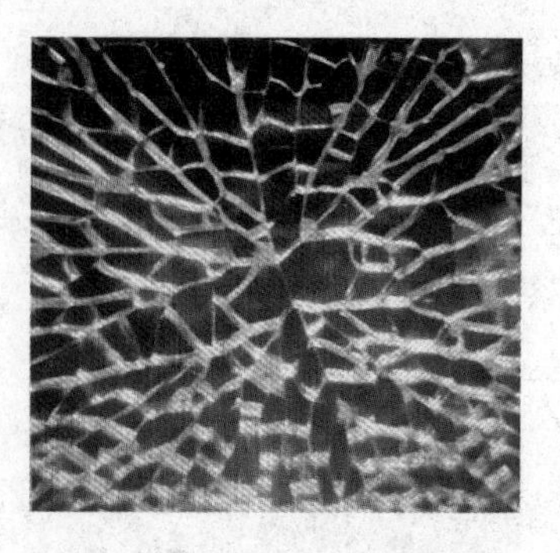

图 4-16 强化玻璃破碎状态

图 4-17 复合玻璃破损状态

（2）瓶类、杯类的加工

在瓶或杯上用无机质墨水印上文字、商标或花样，或者用描印后在稍低于软化点的温度下（碳酸钠石灰玻璃约为 700℃）进行焙烧，或者在器体上进行熔接、腐蚀、切角、雕刻、磨砂或涂银等。

在玻璃的原料中加入 TiO_2、ZrO_2、P_2O_5 等结晶成核剂，在成型后以 800℃进行热处理，就得到膨胀系数近于零的透明耐热玻璃。若热处理的温度为 1100℃，虽然膨胀系数稍变大，但是可得到强度为普通玻璃 2～3 倍的乳白色的低膨胀结晶化玻璃，可用作耐热食用器皿。各式玻璃杯如图 4-18 所示。

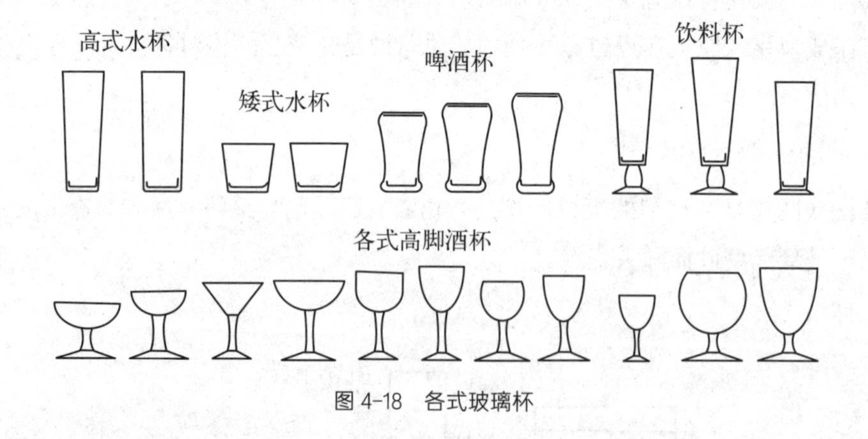

图 4-18 各式玻璃杯

4.5 玻璃制品设计

（1）玻璃板材以外的建筑用玻璃

方块玻璃见图 4-19，是把加压成型的两个箱形玻璃加热熔合而成的制品，在其中间夹层置入有清洁的空气。也有采用带色玻璃，在内侧用涂料处理后而成的玻璃方块。这种玻璃方块既便于采光又能隔音、隔热，常作外壁或房间分隔之用（图 4-20）。在现场施工时可以根据设计图组成拼板再安装。

图 4-19 方块玻璃

图 4-20 隔墙用方块玻璃

U 形玻璃厚 6～7mm，其中嵌有铁丝，强度比普通玻璃板大，用于建筑物的外墙、房间分隔或天窗处。图 4-21 为 U 形玻璃及其组合。常用 U 形玻璃的宽度主要有四种，分别为 232mm、262mm、331mm 和 498mm。U 形玻璃法兰（翼缘）的高度和玻璃厚度有以下三种：高 41mm× 厚 6mm（41×6），高 60mm× 厚 7mm（60×7）和高 90mm× 厚 8mm（90×8）。U 形玻璃最大出厂长度可达 7m。

其他建筑用材还有采光用的方块玻璃，墙壁面装饰用的玻璃砖，隔热、隔音用的玻璃泡，玻璃屏风（图 4-22）等。

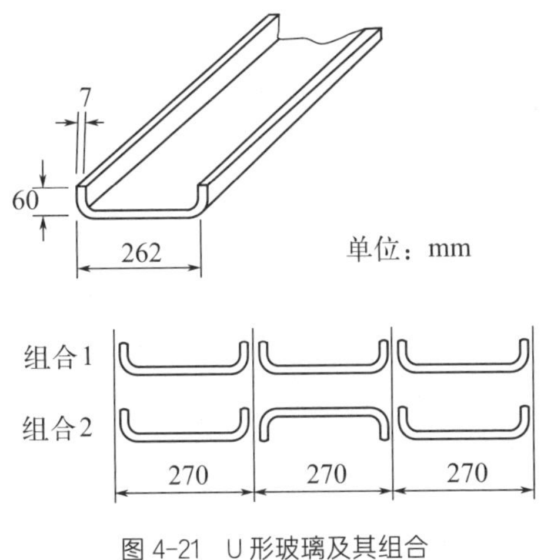

图 4-21 U 形玻璃及其组合

图 4-22 玻璃屏风

（2）玻璃纤维

短玻璃纤维是往熔融的玻璃液中吹入强空气或者用离心力的作用而制成的，作为建筑物、冷库等的绝热、吸音材料使用。

长纤维直径一般在 20μm 以内，可织成不燃性布作为电气绝缘材料使用。加有玻璃纤维的聚酯树脂等复合材料制成的纤维强化塑料可以替代金属材料，这种材料具有强度大、耐水、耐药、重量轻等特点，可用于赛艇、游艇以及渔船的船体或者是椅子、浴缸、装液状物料的贮槽等方面。

玻璃纤维强化水泥是玻璃纤维与水泥的复合材料，可制作间隔板、装饰板、隔音板，今后与纤维强化塑料一起使用的范围将越来越广。

（3）光通信号用玻璃纤维

用 SiO_2 原料制成的玻璃纤维因具传送损失小、重量轻等优点，被用于激光通信，将替代铜线作为中短距离通信的光缆使用，以数微米的直径就能实现数万对用户的通信，并能传送图像。

（4）透明电气传导玻璃

玻璃在常温下是作为电气绝缘材料来使用的，但是把在可视光线中透明的导电物质 SiO_2 牢固地蒸着在玻璃的表面制成的透明电气传导玻璃可以用于盘面加热或作为液晶显示元素的透明电极用于钟表及计算器。

（5）光敏玻璃

在 S_2O_3 系的玻璃中加入 Cl、Br 等卤化物及 CaO、CdO 增感剂，熔融成型后进行 500～600℃热处理，就可制成光敏玻璃，受紫外线照射而析出银变黑，当光量减少则退色。这样的光敏玻璃材料可用于制造建筑用玻璃板或眼镜片。

研究与思考

① 对比近几年玻璃杯与陶瓷杯销售量的历史数据，说说有何想法。

② 调查并列举中国在玻璃新材料创新发展中的事例。

③ 针对普通玻璃制品难以回收处理的难点，设想解决的办法。

第5章 塑料

设计材料
与加工工艺
Design Materials
and
Processing Technology

我们生活在无数塑料制品围绕的环境中，到处可见用塑料制成的电视机、收音机的外壳、照明器具、挂钟的组件、塑料地板、墙壁、顶棚装饰板以及厨房用具等塑料制品。塑料的使用范围不仅限于日用品，还涉及建筑、车辆、医疗、娱乐、包装、流通等其他所有的生活领域。若以所使用的材料来区分时代，那么可以说我们现在是生活在塑料器具的时代（图 5-1、图 5-2）。

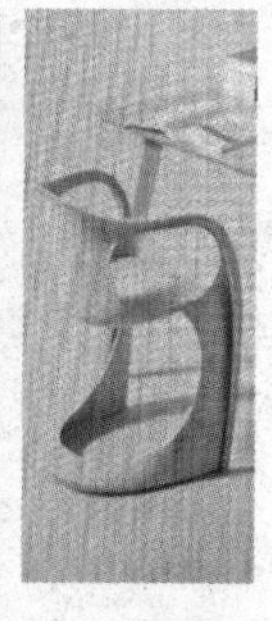

图 5-1 生活中的塑料制品

5.1 塑料概述

塑料虽然是一种得到广泛使用的材料，但究其历史，比金属、玻璃、陶瓷及其他材料要短得多，就是最早实现工业化的酚醛树脂，也仅是在 1901 年才出现的，至今仅有百余年的历史。

图 5-2 各种塑料玩具

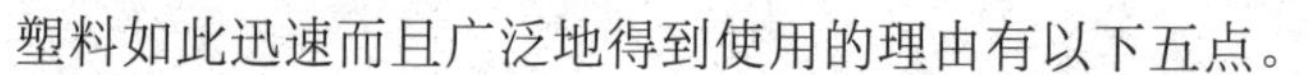

塑料如此迅速而且广泛地得到使用的理由有以下五点。

① 塑料在成型性、加工性、装饰性、绝缘性、耐水性、耐腐蚀性、耐化学药品性、绝热性等方面表现优良，并且是具有现代材料质感的轻质材料。

② 塑料材料品种繁多，有 100 种以上。

③ 塑料成型加工设备发展迅速，各种成型设备可将塑料加工成所需要的各种形状。

④ 作为开发新型塑料材料的基础学科——合成高分子技术正在不断进步。

⑤ 使用塑料是社会发展趋势。

的确，塑料的广泛使用丰富了人们的物质生活，但是从另一方面看，也产生了垃圾公害的社会问题，在焚烧塑料垃圾时产生的高热量及气体，还会损坏焚烧炉。在规划开发一种制品的同时，就必须考虑其废弃后的处理方法与再利用问题。现在的塑料废弃物有的作为再生料用于制造立桩、栅栏、“U”形槽、花木盆、渔业用框架等制品，有的粉碎后作为土壤改良材或水泥填充材使用，有的被固化后作为填地的材料使用（图 5-3）。

图 5-3 公园的草坪生长盘

现在也已经开发出使塑料废弃物液化、作为原材料再次用来制造塑料的方法，以及使塑料废弃物气化作为燃料使用的方法，除此之外，对可降解性塑料的研究也已进入了实用化阶段。

为了得到性能优越的制品，必须考虑塑料与其他材料的组合应用，使用材料必须考虑材尽其用。所以要充分具备有关材料与成型加工方面的知识，还要有丰富的生产实践方面的知识，只有这样，我们才能更加自如地使用塑料材料。

根据上述要求，我们首先要了解各种塑料的性质，并要学习这些材料的成型加工知识，清楚利用这些成型方法能够制造何种制品。进行实际的塑料制品造型设计时，还要充分掌握设计技术上必要的注意事项，以及利用造型设计技巧来消除材料或成型加工方法所造成缺陷的方法。只有掌握了这些技术及知识，才能制造出成型性及生产性优越且质量高、经济的制品。

5.2 塑料的种类与性质

造型设计时所选用的材料，应能自由地成型与加工，并能使制品达到所要求的功能特性。可以说，人工合成开发的塑料是非常优良的造型设计材料。

塑料制品的性能因其所选材料种类、成型条件、形状及使用条件等因素不同而有很大的差异。因此有必要根据其使用目的及以下列举的材料特性加以选择。

① 可塑性大，能任意成型；

② 比金属材料轻，耐化学药品性、耐水性强；

③ 耐冲击、耐振动，即使跌落也不易破裂；

④ 多数塑料具有透明的性质，富有光泽，可任意着色表现漂亮的色彩；

⑤ 便于切削、连接以及表面处理等二次加工，加工成本低；

⑥ 不易导电与传热，耐磨性能好；

⑦ 多数塑料不耐高温，热膨胀系数大，在低温时发脆；

⑧ 即使在常温下，承受较大载荷时也易产生蠕变；

⑨ 有些塑料易燃，且分解后会产生有毒气体；

⑩ 与金属相比韧性低；

⑪ 有些塑料易溶于溶剂，易吸收水分的塑料易发生尺寸及形状变化；

⑫ 有些塑料在太阳光（紫外线）作用下易发生劣化。

塑料的种类非常多，性质与用途也是多种多样的（表 5-1），现在迎来了塑料从数量到质量的转换时期。

表 5-1　塑料材料特性一览

材料名称	成型性	机械加工性	耐冲击性	强韧性	耐磨耗性	耐蠕变性	可挠性	润滑性	透明性	耐候性	耐溶剂性	耐药性	耐燃性	热稳定性	耐寒性	耐湿性	尺寸稳定性	低价格
聚乙烯	◎	★	◎		◎		○	○			○	○			◎	○		◎
聚丙烯	◎	◎	○		○		○				○	○				○		◎
氯乙烯树脂	◎	○			□		□		○	○		○	○			○	○	◎
聚苯乙烯	◎															○	○	◎
ABS 树脂	◎	◎	◎	○												○	○	○
聚碳酸酯	○	◎	◎	◎	○	○			○	○			○	○	○		○	
丙烯酸树脂	◎	◎							◎	◎							○	○
聚酰胺（尼龙）	○	◎	○	◎	◎	○		○	★	○	○		○	○	○			
聚醚	○	◎	○	◎	◎	○	○	○			○	○		○				
聚苯醚（PPO）	○	◎	○	◎									○	○		○	○	
聚苯硫醚（PPS）				○				○			○	○	○	◎		○	○	
聚酰亚胺		○		○	◎	◎				○	○	○	◎	◎	◎		○	
聚硫化氢		◎	○	◎		○			○			○	○	○	○	○	○	
聚对苯二甲酸乙二醇酯（PET）	○	○	○	◎		○		○	○		○			○	○	○	●	
聚对苯二甲酸丁二醇酯（PBT）	○	○	○	◎		○									○		●	
聚四氟乙烯（PTFE）		○	○		◎		○	◎		◎	◎	◎	◎	◎	◎	○		
乙烯 - 四氟乙烯共聚物（ETFE）	○	○	○		◎		○	◎		◎	◎	◎	○	◎	◎	○		
聚偏二氟乙烯树脂（PVDF）	○	○	○		◎		○	○		◎	◎	◎	○	◎	◎	○		
热塑性弹性体（橡胶）	◎	○	◎				◎				★	★				○		
醋酸纤维素树脂	◎	◎	◎	◎			○		○	◎							○	○
酚醛树脂	◎	○			○	◎					○		○	○	○			◎
三聚氰胺树脂	◎	○	○		○	◎				○	○	○	○	○	○		○	○
尿素树脂	◎				○	◎				○	○		○					◎
不饱和聚酯	◎		●	●		●			○	●	○	○		○	○	○	○	○
环氧树脂	○		○	●	○	◎	★		○	○	○	○		○	○		○	
硅树脂	○	○	○				○		○						○		○	
聚氨酯	○	◎	□	○	□		□		○	○		○			◎	○		

◎优　○良　★按等级有优品　●加有强化材成分　□材质软

种类繁多的塑料，从实用观点考虑可分成价格便宜，大量用于日用杂货、包装、农业等方面的普通塑料，具有高强度及刚性，用于结构材料与机构零件等方面的工程塑料，以及具有耐热性及自润性等特殊性能的特种塑料这三大类。从成型性方面考虑，大致可分成热塑性塑料与热固性塑料这两大类（图 5-4）。

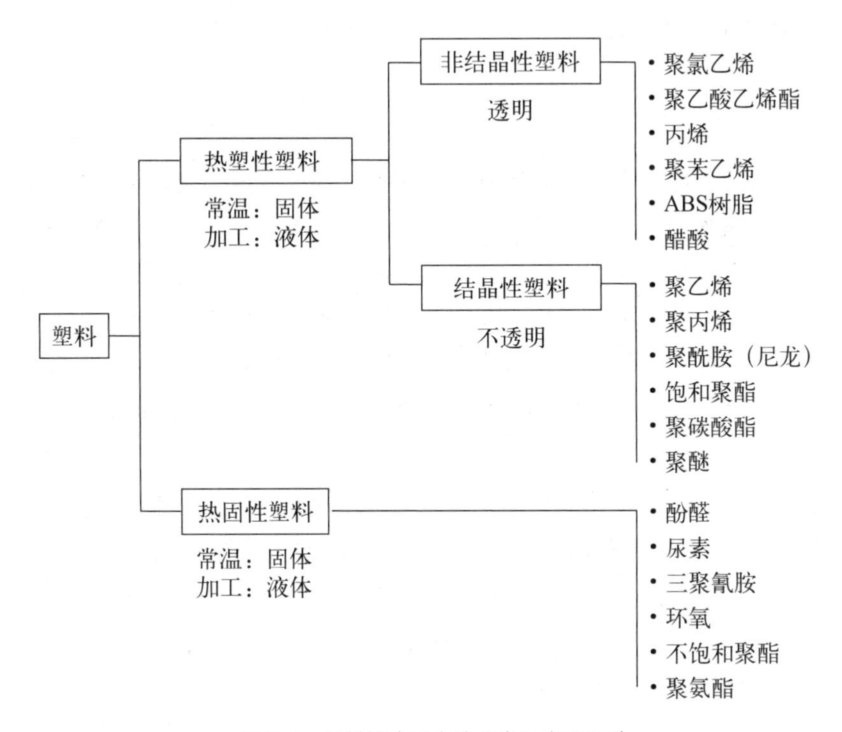

图 5-4 塑料按成型方法分类及主要品种

5.2.1 热塑性塑料

热塑性塑料具有加热后熔融、冷却后固化的性质。所以热塑性塑料的原料经加热熔融后，可以通过模具成型为各种形状，然后冷却固化成为制品。当再次加热这些制品时，其仍可呈流动状态再次成型。这表明热塑性塑料具有可逆性变化的性质。

热塑性塑料的种类很多，其总产量约为热固性塑料的 3 倍。经常采用的热塑性塑料有聚乙烯、聚丙烯、氯乙烯树脂、聚苯乙烯、ABS 树脂、丙烯酸树脂等普通塑料，还有聚酰胺、聚碳酸酯、聚甲醛、聚对苯二甲酸乙二醇酯等工程塑料。

（1）聚乙烯

聚乙烯与后述的聚丙烯和聚氯乙烯是所有塑料中产量最多、使用最多、有代表性的普通塑料。聚乙烯的品种有材质柔软的低密度聚乙烯与材质较硬的高密度聚乙烯。因其价格便宜、易于成型，所以根据使用要求，广泛应用于各个领域。

聚乙烯塑料具有乳白色蜡质的外观，质地柔软，轻于水，耐冲击，具有良好的耐寒性与耐化学药品性。用其制成的薄膜虽然不能透过水蒸气、空气，但可以透过臭气。这种塑料的缺点是会发生蠕变，成型收缩率大，不能制造精密制品，并易发生应力开裂（指在承受重力载荷的状态下因化学药品的作用产生裂纹），燃烧时产生石蜡气味，不易粘接、印刷。

这种塑料用于制造各种包装用薄膜，密封容器、水桶、厨房用具等日用品，啤酒箱、煤油罐、塑料板箱等流通领域用品，带子、绳子等绳索物品，电器用品及电线、电缆的包覆材料。

（2）聚丙烯

聚丙烯的外观及手感与高密度聚乙烯非常相似，很难分辨。聚丙烯的密度（$0.9g/cm^3$）在塑料中最轻，其表面硬度较高，难以划伤，且有明亮的光泽。这种塑料的耐热温度可达110～140℃，抗冲击性、耐磨性、耐化学药品性、高频绝缘性、耐应力开裂性等性能均优于聚乙烯。但是其耐气候性不太理想，在室外使用时要加以注意。

聚丙烯具有其他塑料无法比拟的称为“铰链效应”的特性，即加热以后呈液态状的聚丙烯能流过细小的间隙，像用纤维将分子链捆绑定向而得到的特性，具有长期耐久性的铰链功能。

聚丙烯的用途基本上与聚乙烯相同。利用其耐热的特性可以用于制作学校、医院、工厂等单位使用的餐具，利用其铰链效应，可以用于制作组装式搬运箱、家电制品的外壳、家具及游艇等，还可以将其分子链拉伸至极限，提高其拉伸强度，用其制作捆包用的绳子或带子、各种包装袋等制品。聚丙烯还被用来制造汽车保险杠等制品，由于这种塑料具有优越的特性并且价格便宜，应用范围正在逐步扩大。

（3）氯乙烯树脂

氯乙烯树脂是较早实现工业化生产、被广泛使用的代表性热塑性塑料，其使用量仅次于聚乙烯。其接近于透明，单纯的氯乙烯较为强韧（硬性氯乙烯），但可以通过加入增塑剂，使其成为软性氯乙烯，而具有弹性。一般加入增塑剂的比例为30%～50%。在硬度从硬向软变化的同时，其强度、刚性等性能也随之发生显著的变化。含有大量增塑剂的氯乙烯制成品，随着使用时间的增长，增塑剂会扩散到空气中，或以其他方式转移，而使制品发生开裂。

氯乙烯具有优越的耐水、耐酸、耐化学药品及绝缘性，并且具有阻燃自熄性。但是在低温环境下的抗冲击性差，而在温度达65～85℃时会软化，所以氯乙烯制品的使用温度受到限制。此外氯乙烯制品会因弯曲、紫外线照射的作用发生劣化使制品表面白化，燃烧时会产生氯气、二噁英等有毒气体。

硬性氯乙烯可用于制作自来水管、落水管、板凳面板及波纹板等制品，软氯乙烯用于制作农用、包装用等各种薄膜、薄片、绝缘带、电线包覆材料，各种容器及玩具等制品。

（4）聚苯乙烯

聚苯乙烯是一种具有漂亮光泽、质轻、硬度较高的塑料。聚苯乙烯的熔融黏度低，是热塑性塑料中最易成型的塑料。其强度高，刚性强，电气特性（高频特性）及耐水性优越，但是在燃烧时会产生大量黑灰并发出刺激性的臭气。由于其耐热温度仅为60～80℃，抗冲击性能差，易溶于有机溶剂，因此往往会产生细微的裂纹。

聚苯乙烯有普通级、抗冲击级及耐热级三个品种，分别用于制作日用品、电气零件、机械零件、文具、塑料模型等制品。白而轻的发泡苯乙烯，不但具有优越的抗冲击性能，可以用于制作包装用品，而且具有优越的绝热性能，可以用于制作建筑用的绝热材料及快餐方便面容器等制品。

（5）ABS树脂

ABS树脂是为了改善聚苯乙烯性能，将聚苯乙烯与丙烯腈、丁二烯相聚合的塑料。ABS树脂具有非常均衡的力学性能，尤其是抗冲击性与温度变化的关系不大，所以广泛用于制作各种电器的外壳、筒体、保安器具、体育用品等制品。并且因其成型收缩率非常小，可以精密加工，因此被广泛用于制作汽车零件、办公用机器零件。

ABS树脂制品表面可进行金属电镀，在所有塑料中，ABS树脂与电镀层的接合度最好，所以被广泛用于制作电器的旋钮及装饰件等制品。

低发泡ABS树脂制品具有合成木材的特性，可以用于制作表面具有木纹效果的电视机的前框及垫脚、照明器具、家具等制品（图5-5）。

图5-5 办公室使用的塑料制品

（6）丙烯酸树脂

丙烯酸树脂透明度高，透光率可达90%～92%，折射率为1.48～1.50，具有可与晶体玻璃相匹敌的特性，所以这种树脂也被称为有机玻璃。这种树脂与聚苯乙烯相比光泽更庄重优美，并能制成任何色彩，可以制作色彩鲜明的制品。

这种树脂的耐气候性优越，可以在室外长期使用，其抗冲击性是普通无机玻璃的8～10倍。只是耐热性差，易溶于强碱与有机溶剂。

丙烯酸树脂加热至100～120℃时，进行弯曲不会发生“白化”，所以有利于制作需进行弯曲或拉伸加工的制品。常温下的丙烯酸树脂，也容易进行切断、切削、钻孔、粘接等二次加工。

丙烯酸树脂的临界角为42°，大于此角度时，发生全反射，应用这个原理可以用于制作照明器具及显示器等制品（图5-6、图5-7）。

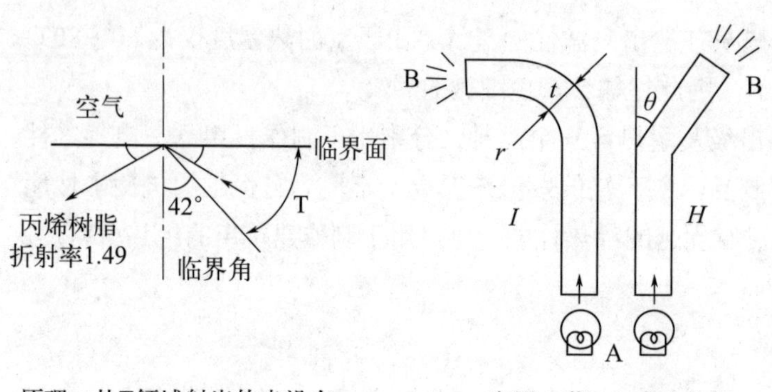

图 5-6　棱镜原理

图 5-7　用棱镜原理制作的照明器具

充分利用丙烯酸树脂优越的光学性能及耐气候性能，可以制作照明器具、显示器、光学镜片、接触镜片、直升机穹顶、汽车尾灯、光纤瞄准镜、假牙、假牙床等医疗用品。丙烯酸树脂作为光导纤维等通信基础材料引起了社会的重视。

（7）聚酰胺（尼龙）

聚酰胺的分子结构与毛发类似，一般称之为尼龙。按分子链中碳元素的含量，分成尼龙 6、尼龙 66、尼龙 610、尼龙 11、尼龙 12 等品种。

这种塑料的颜色呈不透明乳白色或淡黄色，表面硬度高，抗冲击性能好，强度高，韧性强，不易产生脆性破坏，单位密度的强度可与金属媲美，耐疲劳性能好。聚酰胺的最大特点是摩擦系数小，具有良好的耐磨性与自润性。除上述特性之外，其自熄火性、耐油性、电气特性、低温特性等性能均良好。缺点是成型收缩率大、吸水率高。

聚酰胺作为一种工程塑料，广泛用于制作齿轮、轴承、凸轮、散热风扇、滤网、滚动轮等机械零件，也可用于制造包装用的拉伸薄膜、管材、软管等制品，还可以作为纤维来使用。

（8）聚碳酸酯

聚碳酸酯是一种用途广泛的、透明的、淡褐色的工程塑料，具有高折射率及漂亮的光泽。并且这种塑料的耐蠕变性、耐热性、低温特性优良，使用温度范围为 -100～135℃，耐气候性亦优良，且具有自熄火性。由于聚碳酸酯的吸水率小，具有良好的尺寸稳定性，所以适于制作尺寸精度要求高的制品。

聚碳酸酯的缺点是耐疲劳性能较差，易发生脆性破裂，在热处理畸变的作用下，会促使其发生应力开裂。其耐碱性差，在高温下易分解。

聚碳酸酯用于制作家电及电子设备零件、信号灯镜片、工程标识用旋转灯等电器制品，电动工具、铁道车辆、汽车、飞机等机械的零件，以及窗用玻璃、安全帽、电话机壳、眼镜镜片及护目镜等制品。

最近聚碳酸酯作为锌基合金、铝合金等金属压铸零件的代用品，广泛用于钟表、照相机及望远镜等产品行业中。

（9）聚缩醛

聚缩醛也被称为聚甲醛，是一种呈不透明乳白色的，与聚酰胺、聚碳酸酯同样广泛使用的有代表性的工程塑料。

这种塑料耐热温度高，在较大幅度的温度范围内机械强度高、韧性好，耐磨性及耐蠕变性优越，尤其是聚缩醛的耐疲劳性是热塑性塑料中最好的。这种塑料能承受较大的往复冲击力及交变应力。另外由于聚缩醛的分子结构中氧的成分比碳的成分多，所以容易燃烧而不会像聚苯乙烯那样冒黑烟。这种塑料的缺点是容易被强酸侵蚀、耐气候性差及不易粘接。

聚缩醛用于制作齿轮及轴承等机械零件、开关及发动机等电器零件、挂钩及水龙头等日用品。

（10）饱和聚酯

这种塑料耐高温、韧性强，具有优越的耐蠕变性、耐磨性及电气特性，所以作为工程塑料中耐热的品种有着重要的用途。

饱和聚酯可以用于制作录像带、录音带，并因其难以透过二氧化碳，可以用于制作啤酒、可乐等碳酸饮料瓶及酱油瓶等中空容器。玻璃纤维增强的饱和聚酯，具有可与金属相媲美的刚性，因而可以制作空调及温风加热器的扇叶及微波炉、钟表等的零件。

（11）氟树脂

分子结构中具有氟元素的塑料称为氟树脂。氟树脂是一种在较广的温度范围内性能稳定的塑料，并且摩擦系数小，耐化学药品性优越，尤其是聚四氟乙烯这种氟树脂具有优越的耐热、耐寒性（适温 -100～260℃），耐磨性、耐气候性、不黏着性及电气特性等性能均好，并且不吸收水。

氟树脂的缺点是质地较软，当承受较大载荷时容易变形。另外由于在加热状态下也不会流动，所以成型性差。作为改善成型性的氟树脂有聚三氟氯乙烯。

氟树脂可以用于制作齿轮、轴承、密封材料、药品容器或药品贮藏罐的内衬、高频电器零件、人造内脏（人造血管）等制品及电饭锅、油煎盘、熨斗等器具的涂覆材料。这种塑料虽然价格在塑料中最高，但由于具有特异的性能，使用量也在不断增加。

（12）聚乙酸乙烯酯

聚乙酸乙烯酯是一种无色、透明、易溶于溶剂的树脂。其乳剂用作涂料、胶黏剂及共聚物的原料。用两种以上单体合成塑料的作业称为共聚合，共聚合生成的塑料称为共聚物。根据不同的单体成分及配比所生成的共聚物，具有单体所没有的优越特性，代表性的共聚物有 ABS 树脂、EVA 树脂。以聚乙酸乙烯酯为原料生产的聚乙烯醇，因可溶于水，所以主要用来生产浆糊及感光性塑料。将乙酸乙烯酯与乙烯相共聚的材料称为乙烯 - 醋酸乙烯酯共聚物（EVA 树脂）。这是一种具有反弹性的无色透明的胶状塑料，耐气候性好，具有低温可挠性，可以用来制作手套、软管、拖鞋、凉鞋、滑雪靴、鞋底、人工草坪、重包装袋、热熔胶黏剂等制品。

（13）纤维素类树脂

纤维素类树脂是以纤维素为原料的塑料。这种塑料能任意着色，具有优越的成型性及加工性。

硝酸纤维素是一种具有美丽光泽的、透明的、表面硬度高的塑料，具有良好的弯曲性等二次加工性能。这种塑料可以用于制作垫片、笔盒、伞柄、乒乓球、玩具娃娃等制品。由于这种塑料易燃，所以使用领域正在逐步缩小。

醋酸纤维素是一种弥补了硝酸纤维素弱点的塑料，具有透明、抗冲击及阻燃等优点，但也存在吸水性大、尺寸稳定性稍差的缺点。这种塑料可用于制作玩具、牙刷把、眼镜架、座钟及挂钟的外壳、照相胶卷、漆等制品。

5.2.2　热固性塑料

热固性塑料具有加热后会固化的特性。热固性塑料加热后开始软化熔融，成为可以流动的状态。在此状态下通过模具成型为所需的形状，然后在继续加热下发生化学反应固化成制品。已经固化的热固性塑料，无论再如何加热也不会熔融。

（1）苯酚树脂

苯酚树脂是最早实用化的热固性塑料，这种塑料也称为酚醛树脂。苯酚树脂质地很脆，大多场合下需填充纸、布、木粉、纸浆、石棉等材料后才能成型。又因这种塑料的颜色呈褐色，所以仅限于成型色泽为暗色系的制品。

这种塑料具有优越的耐热性、阻燃性及电气绝缘性，所以可以用于制作水壶、炒锅的把手等日用品及插座、插头等电器零件。经过浸渍的纤维所制成的层压板可以用来制作印刷电路线路板及 IC 集成板。

苯酚树脂的缺点是耐碱性差，以及当制品内埋入金属嵌件时，因两种材料的热膨胀率不同而易产生裂纹。

（2）尿素树脂

因这种树脂是由尿素与甲醛水反应生成的，所以称为尿素树脂。这种树脂是热固性塑料中价格最低的品种，使用量最大。由于尿素树脂能任意着色，具有光泽，所以可以制作成色彩鲜明的制品。这种树脂成型的制品表面硬度高，难以划伤。其缺点是吸水性大、尺寸稳定性差、不耐冲击、易开裂。

尿素树脂除作为胶合板黏合剂使用之外，还用于制作玩具、瓶盖类、纽扣、汽车零件。由于不耐酸、碱，加热后会分解并溶解出福尔马林，因此需加以注意。

（3）三聚氰胺（密胺）树脂

这种树脂虽然与尿素树脂同属一类，但是其强度、抗冲击性、电气绝缘性、耐热性、耐药品性等性能均比尿素树脂好得多。

这种树脂具有表面硬度高、自熄性强等优点，可以通过层压成型制成装饰板，用于制作桌子、家用厨房灶台的台面及各种建筑用材，很适宜用作室内装饰材料。

（4）不饱和聚酯

不饱和聚酯是一种淡黄色透明的黏稠液体，使用催化剂、促进剂可使其硬化。这种树脂强度高，具有优越的耐气候性、耐水性、耐酸性、耐溶剂性及电气特性，成型性能也良好。缺点是在硬化时收缩大，质地脆而易裂，耐碱性差。

不饱和聚酯树脂可以用来制作纽扣、装饰板及封装材料。为了改善其质脆的弱点，大多数情况下是填充玻璃纤维后将其作为增强的复合材料使用的。

不饱和聚酯树脂增强后有许多优越的特性，尤其是因其力学性能、抗冲击性能良好而用于制作浴槽、净化槽、汽车车身、游艇、滑雪器材、钓鱼竿、办公设备外壳、椅子、安全帽等制品。

（5）环氧树脂

环氧树脂是一种黏稠的液体，不同品种的环氧树脂可以制成可挠性、强韧性不同的制品。

这种树脂机械强度高，不但具有优越的耐热性、耐磨性、耐化学药品性及绝缘性，而且成型收缩小，尺寸稳定性好。环氧树脂可以用作金属表面的涂料、内衬及电子零件的封装材料。由于环氧树脂粘接剂具有能与金属牢固粘接的特性，所以是制造飞机机体的必备材料。环氧树脂填充玻璃纤维后同样可以作为增强的复合材料来使用，但是由于价格昂贵，仅在化学工业用的大型贮罐及航空领域的结构零件等方面得到应用。

（6）硅酮树脂

硅酮树脂的分子结构中有硅元素，所以也称为硅树脂。其结构与一般塑料不同，含有油、橡胶、塑料三种成分。硅酮树脂的连续耐热温度可达316℃，与氟树脂同样是耐热温度较高的塑料品种。这种树脂具有在高温、高湿度状态下，绝缘性能不发生变化的特性，并且耐化学药品性、耐水性、耐寒性（可耐−75℃）、耐气候性、不黏着性等性能均优于其他塑料。

液状、糊状的油质硅酮树脂可以用作脱模剂、防水剂、消水剂、润滑油等。在常温下可固化的二元硅树脂中混合硬化剂，后注入需复制零件的模框中，可取得能真实、精确复制原件用的注型用硅树脂模。利用硅树脂模的特性，在硅树脂模中注入饱和聚酯树脂、环氧树脂、石膏、石蜡、低熔点合金等材料，可以简便地制作具有复杂形状的模型或装饰品等复制品。硅树脂是制作少量试生产用模具及观察用实物的理想材料。这种树脂也可以用来制作耐热的密封材料或衬垫、绝缘带等制品。另外由于硅酮树脂具有可以交换氧气的性质，所以作为氧气交换膜，正在逐步应用于人工心肺等医疗制品上。填充增强材料后的硅酮树脂硬度很高，可以用于制作电气零件或机械零件等制品。

（7）聚氨酯

聚氨酯可以分为发泡性的热固性聚氨酯与非发泡性的热塑性聚氨酯两种。热固性聚氨酯有软质、半硬质、硬质三种发泡体。

软质聚氨酯具有几乎连续的气泡结构，具有优越的缓冲性能，并且柔软，压缩回弹性、吸收冲击性、消音性等性能良好，可以用来制作汽车与摩托车的坐垫，以及垫片、椅子等制品用的缓冲材料，也可用作厨房用擦洗用具。

半硬质聚氨酯具有优越的吸收冲击的性能，有较厚的表皮层，主要用来制作汽车的前保险杠等制品。

硬质聚氨酯具有独立的气泡结构（90% 以上），具有优越的绝热性、耐气候性、耐化学药品性等性能，并且可以现场发泡。硬质聚氨酯大多用作冷藏库及冷冻库的绝热材料。

聚氨酯的缺点是耐水性、耐酸性、耐碱性差，连续使用温度只能在80～100℃范围内，燃烧会产生有毒气体，使用时应加以注意。

非发泡性的热塑性聚氨酯呈橡胶状，具有优越的耐磨性、耐油性及耐气候性，一般用来制作表带、鞋底等制品，或用作密封材料。

近年来将聚氨酯注入模具内进行反应成型的方法得到广泛的应用，无论是发泡聚氨酯还是非发泡聚氨酯，都可以高速成型为所需形状，因此在家具、办公设备、计算机的外壳、电视机的外壳、滑雪板的内芯、雪橇等制品，以及需吸收冲击的保险杠、车门等汽车零件上得到广泛的应用。

5.2.3 塑料复合材料

塑料复合材料的结构可以比喻成人体的结构，复合材料中的玻璃纤维等增强材料类似于人体的骨骼，树脂类似于人体的肌肉，组合复合材料的树脂称为基体材料，通过基体材料与增强材料的组合，可以取得各自单独存在时所不具备的性质来适应需要，目前为数众多的复合材料正在源源不断地被开发出来。

（1）增强塑料

① 增强材料。增强材料的形状有纤维状、波纹状、片状、粒状、粉状、海绵状等形状。大多数情况下采用呈束状、栅网状、织布状的玻璃纤维作为增强材料。通过适当地选配增强材料与基体材料的比例，可以得到拉伸强度是钢材 2 倍，弹性模量几乎也可与钢材相媲美的增强塑料。下列各项是增强材料所应具备的一般条件：

a. 为了能制作质地轻的零件，材料的强度与密度之比、刚度与密度之比应大一些；

b. 为了便于成型，纤维要细；

c. 与基体材料的粘接性要好；

d. 应便于进行机械等二次加工。

除上述四点之外还应考虑批量性、低公害性、价格低廉、供应稳定等条件。

作为增强材料使用的除玻璃纤维之外，还有碳纤维、硼纤维、金属纤维、纱头等材料。最近还开发了高强度的聚酰胺类纤维来替代玻璃纤维，这种方法得到了广泛应用。

② 基体材料。采用不饱和聚酯树脂、环氧树脂、苯酚树脂等热固性塑料为基体材料的增强塑料称为 FRP。采用聚酰胺、聚碳酸酯、聚丙烯、聚缩醛、饱和聚酯树脂等热塑性塑料为基体材料的增强塑料称为 FRTP（玻璃纤维增强的热塑性塑料的简称）。

在 FRP 类中采用最多的基体材料是不饱和聚酯树脂，因其具有“比铁强、比铝轻”的特性，在广泛的领域得到应用。环氧树脂与碳纤维所组成的增强材料大多应用于要求高的场合。

FRTP 一般采用短纤维来增强，大多用于制作需耐热的电器零件与机械零件等制品。具代表性的热塑性塑料均可作为 FRTP 的基体材料，其中用得最多的是聚丙烯、聚碳酸酯及聚酰胺。

③ 成型材料。我们把在基体材料中填充了增强材料，可直接用于成型的材料称为成型材料。目前成型材料有 SMC 与 BMC 两类。

SMC 是预先将玻璃布或玻璃栅网浸渍基体材料，在成型过程中实现硬化反应，这种材料用于压缩成型。而 BMC 是将玻璃短纤维与基体材料混炼，制成颗粒状，这种颗粒可以用于压缩成型，也可以用于注射成型。

玻璃纤维增强的塑料是一种新型材料，可作为铝合金压铸零件的替代材料，以实现汽车轻量化为主，正在各个领域得到广泛的应用。

（2）结构用发泡塑料

有效利用可实行人工合成的条件，可以生产结构用发泡塑料，来有意识地改善、调整合成材料的各种性质。结构用发泡塑料可以具有未经发泡时无法比拟的特性。

上述的增强塑料是由固体与固体组成的复合材料，结构用发泡塑料可以看成是由气体与固体组成的复合材料。

根据基体材料的不同，结构用发泡塑料的特性也各异，但以下几点是结构用发泡塑料所共有的特性。

① 在 1.1～3 倍的发泡倍率范围内，有类似木材的特性。

② 便于进行切削、钻孔等二次加工。

③ 可以取得类似木纹或石纹的外观等。

可用聚苯乙烯、ABS 树脂、聚氨酯、聚氯乙烯、聚乙烯、苯酚树脂及环氧树脂等制成结构用发泡塑料。结构用发泡塑料可用于制作家具、集装箱、钢琴架侧板、电唱机框架、板凳、汽车零件等制品。

5.3 塑料的成型加工

5.3.1 成型加工方法的选择

因制品的性能要求，开发了新的材料，而新的材料必须要有新成型加工方法。为了满足制品的外观、形状、性能等各种使用目的及要求，必须有多种的成型加工技术。随着塑料制品需求量的增加与使用领域的扩大，开发了众多的塑料成型加工技术来适应生产各种不同制品的需要。对于形状复杂、尺寸精度要求高的汽车及电器零件，可选用注塑成型方法来生产。对于存装液体的轻量且廉价的中空容器，则用中空成型方法最适宜。但是对于容量 1t 以上的大型中空容器，则要按其生产数量采用不同的成型方法，少量生产时选用滚塑成型，大量生产时选用中空成型。图 5-8 为某塑料型材的断面。

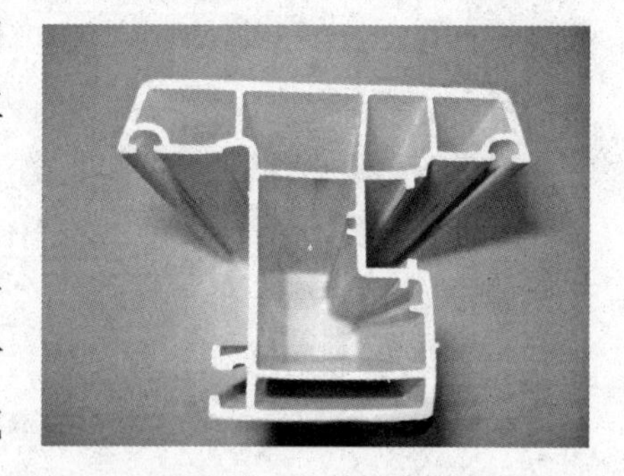
图 5-8　塑料型材断面

选择成型方法的重要依据是制品的外观、形状、尺寸精度、成本、生产批量等要求，除此之外还需考虑交货期限、使用材料、预算经费、模具制作所需时间等因素，只有综合考虑这些问题之后，才能确定成型方法。

5.3.2　各种成型法的特征

（1）注塑成型

我们所接触的桶、盆以及半导体收音机的外壳等塑料制品，都是采用注塑成型方法生产的。这种成型方法利用高压向模具内注入熔融的塑料，所以称为注塑成型。注塑成型是为数众多的成型方法中最重要的成型方法之一，使用领域广泛，与制品设计的关系也最密切。

下面按图 5-9 详细说明注塑成型过程。

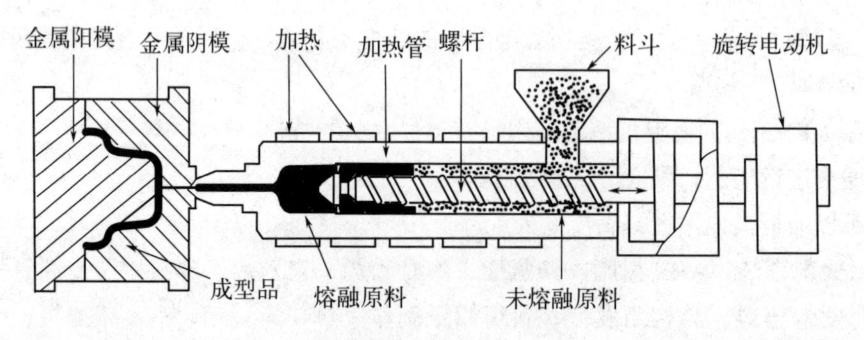

图 5-9　注塑成型机

首先将小豆粒大小的颗粒状的固体原料投入料斗中，原料在旋转的螺杆作用下向前段挤出，在向前挤出的同时，由螺筒上的加热装置加热原料使其熔融。通过螺杆的旋转运动使原料作轴向前进运动，把成为流动状态的塑料注入模具。同时因通入模具内的冷却水的作用，使注入模具内的塑料冷却固化，然后开启模具取出制品。

注塑成型的全过程可以实现全自动化控制，这种成型方法是所有成型方法中生产效率最高的。比如水杯成型只需 1～2s，水桶成型只需 20s，即使是浴槽这样的大型制品成型也只需 3～4min。因此注射成型适于大批量生产，而且制品尺寸精度高、质量稳定。形状简单的、复杂的制品，重量为 0.1g 左右的钟表零件到重量超过 20kg 的大型浴槽，都可采用注塑成型方法。

注塑成型法除上述特点之外，还具有原材料损耗小、操作方便、制品可取得着色鲜艳的外表等长处。

注塑成型的不足之处是：用于注塑成型的模具价格是所有成型方法中最高的，所以小批量生产时，经济性差。一般注塑成型的最低生产批量为 5 万个左右。另外注塑成型虽能生产其他方法所无法生产的形状复杂的制品，但是这种制品的模具比较难制造。

热塑性树脂、热固性树脂都可用于注塑成型，但绝大多数场合使用热塑性树脂进行注塑成型，使用量最多的是聚乙烯、聚丙烯、聚氯乙烯、聚苯乙烯及 ABS 树脂等热塑性塑料（图 5-10）。

图 5-10　ABS 树脂注塑成型制品

注塑成型可生产的制品除上述已介绍的一些制品外，还可生产酱油匙子、密封容器等厨房及餐桌上的用品，吸尘器、洗衣机等家电零件，注射器、人工透析器等医疗器材，保险杠、挡泥板等车辆部件，啤酒箱、面包箱、商品容器等流通、包装物品以及文具、玩具、家具等所有领域的制品。

（2）热成型

包装草莓及鸡蛋的透明盒、盛放冷冻食品的托盘等物品，一般是采用热成型方法生产的。

热成型是一种将热塑性树脂的片材加热软化，使其成为所需形状制品的方法，热成型方法包括真空成型法、压空成型法、塞头成型法及冲压成型法等不同的成型法。在这些方法中最普遍采用的是真空成型法，现在采用压空与真空并用的成型方法也日益增加。以下按图 5-11 叙述真空热成型的过程。

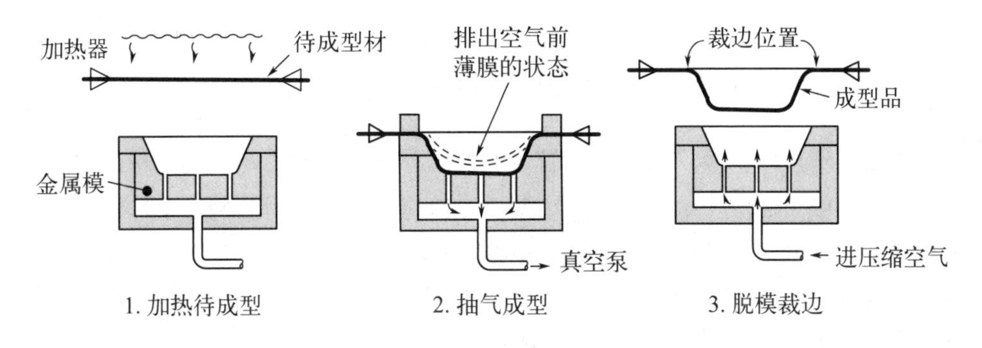

图 5-11　真空热成型过程

① 加热片材使其软化；

② 将软化的片材安放在模具上，依靠真空吸引力使软化的片材与模具贴实，排除模具与片材之间的空气，然后进行冷却使成型物固化；

③ 利用压缩空气将硬化后的成型物从模具中脱出；

④ 将非制品的部分切除，取得所需形状的制品。

热成型方法的特点是既适用于大批量生产，也适用于少量生产。大批量生产时使用铝合金制造的模具，少量生产时使用石膏或树脂制造的模具，或采用电铸成型的模具。

热成型方法能生产从小到大的薄壁制品，设备费用、生产成本比其他成型方法低。但是这种成型方法不适宜成型形状复杂的制品以及尺寸精度要求高的制品，还有因这种成型方法是拉伸片材而成型，所以制品的壁厚难以控制。

可用于热成型的材料有聚氯乙烯、聚苯乙烯、聚碳酸酯、发泡聚苯乙烯等片材。

在包装领域热成型制品用得最多，除包装领域外，冰箱内胆、机器外壳、照明灯罩、广告牌、旅行箱等制品也可采用热成型方法生产。以往主要用于包装制品的热成型方法也逐步转向耐用消费品制品的领域。图 5-12 为塑料制雪橇。

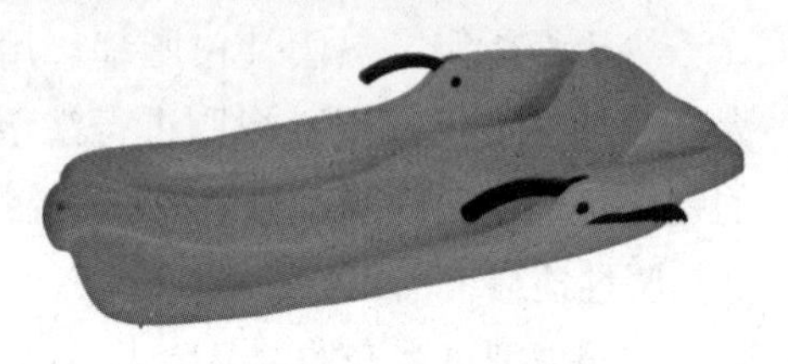

图 5-12 塑料制雪橇

（3）挤出成型

用聚氯乙烯制造的水管、雨搭、走廊、地板等制品是运用挤出成型法生产的。挤出成型的特点是能生产同一截面的长条制品。挤出成型的过程是利用旋转的螺杆，将被加热熔融的热塑性塑料从具有所需断面形状的机头挤出，然后由定型器定型，通过冷却器冷却使其冷硬固化，成为所需断面的制品。图 5-13 为挤出成型机。

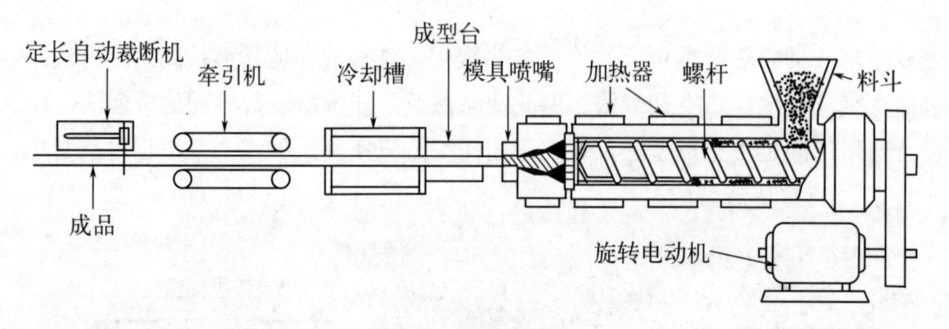

图 5-13 挤出成型机

挤出成型广泛用于薄膜、板材、软管及其他具有复杂断面形状的异型材的生产，这种成型方法可以与中空或注塑成型并用。小型、形状简单的制品用的挤出模具价格不高，但形状复杂的制品用的挤出模具费用较高，成型也有一定难度。可用于挤出成型的树脂，除用量最大的聚氯乙烯之外，还有 ABS 树脂、聚乙烯、聚碳酸酯、丙烯酸树脂、发泡聚苯乙烯等。也可将树脂与金属、木材或不同的树脂进行复合挤出成型。

挤出制品绝大多数是管材及用于建筑的材料。除此之外挤出成型也可用于生产日用制品、车辆零件。在建筑材料方面的挤出制品有栅栏用材、雨搭、瓦楞板等室外用品，也有窗框、门板、窗帘盒等室内用品。

日用品方面的挤出制品有浴室挂帘、浴盆盖等制品。目前挤出制品的使用范围正在逐步扩大。图 5-14 所示的是走廊用的地板、长凳用材、帘子用材等各种断面形状的制品。

图 5-14　各种挤出成型的型材

（4）压缩成型

压缩成型可以生产儿童餐具、厨房用具等日用品及开关、插座等电气零件（图 5-15）。由于这种成型方法是将体积较大的、松散的原料压缩而成型，所以称之为压缩成型。可用于压缩成型的树脂主要的有密胺树脂、尿素树脂、环氧树脂、苯酚树脂及不饱和聚酯等热固性塑料。

压缩成型的过程如下（图 5-16）：

图 5-15　密胺制的餐具（压缩成型品）

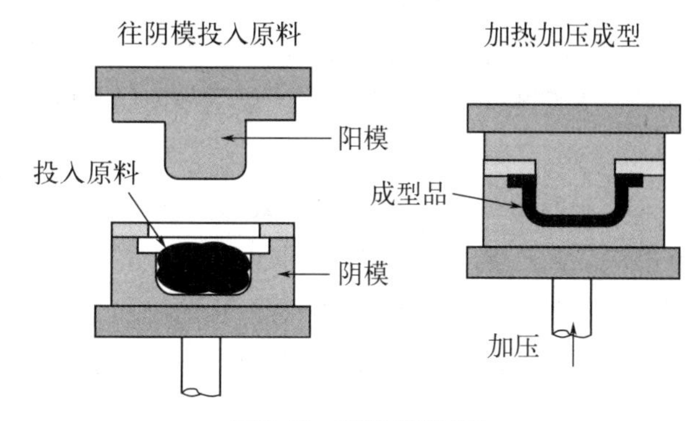

图 5-16　压缩成型过程

① 将经过计量的成型材料投入经加热的阴模内；

② 依靠液压装置闭合阴、阳模并加压；

③ 成型材料经加热、加压后呈流动状态充满压模成型腔，然后继续加热，成型材料达到一定的温度后产生化学反应而固化；

④ 从模具中取出固化的制品，整修后得到所需的成品。

使用聚酯、环氧树脂等液状材料成型时，先将玻璃纤维等填充材料装入模具，然后在填充材料上浇上液状树脂再进行加热、加压成型。也可使用预先将玻璃纤维等填充材料与树脂混合搅拌过的材料来进行压缩成型。

压缩成型方法除可生产以上所介绍的制品之外，还可生产安全帽、椅子、汽车零件及浴盆等制品，这种成型方法的生产效率较低，生产的制品大多是形状比较简单的制品。

（5）吹塑成型

吹塑成型又称吹气成型，是将从挤出机挤出的熔融的热塑性树脂坯料夹入模具，然后向坯料内吹入空气，使熔融的坯料在空气压力的作用下膨胀，向模具型腔壁面贴合，最后冷却固化成为所需形状制品的方法（图 5-17）。这种成型方法主要用来生产瓶状的中空薄壁制品。

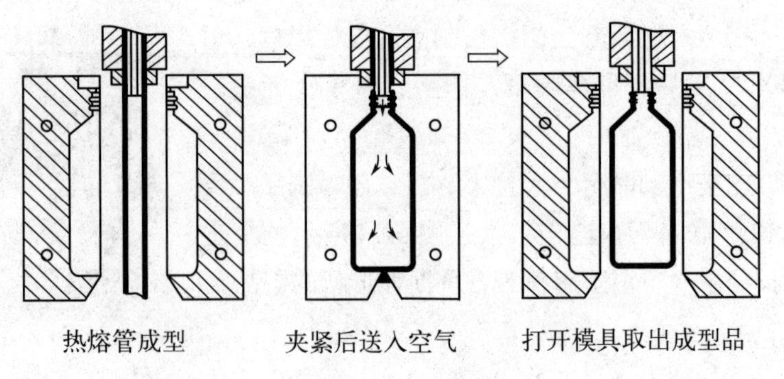

图 5-17 吹塑成型过程

现在也有用注塑机代替挤出机的吹塑成型方法，这种成型方法称为注吹成型。注吹成型的成型效率高，并能生产壁厚比较均匀的中空制品。

由于吹塑成型能够生产薄壁的中空制品，所以制品的材料成本较低，因而大量用于调味品、洗涤剂等包装用品的生产。虽然能用这种成型方法的制品形状受到一定的限制，但是采取一定的辅助措施后也可以生产把手与桶体整体成型的煤油桶及具有“合页”结构、双重壁面结构的箱体等复杂形状的中空制品。

用于吹塑成型的树脂中，聚乙烯占比最大，除此之外还有聚氯乙烯、聚碳酸酯、聚丙烯、尼龙等材料。吹塑成型所生产的制品，除包装领域所用的制品之外，还有水桶、喷壶、玩具、垃圾桶、罐等制品，生产的最大制品容量为 1t 左右，如农药罐等（图 5-18）。

图 5-18 各式容器（吹塑成型制品）

（6）发泡成型

我们日常生活中常见的水杯、冰激凌盒、保温周转箱、包装箱中的白色的缓冲材料、家具用的夹心材料及建筑用的隔热材料等制品，都是用发泡成型方法生产的制品。发泡成型过程如图 5-19 所示。

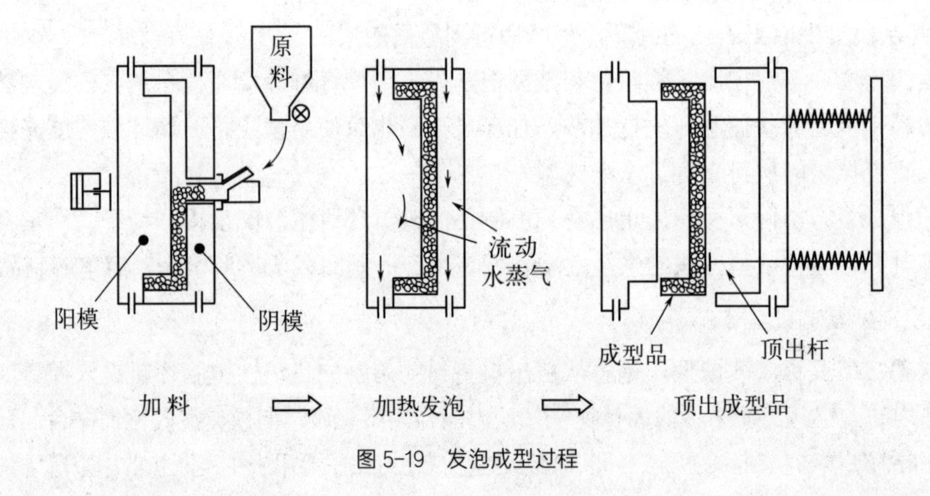

图 5-19 发泡成型过程

对于用聚苯乙烯发泡颗粒发泡成型的方法，因为发泡能源是使用水蒸气，所以也可称为蒸汽成型。

这种成型方法是先将塑料颗粒预发泡，经过一定时间的熟化后，把它填入铝合金做的模具中用蒸汽加热而成型。经过预发泡的颗粒在100～110℃的蒸汽作用下，颗粒中的空气发生膨胀，使发泡颗粒的表面熔解，颗粒间相互熔接。在熔接时制品表面会留下熔接痕，这是发泡成型的一个缺陷。这种成型方法可以成型最小厚度为1.5mm，最大厚度为450mm的发泡制品。发泡倍率可以在几倍到70倍左右的范围内选择。发挥发泡制品的特长，可以制作许多符合隔热、缓冲、漂浮等要求的制品以及材料（图5-20）。

图5-20 冷藏水果用的隔热箱（发泡成型制品）

（7）旋转成型

旋转成型也称滚塑成型，可以用于制作时装模特的模型、家具、农药罐、工业用转运器具等制品（图5-21）。与其他成型方法相比，旋转成型所能生产的制品品种较少。

图5-21 旋转成型的椅子

旋转成型的成型过程：将聚乙烯等粉状塑料适量地密封在用薄钢板制造的模具中，一边使模具绕双轴旋转，一边从模具外对树脂进行再加热，通过加热使模具内的粉状塑料逐渐熔融形成一定的厚度，然后进行冷却固化成为所需的制品（图5-22）。可用于旋转成型的原料，除粉粒塑料之外，也可使用聚氯乙烯熔胶或填充纤维的聚酯。旋转成型的特点是可用较小的设备投资生产大型的中空制品。但是这种成型方法生产效率低，只适于少量生产并且无法生产形状复杂的制品。

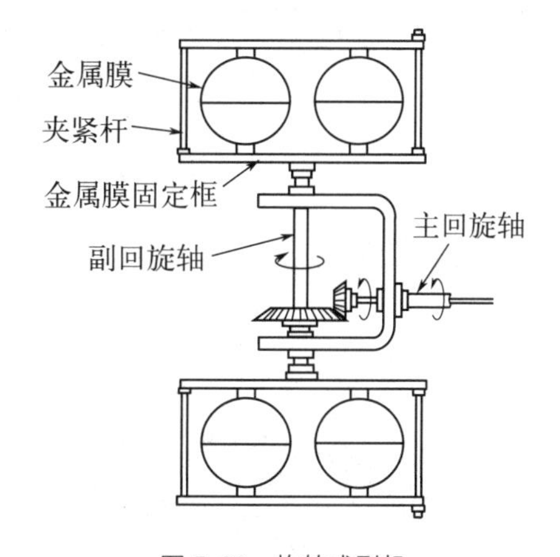

图5-22 旋转成型机

（8）浇模成型

浇模成型方法是将所调好的、经一定时间后会发生固化的液状塑料，浇铸入模具内取得制品的成型方法，这种方法适用于少量生产（图5-23）。

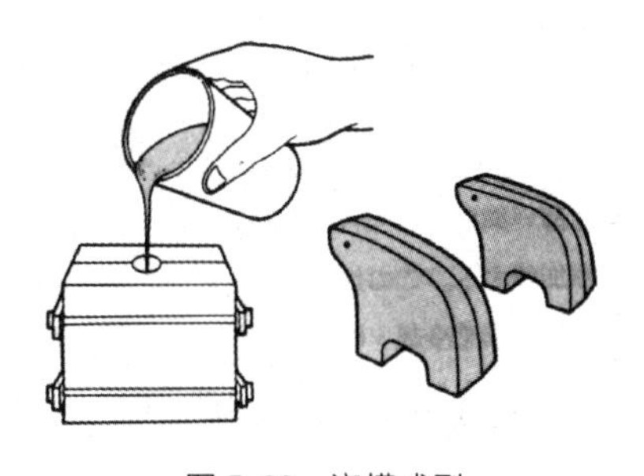

图5-23 浇模成型

浇模成型所能生产的制品有耳环、饰针等首饰制品，有家具、房门用的装饰制品及建筑用透明板。可用于浇模成型的树脂有丙烯树脂、聚酯、环氧树脂、聚氨酯、硅树脂等塑料。

浇模成型用模具可用石膏、木材、树脂、金属等材料制作。浇制板材时，只需将玻璃板组成一个平行的框架即可作模具使用。用硅树脂制作的浇模成型用模具，因模具有可挠性，所以可以成型具有侧向凹凸部位的制品。初学者在短时间内就能掌握硅胶制模技术、浇模技术等一系列加工技术，所以可以方便地制作耳环等首饰制品。图 5-24 为浇模成型的过程。

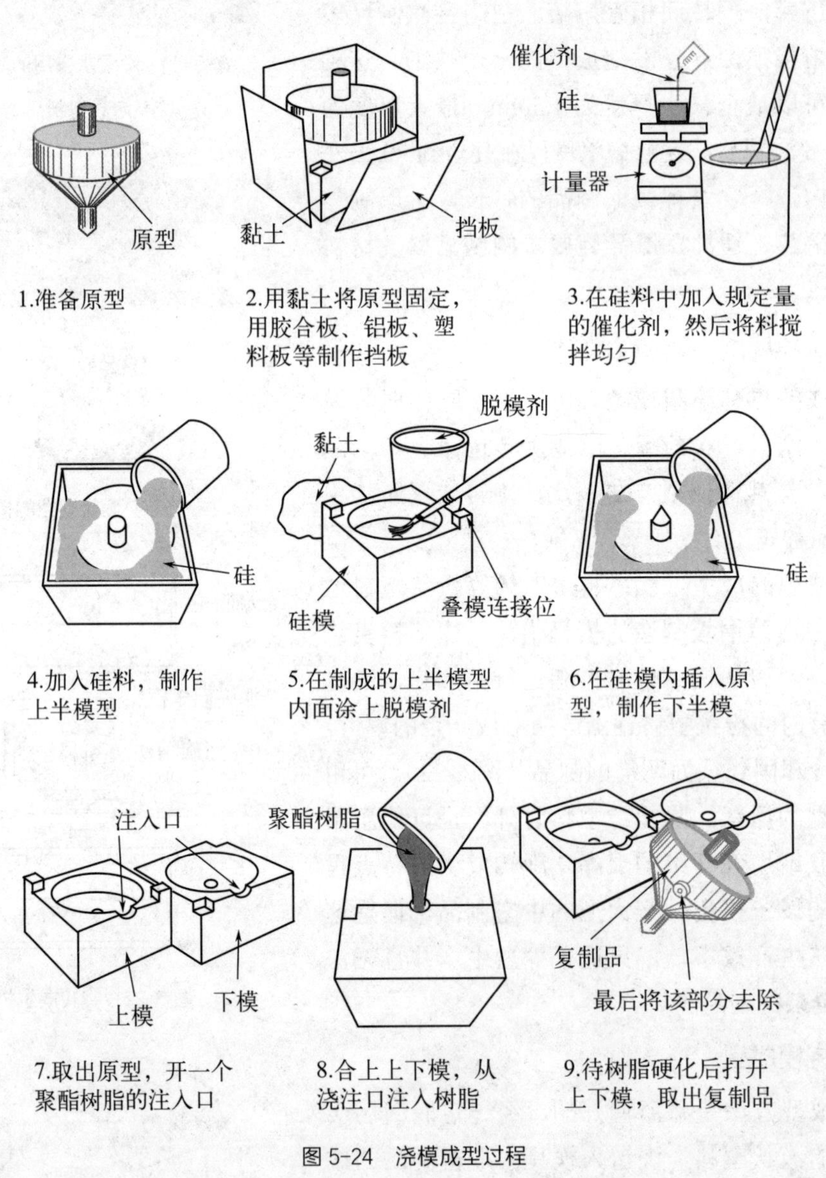

图 5-24 浇模成型过程

(9) 搪塑成型

搪塑成型法可以用于制作人体模型或吉祥物等柔软的中空制品。用于搪塑成型的塑料原料是聚氯乙烯溶胶。搪塑成型的过程如图 5-25 所示。

① 向模具内注入溶胶；

② 将模具放入油炉内加热一定时间；

③ 估计与模具接触的部分材料胶体化达到一定厚度时，将模具内尚未胶体化的溶胶倒出；

④ 将模具再次加热达到完全胶体化；

⑤ 冷却固化；

⑥ 从模具中取出制品进行修正，并进行开孔、部分着色等二次加工，使其成为成品。

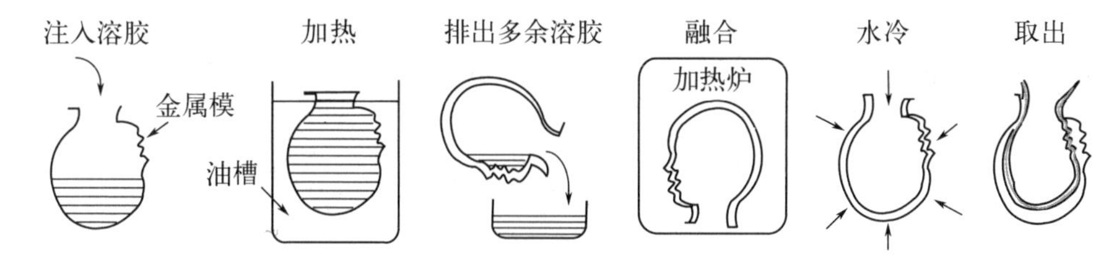

图 5-25 搪塑成型过程

5.4 塑料产品设计时应考虑的技术问题

在本节将介绍进行塑料制品工业设计时所必须考虑的技术问题，这些要求大多与进行金属制品、玻璃制品、陶瓷制品等工业设计时的要求相同。

5.4.1 脱模斜度

由于制品的成型是通过模具实现的，所以在工业设计时首先要考虑使制品能容易脱模，为此，在设计制品时必须要有脱模斜度。

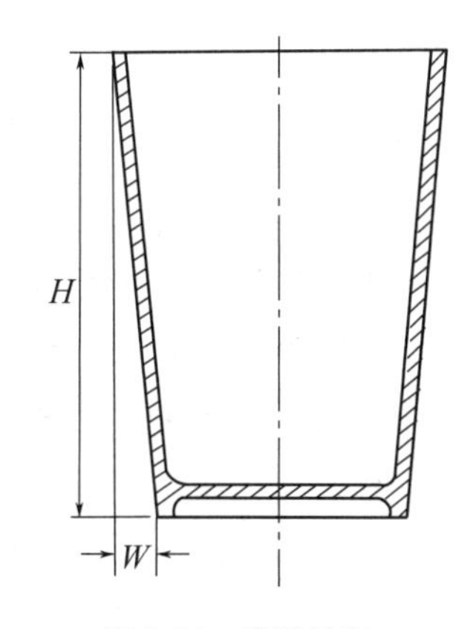

图 5-26 脱模斜度

脱模斜度是指对应制品的高度，应取多大比例的斜度（图 5-26），这个斜度一般取 1/60～1/30。虽然成型方法多种多样，但所需的脱模斜度基本相同，相差无几。

如制品的高度为 60mm 时，脱模斜度为 1/60～1/30，那么上下边的壁厚差值 W 为 60mm×1/60～60mm×1/30=1～2mm。脱模斜度必须在图纸上明确标出，若因 W 的值太小而难以标出时，在图纸上注明：“没有标明的脱模斜度均为 1/60。”因制品外观上的要求，不准有脱模斜度时，应在模具结构上采用瓣合模结构（图 5-27），这样虽然模具价格高一些，但能达到制品的要求，如图 5-28 所示的方形容器。

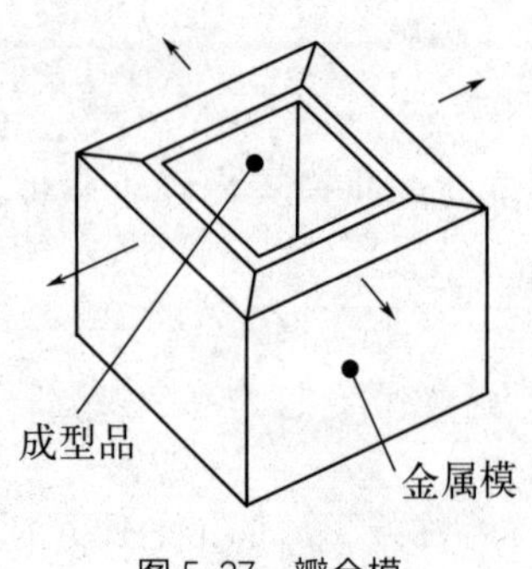

图 5-27　瓣合模

图 5-28　方形容器

5.4.2　分模线

凹模与凸模的接合线称为分模线（PL），其位置如图 5-29 所示，位于制品的外围部位。

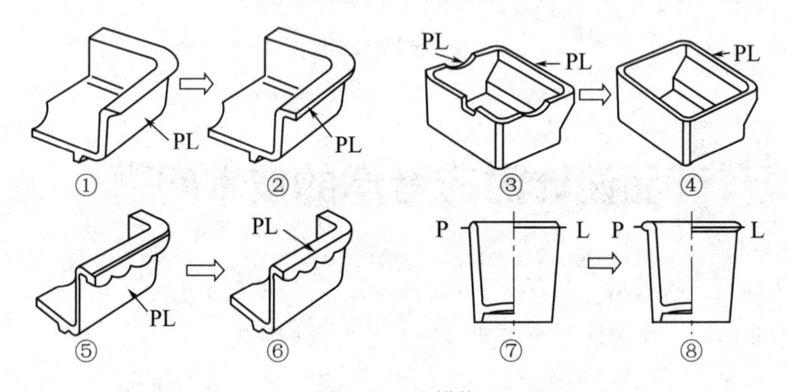

图 5-29　分模线

设计分模线时应注意如下事项。

第一，在制品的外表面上会呈现分模线的痕迹，所以分模线应尽可能设计在不显眼的位置。

第二，在分模线处易产生飞边，所以分模线应设计在容易清除飞边的部位。

第三，为了提高模具闭合时的配合精度，分模线的形状应尽量简单。

第四，分模线的位置应如图 5-29 中②、④、⑥所示，开设在棱边部位。

如果分模线设成图 5-29 中⑤所示的形式，那么会由于模具发生错位而产生飞边，且难于修整，损害制品外观。若需在制品中间部位开设分模线，应采用图 5-29 中⑧所示的设计，以便于进行后续加工。

5.4.3　侧向凹凸

制品上的凹凸部位的高度大于模具开模方向的脱模允许范围时，此凹凸部位称为侧向凹凸。制品上具有这种部位时，在模具结构上须采取措施，否则制品无法脱模。在制品设计时应避免具有侧向凹凸的设计。但若遇到无法避免的情况，当成型树脂为柔软性树脂时，对较低的侧向凹凸可以采用强制脱模方式，成型硬质树脂时，可在模具结构上设置特殊机构来使制品脱模（图 5-30）。对于这种无法避免侧向凹凸的制品，应事先和模具设计者商议后再进行制品设计。

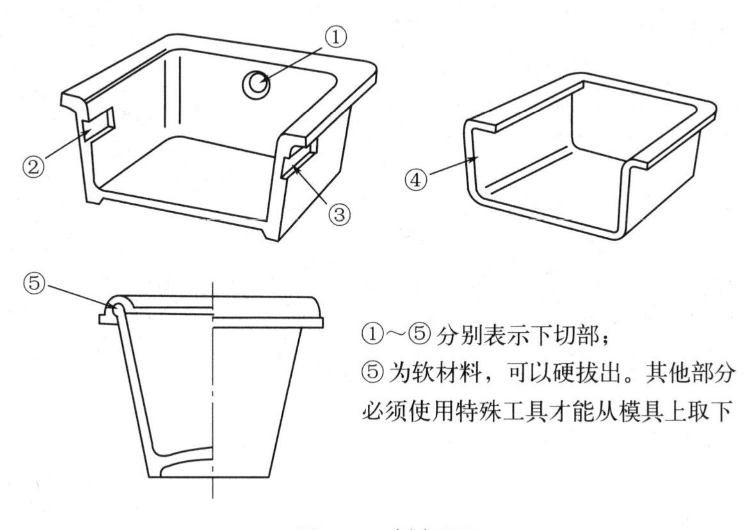

图 5-30 侧向凹凸

5.4.4 壁厚的设计

制品的壁厚设计是比较困难的工作，虽然可凭借经验与必要的计算，大致上予以确定，但是最终往往是根据试模制品的强度检测结果来决定的。

在设计制品的壁厚时，若现有资料不足，可到市场上选购与要进行设计的制品相类似的商品，通过对所购商品的分析、试验，确定近似的尺寸。

确定制品的壁厚时，不仅要考虑强度，还要充分考虑刚性、制品重量、尺寸稳定性、绝缘、隔热、制品的大小、推出方式、装配所需强度、成型方法、成型材料、制品成本等有关因素。

一般情况下，制品的壁厚是由制品设计人员和模具设计人员协商后确定的。小型塑料制品的壁厚一般取 1～2mm，大型塑料制品的壁厚一般取 4～5mm。

基本壁厚确定之后，还需考虑壁厚的均匀性，若同一制品中，既有薄壁部分，又有厚壁部分，那么会成为成型后制品发生变形的原因之一。另外因厚壁部分固化所需的时间长而延长成型周期，生产成本会增加，过厚的部位会成为成型后制品上产生凹陷的原因而影响外观。

注塑成型、压缩成型、挤出成型可取得壁厚均匀的制品，而吹塑成型、热成型则很难取得壁厚均匀的制品。在制品设计时要尽量做到壁厚均匀，这是设计的一个重点要求。现在设计注塑制品时，可采用计算机辅助分析模拟系统来帮助设计。采取这种系统能模拟树脂在模具中的流动、冷却固化的过程，可避免较大的设计误差。图 5-31 为壁厚设计的修正方式。

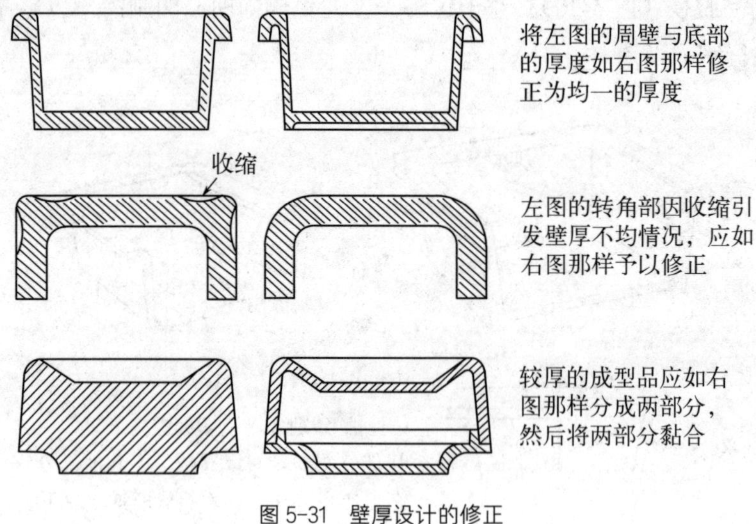

图 5-31　壁厚设计的修正

5.4.5　强度设计

制品的强度设计对于有效利用材料是非常重要的，确切地说，在制品设计时，不增加制品整体的厚度，通过对制品某些部位进行圆角、加强筋、表面起伏等处理，可以用较少的材料得到所需的强度及刚度。所以进行任何制品设计时，强度设计都是必不可少的工作步骤。尤其需要进行强度设计的制品是薄壁真空成型及大型注塑成型的制品。

图 5-32　装香蕉的塑料桶

图 5-32 及图 5-33 中所示的图例，是在不同部位上考虑强度的设计实例。这些方法对外观造型有很大的影响，所以要在考虑整体造型的基础上，慎重地进行强度设计。强度、刚度设计也可采用计算机辅助设计分析系统来实现。

图 5-33　塑料制品强度设计实例

5.4.6 圆角的布置

一般圆角的布置是指在制品的棱边、棱角、加强筋、支撑座、底面、平面等处所设计的圆角。

我们都知道圆角的布置对于塑料制品有相当重要的作用，正确的圆角尺寸选择是设计制品的一项重要内容。

（1）圆角与成型性

在制品的拐角部位设计圆角，可提高制品的成型性，尤其对于原材料在模具内流动、填充成型的注塑成型及压缩成型效果更加明显。

圆角有利于树脂的流动、防止乱流，可减少成型时的压力损失。一般说圆角越大越好，图 5-34 中③所示的是最小圆角的限度。对于真空成型及吹塑成型的制品，设计较大的圆角，可以防止制品拐角部位的薄壁化，并且有利于提高成型效率及制品的强度。

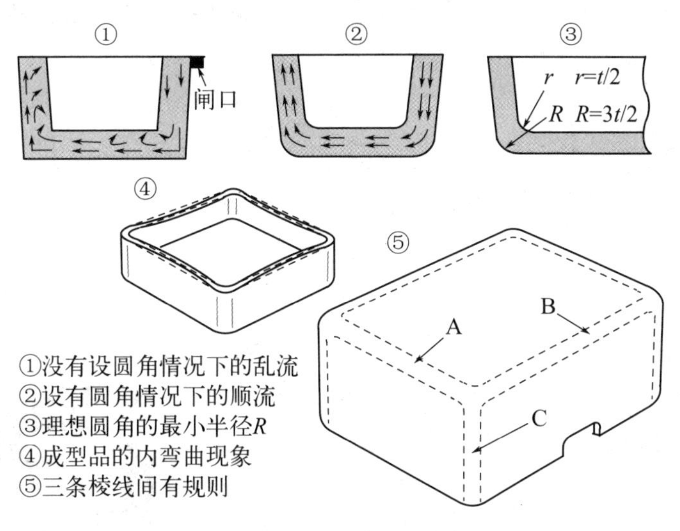

图 5-34 圆角的配置方法

（2）圆角与强度

众所周知，鸡蛋的壳可承受较大的压力，这是由于鸡蛋的壳是由曲面构成的，可以分散应力。

同样，在塑料制品的各个部位，设计各种尺寸的圆角也可以增强制品的强度。尤其是在制品内侧棱边处以圆角过渡，则可提高约 3 倍的抗冲击力。塑料容器的底面设计成圆弧面后可明显地缓和冲击力。

（3）圆角与防止制品变形

在制品的内、外侧拐角处设计圆角，可以缓和制品的内部应力，防止制品向内外弯曲变形，但也无法完全防止由平面组成的箱形制品，尤其是聚乙烯或聚丙烯成型的箱形制品的变形。

因此有必要在设计模具图时，估测塑料制品的变形状况，在加工模具时做出相应消除变形的形状。对于大型的平面制品，为了要取得平整的表面，可在加工模具时将平面状改为稍有凸起的球面。

（4）三边相交处的圆角设计

对于三条棱边相交处的圆角设计，应遵循下列①或②的原则，以便于模具制造及制品外观光顺，若采用除①、②以外的设计，会带来模具制造的困难。

① 将三条棱边相交的角设计为同一尺寸的圆角。② 一条棱边用大的圆角，另两条则用相同尺寸的小圆角。

5.4.7 雕刻

一般情况下，为了装饰需将制品表面做成皮纹、梨皮纹，或为了标志需在制品上设计厂家名称、商品名称或商标，为了达到这些目的就需要在模具上进行雕刻（图 5-35、图 5-36）。

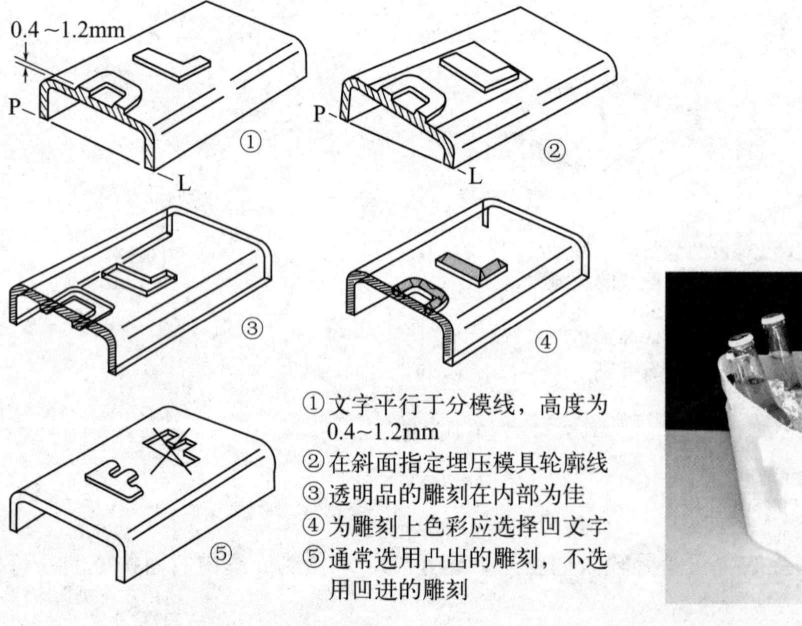

图 5-35　雕刻

图 5-36　香槟酒冰桶

这种雕刻一般采用切削、腐蚀、冷挤等方法，在加工时应注意如下事项。

① 雕刻的文字或花纹的深度一般为 0.4mm，最深的为 1.2mm，标准脱模斜度为 30°，如果深度过深，则会妨碍塑料在模腔内的流动，在制品表面产生熔接痕。

② 原则上应在平行于分模线的平面进行文字雕刻。若需在制品的侧面雕刻较深的文字，则必须取较大的脱模斜度或采用瓣合式模具结构。

③ 在制品的斜面上雕刻文字时，因为模具结构采用镶件方式，所以在制品上应有文

字部位的轮廓线。

④ 对于透明制品，宜在凸模上雕刻。

⑤ 雕刻部位宜选在制品的凸出部分，以利于加工，并且加工面也易清洁。

⑥ 需在制品表面进行皮纹或梨皮纹等连续花纹处理时，除特殊的图形之外，一般应从花纹雕刻厂家所提供的样本中选取图案。

5.4.8 叠堆

根据需要，有时制品应具有能叠堆的性能。

所谓叠堆是指如图 5-37 所示，制品在存放时为了减少占用空间的位置，而能叠加堆放。需要叠堆存放的制品，在制品设计时其侧面必须具有一定的斜度。

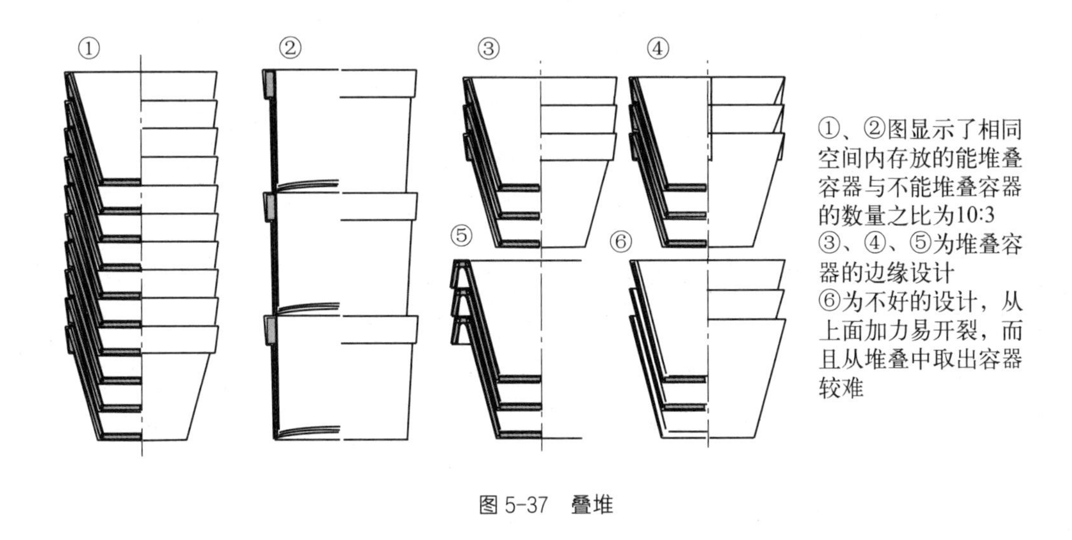

图 5-37 叠堆

叠堆存放具有如下优点：

① 制品存放时占用空间小；② 可减少包装体积，降低包装费用；③ 因减少包装体积，所以可降低运输费用；④ 可防止运输过程中制品发生破损；⑤ 叠堆的产品容易分离；⑥ 可用少量的面积陈列较多的制品。

设计需叠堆的制品时，应要考虑叠堆的制品容易分离。

如以高度为 300mm，容积为 15L 的聚乙烯桶为例，因该制品可以叠堆，10 只桶叠堆后高度仅为 600mm，这样与不能叠堆时相比，可节约 20%～30% 的包装、运输费。

5.4.9 模具痕迹

模具上各种结构的拼合线将在成型制品时在制品上留下痕迹，这种痕迹称为模具痕迹，如分模线痕迹、推出机构痕迹、瓣合模痕迹、浇口痕迹、预埋镶件痕迹、活动型芯痕迹等都属于模具痕迹。注塑制品上容易留下模具痕迹，要消除所有的模具痕迹是不可能的，所以要尽量使模具痕迹位于制品上不显眼的部位，或进行技术处理，加以掩饰（图5-38）。

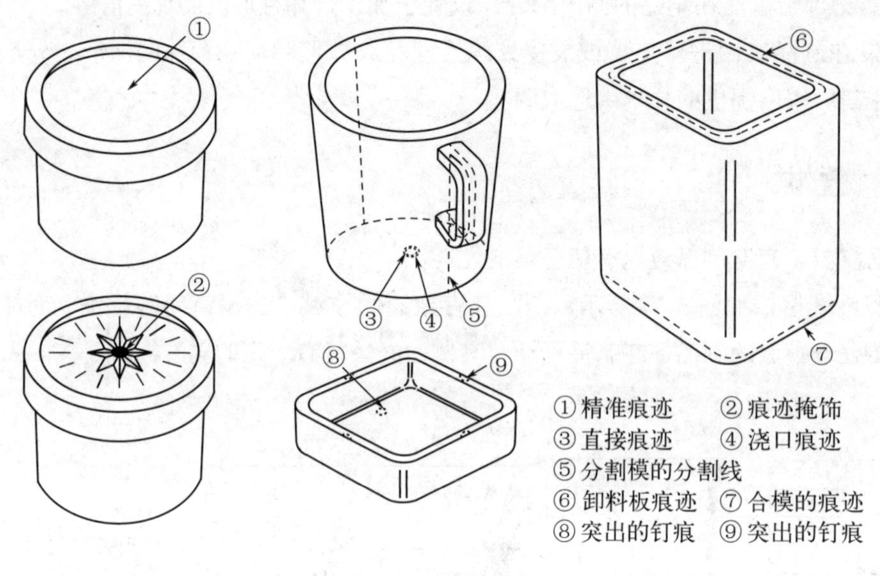

图 5-38　模具痕迹

对于热成型制品，其与模具贴实的一面会留有模具痕迹，所以对于要求内面整洁的制品宜采用凹模成型，要求外面整洁的制品宜采用凸模成型。

这种用小型的单元制品组合出大规格的制品，用少量基础单元图形制品组合出多种形状制品的办法，是一种降低模具费用的有效措施。

另外也可采用主件是一个整体，然后通过与主件组合制品的变化来增加制品图案的方法，如在小型收音机的机壳上配置多种盒体装饰用的金属冲压件，就能更换出多种机壳的外观。又如对于椅子来说，将椅座制成一个整体，而变换椅脚的造型，或变更椅座的颜色，就可以增加椅子的花色品种，以适应于不同用户的需要。

5.4.10　基本图形与变形组合

成型设备与模具的投资费一般说来都比较高，并随着制品的复杂程度，这两种投资费将更大。当然对于有足够生产量的制品，投资大一些问题也不大，但往往不是在有足够销售量的情况下生产的，生产量越小，单位制品的模具费用越高，因此为了尽量降低模具费用，可以生产小型的单元制品，通过对它的组合得到各种规格的制品，或者生产数个不同形状的单元制品，通过组合得到多种形状的制品（图 5-39、图 5-40）。

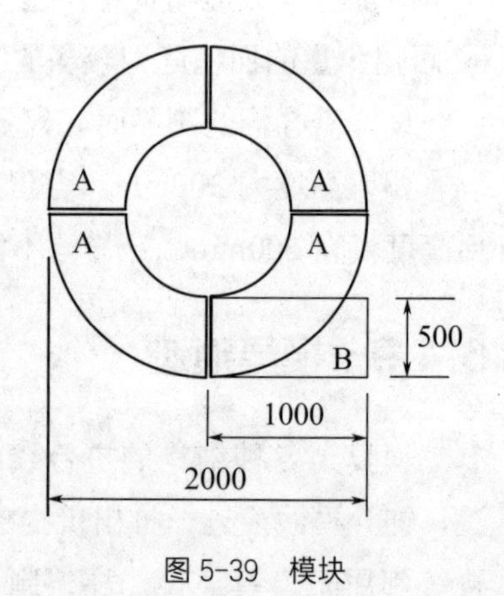

图 5-39　模块

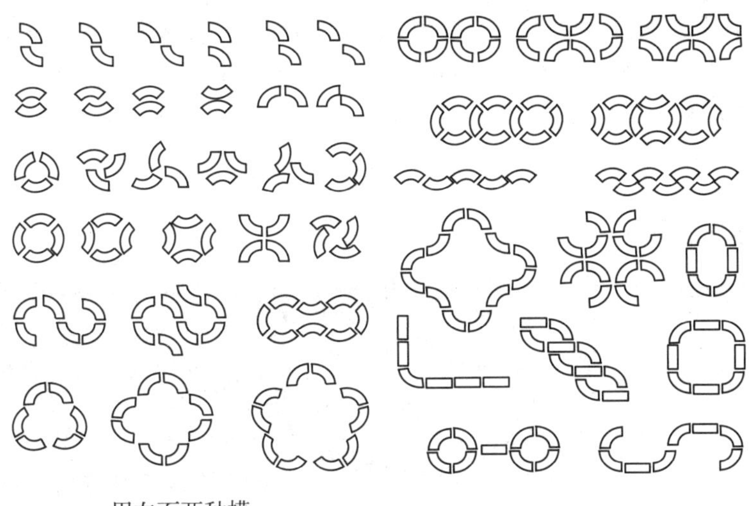

图 5-40 各种模块组合变形

图 5-41 所示的大型花坛，是用长方形与扇形两种简单的基础图形组合而成的，用这两种基础图形可组合成多种图案。此花坛的材质是 FRP。

图 5-41 花坛组合

5.4.11 聚丙烯“铰链”

聚丙烯树脂具有耐折的特性，有效利用这种特性可以制作盒体与“铰链”整体成型的眼镜盒、小型箱子、保龄球盒等制品。

具有这种特性，是由于成型品的作为“铰链”的薄壁部位的分子链呈束状细纤维规则排列。如果设计得当，成型品的“铰链”部分能具有相当好的耐久性。

聚苯烯“铰链”结构大多用于注塑成型的小型制品，也可用于吹塑成型的较大型制品，如乐器箱、工具箱等。

这种整体成型的聚丙烯“铰链”与金属铰链相比，在加工、制造成本、耐久性等方面均优越，但聚丙烯“铰链”应避免在纵向位置的状态下使用。

在制品设计时应考虑将铰链周围的各个拐角及棱边部分设计为圆角，不能为锐角。铰链的厚度根据制品规格而定，一般小型容器为 0.2mm 左右，大型制品为 0.4mm 左右，若铰链厚度超过上述值，则铰链部分会发硬，导致盖关不严密或铰链处折断等现象。

图 5-42 是容器上铰链部位的断面放大图。图 5-43、图 5-44 是材质为聚丙烯的注塑成型的粘接带切断盒，图 5-43 是其外观，图 5-44 是其开启状态。

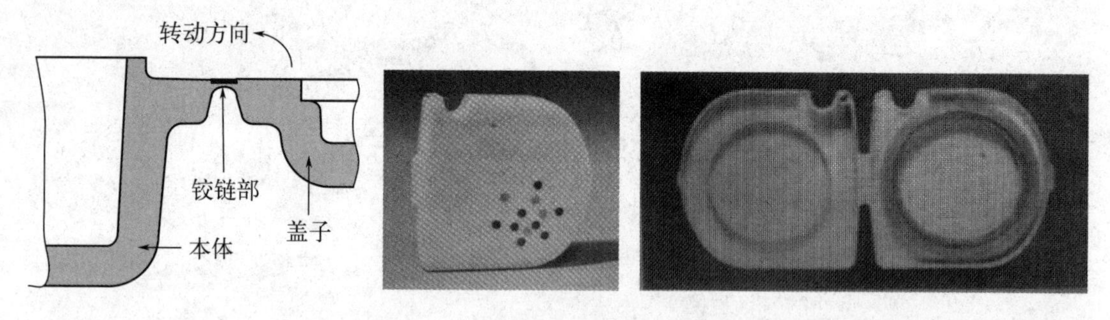

图 5-42 聚丙烯铰链部的断面　图 5-43 带切口的粘接带切断盒　图 5-44 带切口的粘接带切断盒（开启状态）

5.4.12 提钮的设计

在日常生活中，如水壶、奶油盒、水桶等在盖子上设有提钮的制品非常多，在设计时往往会无意识地作简单的处理，而造成功能性缺陷，如提钮过低抓不住、容易滑手、不稳定等。所以在设计前应制作模型，在考虑外观的同时亦要考虑功能性。图 5-45 所示的是市场上一些商品的提钮设计，并指出了其功能性的缺陷。

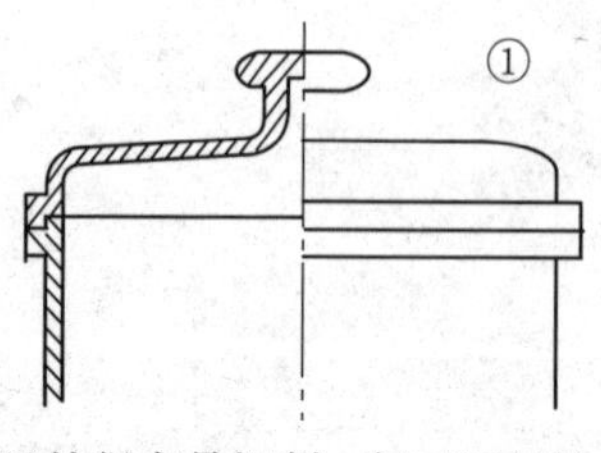

虽然很容易捏制，但不切割就无法成型，且表面会出现模痕

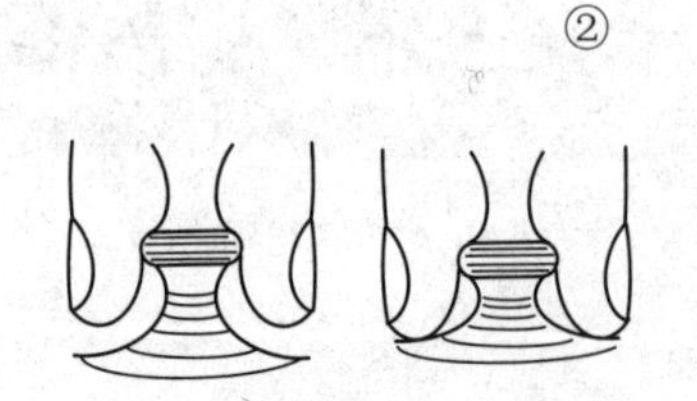

左边为不稳定的设计，应如右边那样让指头能碰到盖子为宜

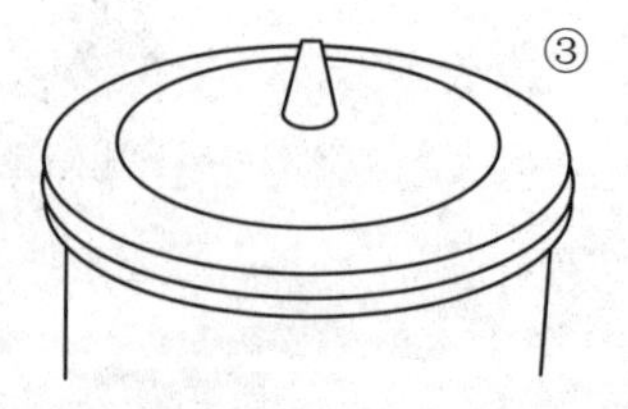

小圆锥形的提钮难于拿捏，存在滑落的危险

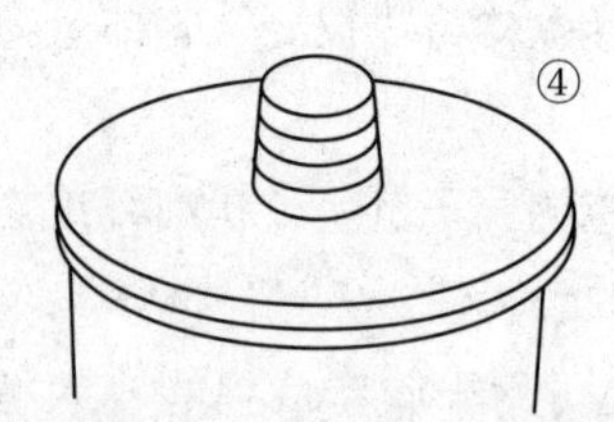

小型制品便于抓起的高度最低为12mm，直径在10mm以上为宜

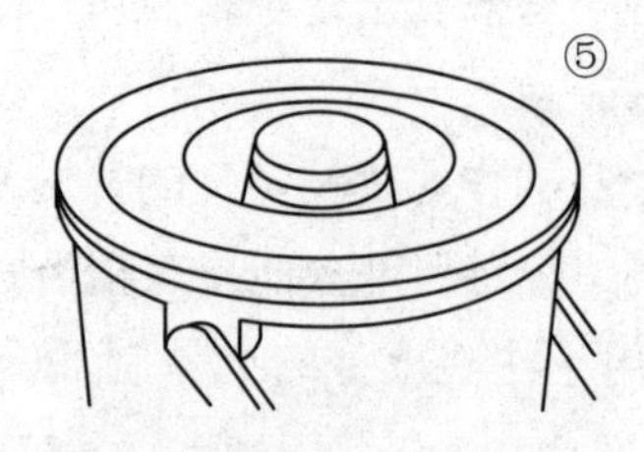

大型制品其提钮直径应达30mm以上，高度20～25mm

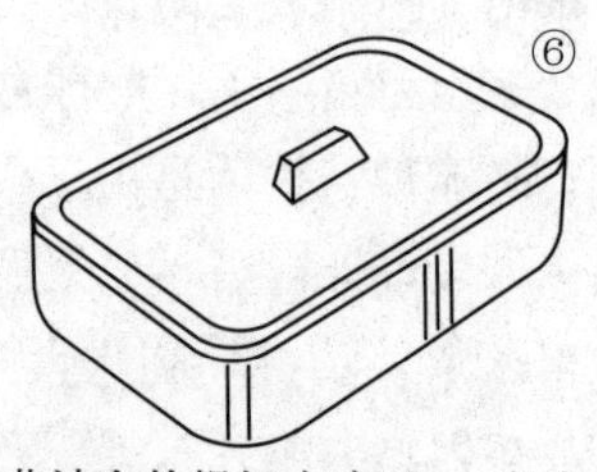

黄油盒的提钮高度12mm以上、厚度10mm以上为宜

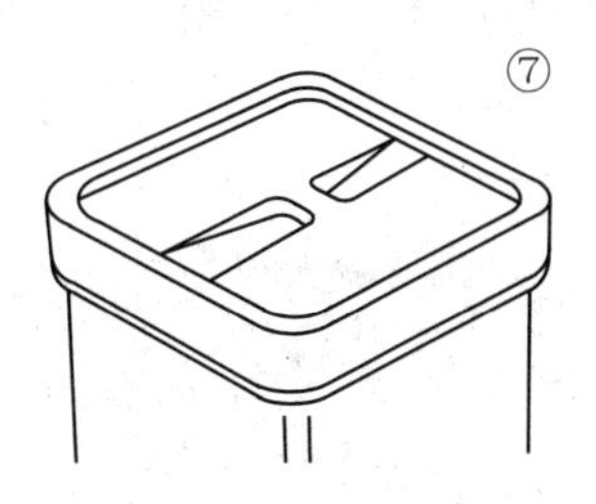

考虑到堆叠，安装了嵌入式旋钮。深度必须在15mm以上

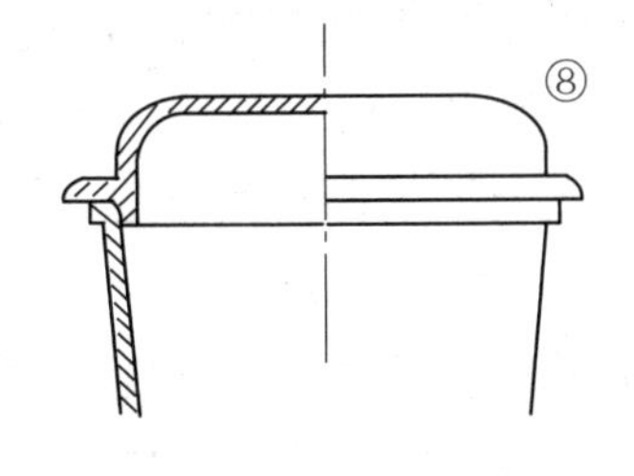

收纳桶等容器的盖子，宽度超过100mm就拿不住了

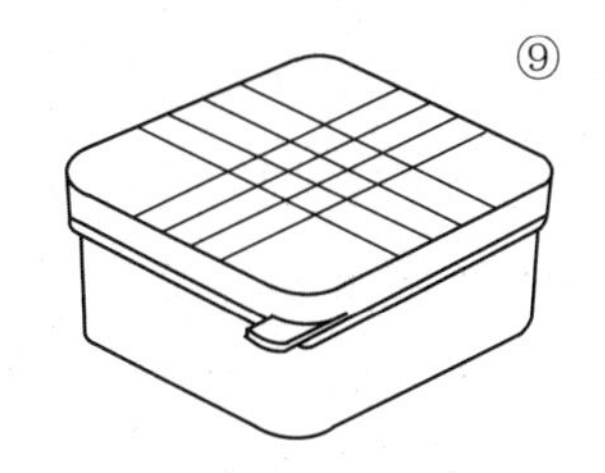

密闭容器的盖子，如图所示设有突起，则容易开启

图 5-45　提钮设计

5.4.13　握把的设计

图 5-46 所示的是水杯、水瓶、电动工具及吸尘器等注塑制品的握把断面图形。

按从左至右、从上到下的顺序，图形的断面越来越复杂，选用何种形式要根据制品的性质、要求的强度及预算的模具费用等情况而定。

一般常采用图 5-46 中①与⑥所示的形状，尤其是⑥所示的形状，易握、强度也好。③所示的形式是为了防止壁厚的部位塌陷所采取的形式，最适宜于低发泡树脂成型。⑧、⑨两种形式，在设计上采用了特别的处理，将不同形状、不同颜色的两个部件组合成握把。这两种形式虽然模具造价成本高一些，但其外观效果优于其余①～⑦的形式。

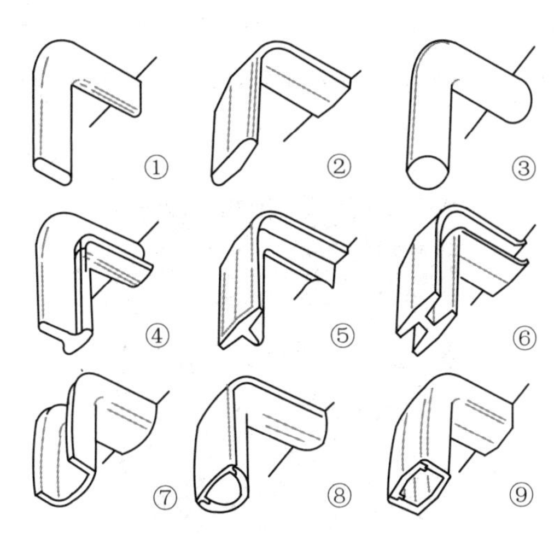

图 5-46　握把设计 1

图 5-47 的（a）为手持注塑成型量杯的示意图。对于这种小型制品，降低成本很重要，所以握把可采取图 5-46 中①～⑦的各种形状（此图中采用⑥所示的形状）。图 5-47 中（b）所示为注塑成型的工具箱的握把，断面形状与图 5-46 中⑦所示形状相反。一般来说（a）与（b）所示形状的握把，其断面尺寸为 25mm×20mm，插入手指的开口部分尺寸为 30mm×90mm，符合标准。

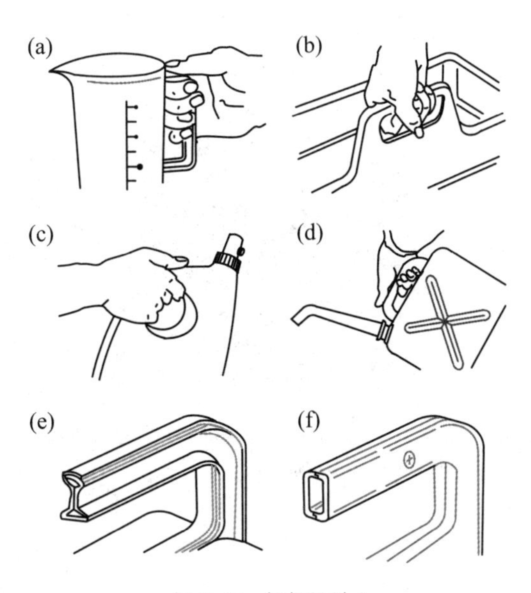

图 5-47　握把设计 2

（c）是大型洗涤剂容器，（d）是煤油罐，这两种制品都是吹塑成型的制品，由于成型技术的提高，现在握把的位置可以设在制品的任何部位，但必须在考虑内容物移动时容易平衡的基础上确定握把的位置与形状。易握的握把直径在 30～45mm 范围内。图 5-47 中（e）是真空成型的苹果箱的握把，由于是薄壁制品，应考虑采用增强强度的断面设计。图 5-47 中（f）是注塑成型的卷尺盒体的握把，两部分是用螺钉固定的。

图 5-48　塑料椅子

聚乙烯制成，重 3kg，靠背处两边有三角形扶手，十分可靠

5.4.14　提手的设计

用手提搬运的制品很多，这些制品的提手各式各样，造型也有很多种，图 5-48～图 5-52 是几种带提手的塑料制品，在图注中说明了其特性。

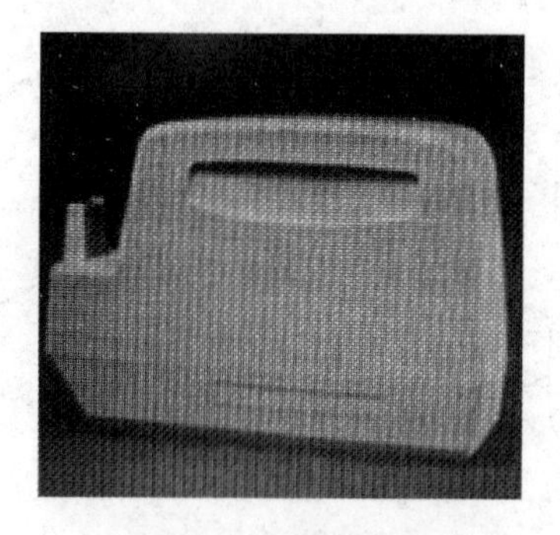

图 5-49　胶带切割器

ABS 制产品，两边带凹状的提手是其特色

图 5-50　浴室用塑料矮凳

聚乙烯制，浴用，中间带孔，便于提拎

图 5-51　便盆

ABS 制，便盆旁手提处可插入 4 根手指，提拎稳定

图 5-52　大型塑料桶

聚乙烯制大型容器，本体承重量大，旁边有较大的提手，搬动方便

5.4.15　连接

在制品设计中经常采用将两种塑料部位或塑料零件与金属零件相连接的方式。尤其对于装于机械内的塑料制品，这种连接相当多。连接方式大体上可以分成机械连接、粘接连接与热熔连接三种方式，如图 5-53～图 5-55 所示。

在设计连接部时应注意以下因素：

① 制品有无拆装要求，若有这种要求则需综合考虑拆装的频度；

② 连接部要求的强度；

③ 连接部加工后成品的外观；

④ 有无精加工；

⑤ 对使用树脂的适应性；

⑥ 连接加工的成本。

综合考虑以上这些因素后，再确定连接部的设计方案。

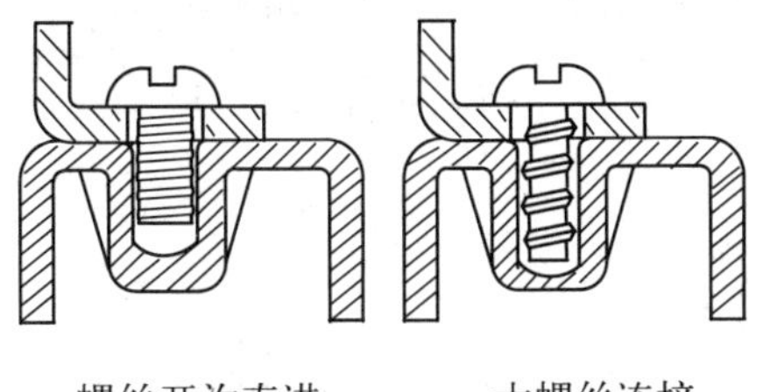

塑料件机械连接最一般的方法是螺丝连接，有用木螺丝连接和用螺丝开沟直进的方式。螺杆部分的形状各不相同，因而不适于聚苯乙烯这种易碎的树脂

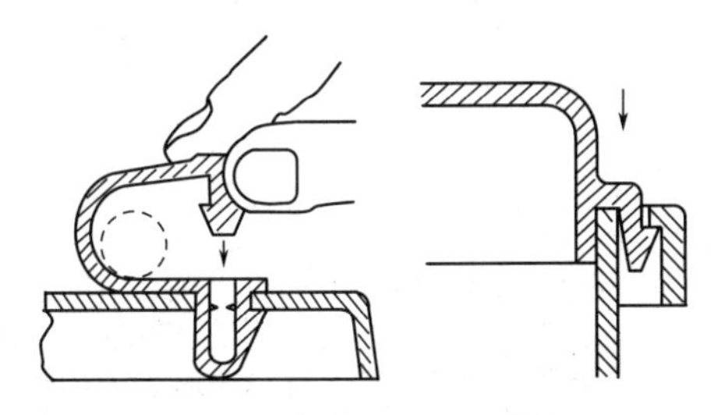

塑料件之间的机械连接，利用材料弹性的情况较多。但应按连接目的来设定是采用完全固定还是半固定，或是可以自由装脱，塑料件的构造有所不同

图 5-53　机械连接

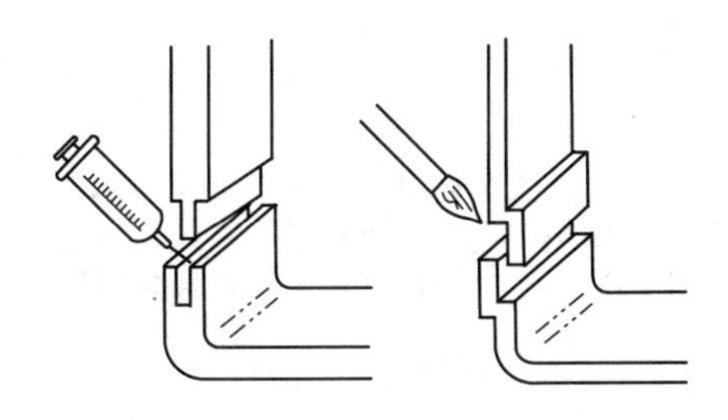

很多塑料件可以使用粘接剂连接，但是聚苯乙烯、尼龙、聚缩醛不能使用粘接连接。设计时要注意，不要在接头处让粘接剂污染外观

图 5-54　粘接连接

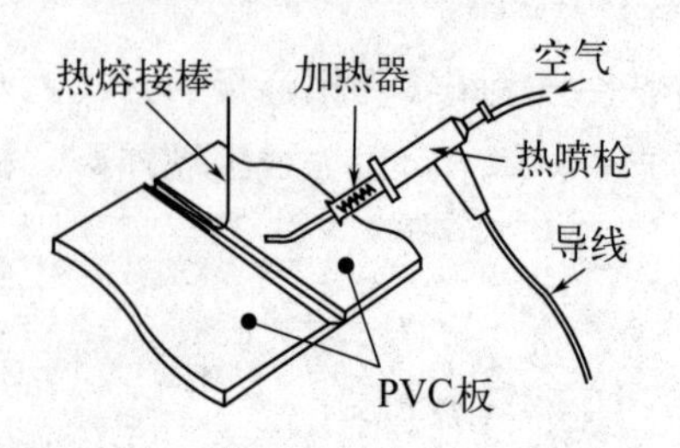

与金属焊接的方法相同。之所以称为热风熔接，是因为使用热风枪将与塑料板同样材质的热熔接棒热熔，将需要熔接的塑料件连成一体，这是相当简单的方法

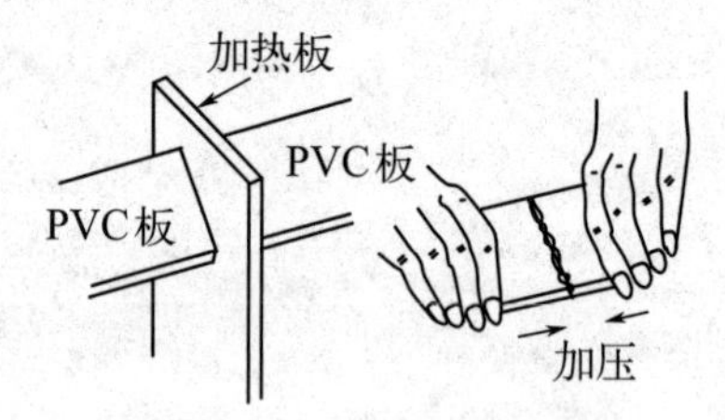

图中表示使用热压力的连接方法。将两个具有相同端面的成型品对压在加热板上，当端面热熔后，将加热板移开，将两端面接合。这种连接方式会使在连接处产生毛刺，应将毛刺修去。在量产情况下可用机械操作

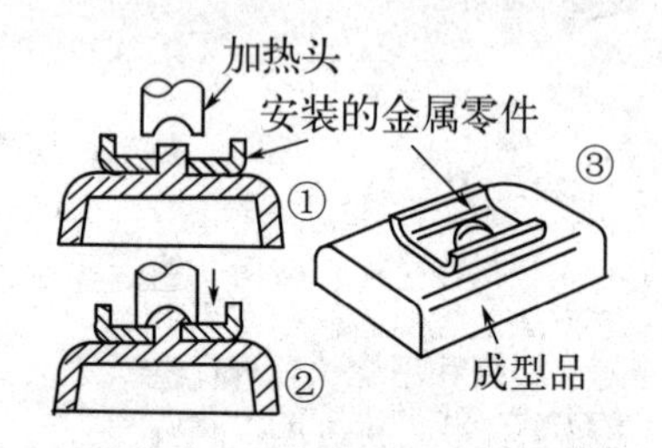

这是将加热后的金属工具压在塑料件的凸起部分，让其热熔后与零件相连接的方法。适用于ABS树脂及聚苯乙烯的成型品。强度不是太好。也有使用超声波的热熔方法

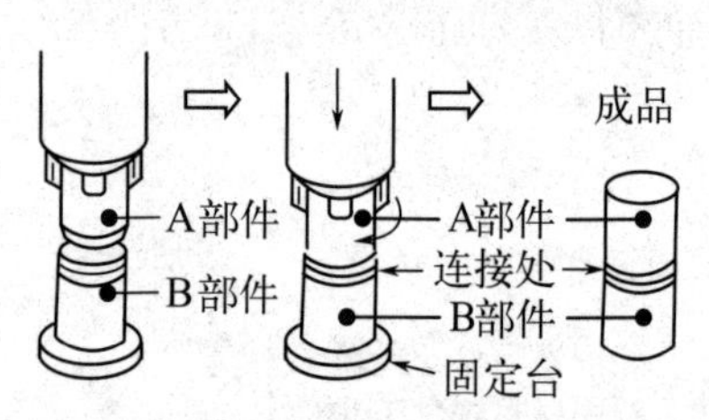

回转热熔是将两零件之一固定，让另一端旋转，使相互摩擦的端面发热而熔融，从而将两者连接，连接部位的形状仅限于圆形。仅对热可塑性树脂成型品有效。最后要去除表面上所形成的毛刺

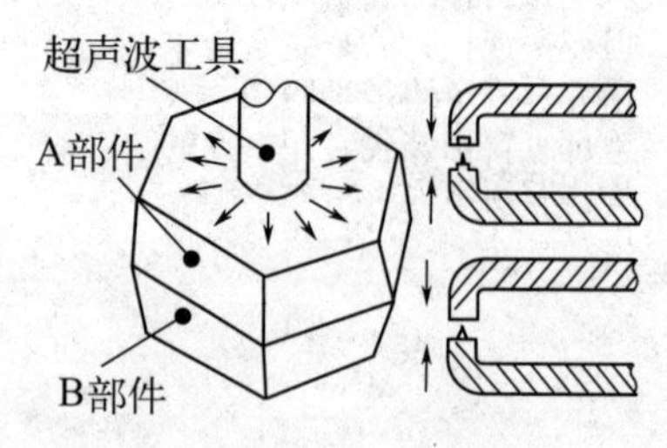

用超声波的力量使成型品相接的接合面发生摩擦，利用摩擦产生的热量进行热熔连接，对热可塑性成型品有效。可以高速加工，即使形状不定的零件也可加工。最后要去除表面上所形成的毛刺

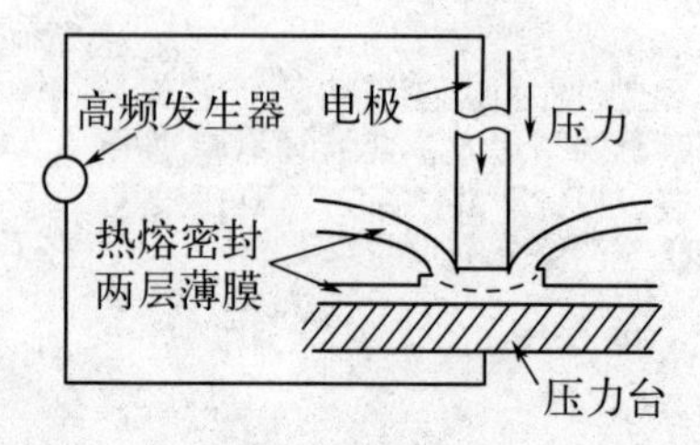

图中为将乙烯或聚乙烯薄膜用高频热熔连接。将需要热熔连接的材料压在高频电极之间，所产生的热量使材料被加热，实现热熔连接

图 5-55 热熔连接

5.5 塑料的表面装饰

对塑料成型品表面加以装饰有很多方法，大体有着色，加上本纹、大理石纹、金属质感等特种着色，在成型同时实现的皮纹、金刚石切削加工纹等一次装饰，以及在制品成型后进行的二次装饰，如涂饰、印刷、热烫印及电镀等。

与成型同时实现的一次装饰是塑料制品装饰的特长。但是随着市场对装饰要求的多样化，人们开发了各种二次装饰的技术，且得到广泛利用。

在本节介绍装饰方法中一些重要的技术。

5.5.1 着色

对于塑料的着色，一种是在塑料原料中掺入一般性染料或颜料进行着色，一种是用荧光色、金属色或珍珠色等特殊色素进行着色，也有多种颜料着色剂混用的方法，使颜色不规则分布，得到大理石花纹、蛇纹、石纹或木纹等效果，也有我们经常看到的如打字机键及厨房用具上的双着色的特种着色方法。塑料制品具有可多色彩着色的性能，这是其他材料无法比拟的明显特长。

（1）着色的特征

塑料原料有透明、半透明、不透明三种，而且各自具有其固有的本色，固有的本色多少影响着色效果，但除本色深浓的苯酚树脂外，大多数塑料制品还是能得到所希望的颜色。

透明的塑料比半透明、不透明的塑料着色性能好，着色范围广。

当然，这种成型时实现的着色，除可美化塑料制品的外观外，还具有如下几种效果：

① 不会如涂饰那样会发生表面颜色剥离的情况；

② 具有遮断紫外线的效果，可防止材料劣化；

③ 着成黑色的制品具有防带电的效果；

④ 可以利用颜色产生温度差（在阳光下）等。

但是这种产品也有弱点，首先在阳光照射下褪色较快，再就是白色易变成黄色，也存在因着色材料不同而引起制品收缩或变形等情况。使用高价着色材料比涂饰成本高这一情况也应注意。

（2）特种着色

① 木纹。照明器材的框架、扬声器的格栅及家具、桌上用品等各种需木纹装饰的制品，可以采用将发泡聚苯乙烯或 ABS 树脂着成木材颜色，通过注塑发泡成型得到木纹的工艺。用这种工艺生产的制品有与真木材制品几乎一样的外观。

挤出成型取得木纹的工艺，是将高浓度的着色母料断续加入鲜明颜色的树脂颗粒中，在挤出制品时产生木纹的效果。但这种效果会因制品的形状不同而有差异。

② 荧光着色。幼儿的玩具、儿童的文具及二次加工用的丙烯树脂板经常采用荧光着色。荧光着色的色泽限于红、橙黄、黄、黄绿这几种，而与其他颜色混合会损害光吸收性，所以应避免使用。宜用荧光着色的树脂为丙烯树脂或聚苯乙烯这种透明树脂，当然ABS树脂与聚乙烯也可进行荧光着色，但效果不如前者。荧光着色材价格虽然很贵，但耐热性、耐气候性差。

③ 磷光着色。吊顶灯开关绳端部的系物、壁灯的开关、手电筒等制品常采用磷光着色，磷光着色材采用可以贮存光能的、在黑暗处也能看见的无机颜料。淡黄色、绿色、蓝色的磷光效果好，磷光着色材不能与其他着色材混用，否则会影响光吸收能力。

④ 珍珠着色。化妆品的容器、梳子、纽扣及浴室用具常进行珍珠着色。珍珠色是在透明的塑料中混入适量的珍珠颜料而得到的。对于半透明的、不透明的塑料无法取得良好的珍珠色效果。也有采用混合树脂来取得珍珠色的方法，如在折射率高的聚碳酸酯树脂中混入丙烯树脂或ABS树脂，则可取得优越色彩效果。

⑤ 金属化着色。对于需有金属质感的制品，如汽车零件、工具箱等塑料制品，需进行金属化着色。金属着色剂采用铝粉或铜粉制成，把金属粉末掺入透明的树脂中则能取得有反射性的金属化效果。金属粉末与透明着色剂配合用，能产生新的效果，如铝粉与黄色着色剂配合用，制品能产生金色的光泽，与蓝色着色剂配合用能产生钢的光泽质感。对于挤出成型制品可以在挤出时与铝箔复合挤出，或在制品表面压接不锈钢薄板以取得金属的色泽。

5.5.2 热烫印

电视机外壳上的银色标志、化妆品瓶盖上的商标名、透明丙烯树脂铅笔盒上的金色厂名及商标等标志，都是采用热烫印的方法得到的（图5-56）。热烫印的方法是利用压力与热量熔融在压膜上涂覆的粘接剂，同时将蒸镀在压膜上的金属膜转印到制品上。对于塑料制品某部位需着上金属色的情况，这种方法比电镀、真空镀膜、阴极真空喷涂操作简便、成本低。

图5-56 废纸筒（热烫）

5.5.3 贴膜法

婴儿浴盆、圆珠笔等制品上印有的漂亮的花卉或动物图案大多是采用贴膜法制成的（图5-57）。贴膜法是一种与成型同时进行的一次装饰方法。简单地说这种方法是将预先印有图案的塑料膜紧贴在模具上，在制品成型的同时依靠树脂的热量将塑料膜熔合在制品上。压缩成型、吹塑成型、注塑成型都可采用这种方法，在注塑制品上用得较广泛。

图5-57 体重计（贴膜）

5.5.4 镀膜

与金属制品一样，在塑料制品上也可以进行镀覆。镀覆的方法主要有真空镀与化学湿法镀两种。真空镀中有真空蒸镀法、阴极真空喷镀法、离子镀等各种方法。

（1）化学湿法镀膜

ABS 树脂的制品最适宜用化学湿法镀膜。化学湿法镀膜是利用化学反应法，在制品上沉积铜或镍的金属膜，然后进行电镀铜或电镀镍的方法。为了提高沉积金属膜时的密接性，须事先将需镀膜的表面粗化。进行化学湿法镀的制品壁厚宜在 2.2mm 以上，这种方法是镀膜中用得最广泛的，而且镀层的稳定性好，除了能提高制品的装饰效果外，还可提高耐热温度、耐气候性、耐磨性，增强抗弯强度及拉伸强度。

图 5-58 所示的日用品、电器制品、汽车零件及水斗漏等建材制品的镀覆均采用这种方法。图 5-59 为复印机塑料屏幕面板，面板覆有采用丝网印刷工艺的薄膜开关，其防尘性好，耐水性优良，操作方便。

图 5-58 热水瓶塑料外壳镀膜

（2）真空镀

真空镀是在真空中进行的物理性干式镀法，有三种方式，在此介绍最普及的真空蒸镀法。

真空蒸镀法是将塑料制品放置在高度真空的真空室内，在真空室内加热蒸发金属或金属化合物，使蒸发的原子或分子附着在制品上，在制品表面形成一层很薄的金属膜。除聚乙烯、丙烯制品不适宜采用真空蒸镀法外，其余塑料制品都可采用，尤其是对难以使用湿法镀膜的聚碳酸酯更为有效。

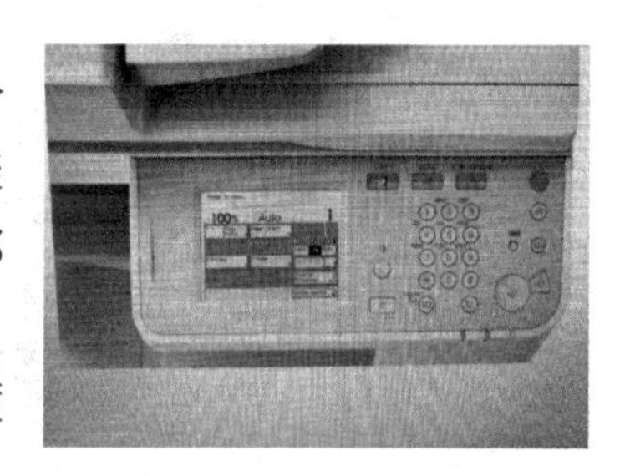

图 5-59 复印机塑料屏幕面板

用这种方法镀覆的镀层相当薄，所以不能像化学湿法镀那样能改变制品的物性。采用真空蒸镀的大多是薄膜、弱电制品、家用小杂物及玩具等制品。

5.5.5 涂饰与印刷

涂饰、印刷同样可以用于塑料制品的装饰。在涂饰中有掩模喷涂（局部进行涂饰）、滚涂（在雕刻的图案或文字上用附有涂料的滚轮进行部分着色）、帘式喷涂（全面喷涂）、浸渍法（把制品放入涂料罐中着色）、静电喷涂（全面喷涂）、擦涂（在制品的浅凹部位倒入带色涂料，然后擦去凹部外周围的涂料，这种方法用在做木纹上）等方法。

除上述方法外，还有在 FRP 制品上进行的表面涂凝胶漆的方法，在制品表面进行植尼龙或黏胶丝短纤维的静电植绒技术。在印刷方法上有丝网印、胶版印、转移印（通过加热、加压使涂料层从薄膜上分离转移到制品上）等方法，可按不同制品的具体情况选用。

5.5.6 涂层

欲对塑料涂层，对底材有一些需满足的要求，如电气绝缘性、防腐蚀性、耐药品性、耐磨性、绝热性、表面弹性、装饰性，还有防止因振动而产生噪声，并提高耐候性等。此外被涂层的厚度通常在150μm以上。主要的方法有对苯甲酰的浸渍，对塑料粉状体的浸渍、喷涂等，使用的树脂有氯乙烯、聚苯乙烯、尼龙、氯化聚醚、氟树脂、三氟化氯乙烯、氟化乙烯、丙烯树脂、乙酸纤维树脂、环氧树脂等。

（1）苯乙烯涂层法

加热涂上底漆的金属成型品，然后将其浸渍在氯乙烯中，使其沉着氯乙烯，将成型品拉出后再次加热硬化，就能得到具有优质弹性、耐腐蚀性、电气绝缘性的涂层。能利用这方法的原料仅有氯乙烯，被覆膜的厚度由浸渍时间、浸渍前对成型品的加热量所决定，平均为0.6～3mm，最厚也可能达到12mm。但也存在如下弱点：因涂层厚而显得不清晰，容易出现液体流动痕迹，得不到粉末法那样漂亮的表面等。所加工的成型品的大小根据厂家浸渍槽的大小来决定。制品有架子，篮球架，衣架，工具柄，配管零件，汽车、飞机及家电相关制品零件等（图5-60）。使用相同技术加工的浸塑成型为经浸渍、硬化后将塑料从金属模脱开这一点，与苯乙烯涂层法有所不同。

图5-60　苯乙烯涂层法及成品实例（工具的柄）

（2）粉末法

粉末法也称为流动浸渍涂层法（图5-61），使用聚乙烯、尼龙、氯乙烯等粉末。

先进行前处理，清除成型品上的油污，这是不能省去的步骤，然后将预热后的成型品浸入加了活性化粉末的槽中浸渍，让粉末沉积在成型品的表面。若要提高粉末的附着力，在清除成型品的油污后，使用压缩空气喷细砂的方法研磨成型品的表面。

此法不会留下水滴和流动的痕迹，成品很漂亮，软质、硬质表面都能得到处理，特别是硬质成型品具有漂亮的光泽。此外其他方法难以实施对复杂形状成型品加工，而粉末法的处理速度却很快。

涂层的厚度因使用的材料及加工条件不同有差异，通常聚乙烯约为0.4～2.0mm，PVC、尼龙约为0.4mm。要处理更大尺寸的成型品，则视加工厂家的浸渍槽的大小而定，如 13m 的街灯杆也能加工。加工的制品有室外家具、栏杆、道路标识杆、货架、显示器具、碗碟沥水架、架子、汽车零部件等，涉及生活和生产中的众多领域（图 5-62）。

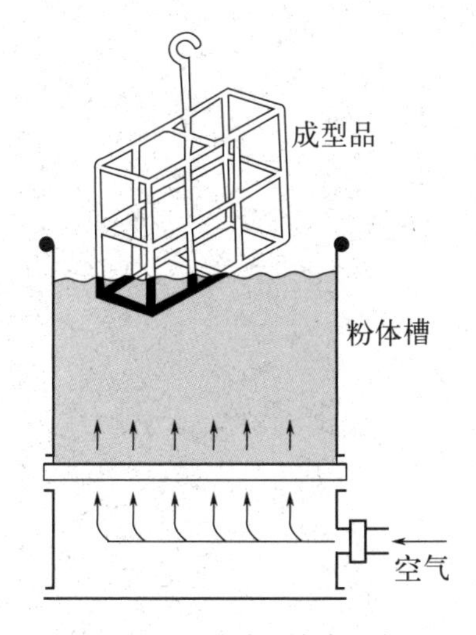

图 5-61 流动浸渍涂层法

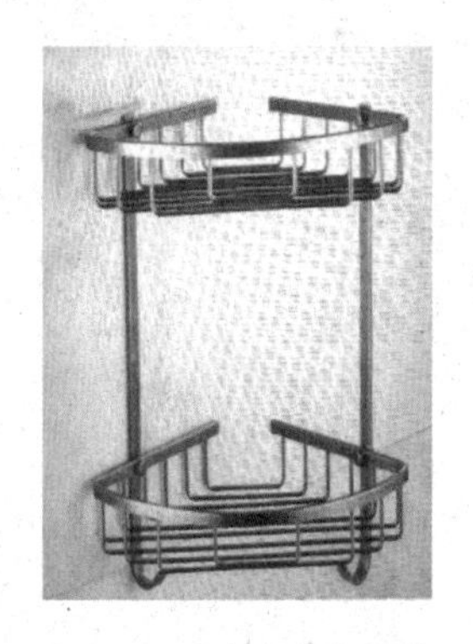

图 5-62 流动浸渍涂层制品

（3）喷雾法

喷雾法就是手工的喷涂或静电涂装，与其他方法相比需要更多人手，并不是经济的方法，但是对无法浸泡的大器件、仅有一面需要涂饰的制品，以及不能用其他方式涂层的材料，如氟树脂及聚氯乙烯等，仍可使用静电涂饰涂层的方法。

喷雾法加工制品的范围较广，如用氟树脂加工的平底锅、保温瓶、熨斗、点心用的模具等。

涂层的厚度，使用聚四氟乙烯（PTFE）时为 0.015～0.05mm，聚氯乙烯（PVC）为 0.15～0.3mm，均比其他涂层方法薄。

研究与思考

① 用硅酮树脂与聚氨酯树脂做一个胸章或耳环。

② 把吹气成型的酱油瓶或洗涤剂瓶垂直十字切开，观察一下其壁厚的变化。

③ 观察一下身边的薄壁真空成型品或大型注塑成型容器是如何考虑其强度设计的，并画一画草图。

④ 研究一下当设计高 80mm、直径 100mm、壁厚 2mm 的容器时，侧壁采用多大的斜度能得到最理想的叠堆效果。

第6章 木材

木材取于树木，是人类使用的最古老的材料之一，与我们人类的生活密切相关。木屋、木家具和木制用具一直到现在仍被广泛使用。木材容易得到，容易加工，有自然的温暖感，大家对木材都有所认识（图 6-1、图 6-2）。

图 6-1 木材应用实例（房屋）

图 6-2 木材应用实例（家具）

6.1 木材概述

从前，地球表面的陆地上覆盖着森林，由于人类的活动，如建造城镇、开垦农田以及做木器所需而伐木，包括疏林在内的森林面积只占 32%，而在中国则只占 23%（2022 年数据），为了促进木材的供给，有必要推进造林工作，栽种成熟较早、成材快的杉、松等针叶树。

木材的主要用途见表 6-1，从表中可知，除了用于造纸外，建筑和家具用木材占了约一半。而木材的用量不管哪一方面都有增加的倾向。

表 6-1 木材的用途

用途	所占比例 /%
造纸	40.6
建筑	36.7
家具	15.3
其他	7.4

6.2 木材基本性能、分类与构造

6.2.1 木材基本性能

① 木材的密度因树种不同而不同，约为 0.3～0.8。木材作为构造材是非常好的。

② 抗压性、抗弯性较差。木材的抗压性、抗弯性因树种不同而有差异，但一般沿纵方向（生长方向）容易破裂。

③ 具有从空气吸收并放出潮气的功能，因而有调节空气湿度的作用，因此木材具有吸湿性而不会发生结露现象。

④ 木材会因水分、湿气而引起膨胀或收缩，容易发生变形。

⑤ 木材的热传导率低，具有一定的电阻，适于作加热器具的把手。但是，当木材含有较多水分时就会失去绝缘性。

⑥ 木材热膨胀率极低，温度变化对木材没有太大的影响，不会因温度升高而发生软化或降低强度，但是木材的燃点低而容易燃烧。

⑦ 有温暖的手感和柔和的感觉，有光泽及好看的纹理和树皮，但因树种不同而异，见图 6-3～图 6-6。

图 6-3　杉树的木纹

图 6-4　木纹和木节

图 6-5　阔叶树木纹

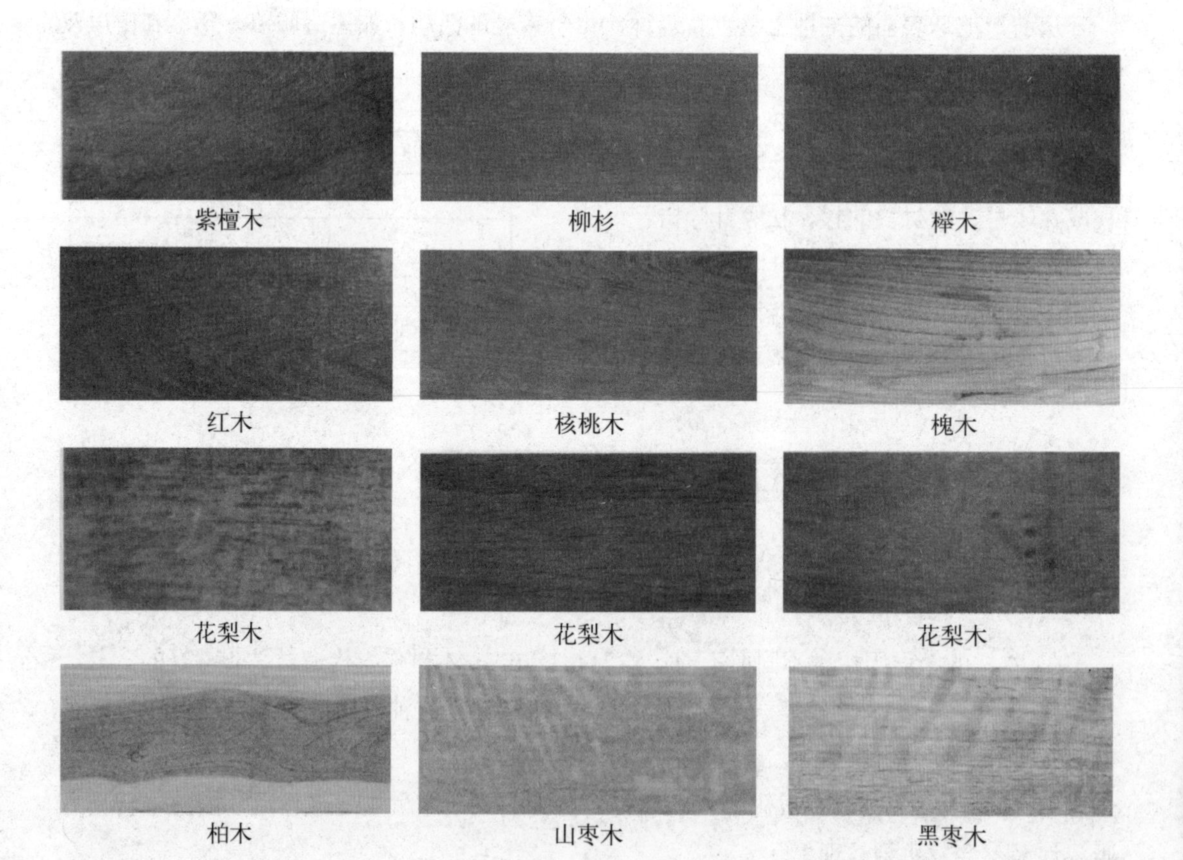

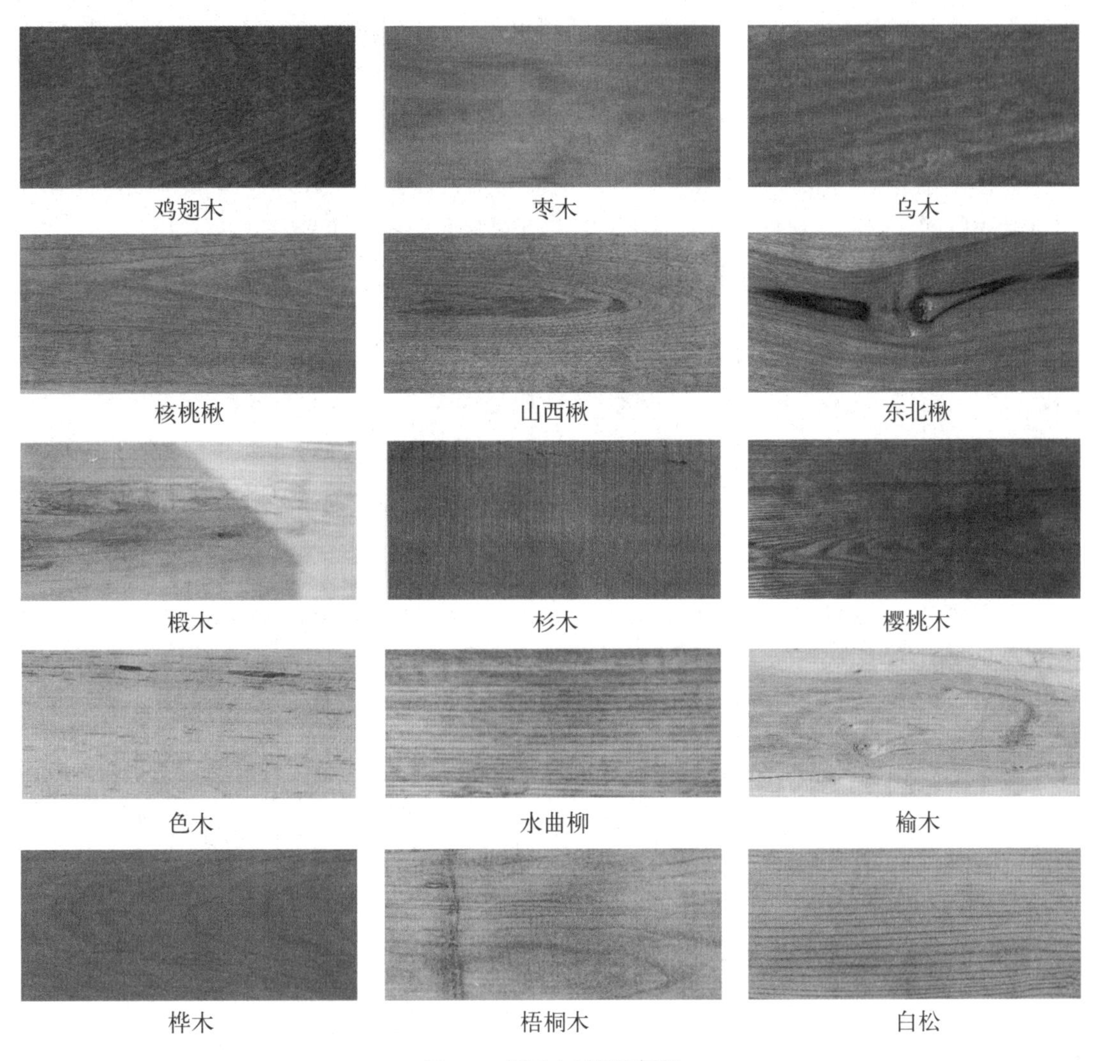

图 6-6　常用木材纹理图谱

⑧ 木材易于加工，如截断、切削、开孔、雕刻和连接等。

⑨ 在树木的成长过程中会发生生理或病理性的变形，如扭纹、树脂孔、分枝、腐心、入皮等，也有人为形成的伤和木节、开裂等，要得到均匀的木材材质较困难。

⑩ 因菌类把木质内的纤维素作为养分而破坏了木材组织，以及受到诸如白蚁等虫害而遭到破坏。

6.2.2　树木的种类

树木可以分为针叶树和阔叶树。因产地的地理气候、土壤所致，不同产地的木材其发育的程度、软硬程度有所不同，所以利用的价值也不同。

（1）针叶树

在植物学分类上针叶树属裸子植物，通常其叶细长，叶脉平行，呈较硬的针状，常绿。但是也有些树叶是平状、柔软的，有些树也落叶。材质较软，适合作建材，但适当利用其木纹也可制作家具。

（2）阔叶树

在植物学分类上阔叶树属被子植物，通常叶阔、具有网状叶脉，有常绿树也有落叶树。材质较硬，春材与秋材的差别不大，适用于做家具及家什木器。

树木主要品种的特性和用途见表 6-2。

表 6-2 树木主要品种的特性和用途

种类	树名	产地	性质	木纹	色调		用途
					芯材	边材	
针叶树	银杏	中国山东、江苏、湖北、浙江、河北、广东等地	木理通直，坚硬适中，伸缩小，表面加工后带有光泽	细致	黄白色，春材、秋材无明显差别		棋盘、漆器底材、砧板、印章材、天花板、地板、家具
	水松	中国广东、广西、福建、江西、四川及云南等地	木理通直，富有弹性，表面加工后带有光泽	细致	红褐色	黄白色	地板、家具、指环、拼花地板、镶嵌工艺品、铅笔、木雕材、红色染料
	冷杉	主要产地为中国四川	早晚材变化稍大，伤口较多。由于木质轻软，可加工性强	均匀	白色，芯材边材无明显差别		制板、建材、笔筒、祭拜用具、漆器的底材、纸浆
	铁杉	中国浙江、安徽黄山、福建武夷山、江西武功山、湖南莽山等地	芯材边材区别不大，早晚材变化稍大，在针叶树中较重较硬	均匀	淡褐色	淡黄褐色	方形柱、门楣、基础、装饰品、筷子、包装箱、车、桥、纸浆
	叶松	中国南京、上海、杭州、福建、江西庐山、青岛等	轻软而具有弹性。有较好的音响效果	细致	淡黄白色，早晚材推移缓慢		房顶材、柱子、家具、建材、乐器（钢琴、小提琴）板材、纸浆
	落叶松	中国内蒙古、黑龙江、吉林等地	早晚材推移快，树脂多而耐水且保持湿性。稍刚硬	清晰	褐色	白色	电杆、枕木、桥梁用材、船舶用材、建材、柱子、基础、顶板、地板柱、纸浆
	红松	中国黑龙江、吉林、辽宁、山东、江苏等地	树脂多因而具耐水性。是弹性较好的用材	粗	带黄淡褐色	淡黄白色	基础、轴组、椽子、夹板、天花板材、桥梁、枕木、建材、车船材、纸浆
	五针松	中国中部至西南部高山	早晚材变化较慢。质地柔软，弹性小	细致	黄赤、淡红色	黄白色	门槛、门楣、建材、漆器底材、家具、乐器（如钢琴板材）、木模、木雕
	罗汉松	中国长江以南地区	耐水、耐湿性强。硬度适中。早晚材变化较慢	粗	淡黄褐色	白色	制板、天花板、棋盘、饭桶、浴桶、船用板、桥梁用材
	圆柏桧树	中国各地均有，主要产地是华北	早晚材较明显，木纹整齐。木质轻软，富于弹性，是桧木的代用材	细致	带黄淡红色	白色	天花板、建材、筷子、弯曲件、浴桶、漆器底材、家具、箱子

续表

种类	树名	产地	性质	木纹	色调		用途
					芯材	边材	
针叶树	杉树	中国东北、华北地区	芯材、边材、早晚材较明显，质地轻软，具特殊香味	稍粗	淡红、暗赤褐、黑褐色	白色	柱子、板材、家具、木箱、量斗、桶、筷子、天花板
	扁柏	在中国分布极广，北起内蒙古、吉林，南至广东及广西北部	轻软且有光泽，有弹性，能耐水湿。是针叶树中最好的良材	细致	淡黄褐、淡红色	淡黄色	寺庙建材、柱子、天花板、家具、漆器底材、装饰品、弯曲件、木模、雕刻
	花柏	原产于日本，中国青岛、南京、上海、江西庐山、桂林、杭州、长沙等地引种	轻软，木纹较直，早晚材变化较慢。较脆弱但具有耐水性	细致	暗淡无光带黄褐色	白色	建材、建筑工具、桶（浴桶、饭桶）、弯曲件、木箱
	罗汉柏	原产日本，中国北京、山东、江苏、浙江等地引种栽培	耐腐朽，具良好的保存性，在土地中和水中都优于扁柏	细致	暗黄色	淡黄白色	地板柱、基础、柱子、屋顶板、桥梁材、枕木、家具、装饰品、弯曲件、漆器底材、雕刻
	白冷杉	原产北美，是一种高产、通用的树种	轻软但较弱，木纹较直，有缎子的光泽	粗	淡褐、暗褐色	淡褐白色	建筑物内部的装修材、家具、箱、桶、飞机用材、建材
	花旗松	北美太平洋沿岸	早晚材变化快，木纹较直，强劲耐用	粗	暗褐黄色	淡黄色	柱子、地板、门窗、桥梁材、车船用材、夹板、纸浆
	铁杉	中国主要分布在华北、东北、西南等地的山区	稍硬但耐久性较差，不耐水湿，经打磨呈现光泽	较密	淡黄褐色	白色	小方材、装修材、箱、建材、枕木、纸浆
	红杉	美国的加利福尼亚州北部和俄勒冈州西南方的狭长海岸，中国	轻软且坚硬，易上涂料，早晚材变化快，木纹较直	粗	鲜淡红、深红褐色	白色	大建筑用材、顶板材、装饰材、夹板、枕木、桥梁用材、建材、家具、桶、装饰品
阔叶树	核桃	中国黑龙江、辽宁、天津、陕西、北京、河北、山东、山西等地	年轮不太清楚，强度居中，硬度居中，富有韧性	粗	红褐、暗褐色	白色	西洋风格建筑、西式家具、门槛、镜台、桶、箱
	梓树	主要产于中国的南部和东部地区	富有弹性，坚硬。年轮不太清楚。表面加工性好	细致	红褐色	黄白色	家具、建材、夹板、木器、盆、装饰物、漆器底材、乐器、梳子

续表

种类	树名	产地	性质	木纹	色调		用途
					芯材	边材	
阔叶树	山毛榉	中国浙江、安徽、江西、四川、贵州、云南、湖南、湖北、广东、广西等省区	弹性、从曲性较好，早晚材变化慢，有木节、虎斑纹出现	细致	白、淡黄白、淡红色		地板、建材、西式家具、弯曲椅子、木模、漆器底材、夹板、硬化层叠材料
	青椆	中国长江流域以南及滇、陕等地的宽阔地带	有弹性，坚硬的材质，富于从曲性。有木节	细致且粗	芯材边材难区别，黄褐至红褐色		织机用材、齿轮、杠杆、滑轮、木槌、农具、船用材、鼓身、天花板、门槛
	栎树	中国黑龙江、辽宁、吉林、内蒙古、山东、河南、贵州、广西、安徽、陕西、四川等省区为多	重而硬，有弹性的硬材。具有从曲性。有虎斑纹和木节	细致且粗	淡黄褐色	淡黄白色	建材、运动用品、装饰、漆器底材、木模、织机用材、农具、乐器、船舶用材
	栗子树	中国辽宁、内蒙古、北京、天津、河北、山西、陕西、山东、江苏、安徽、上海、浙江、江西、福建等地	耐水湿性优良。年轮清晰。富于弹性且坚硬	粗	褐色	带褐灰白色	柱子、格橱内隔板、窗格、天花板、地板、建材、扶手、家具、箱、盆、船用材、桥梁用材
	榆树	中国东北、华北、西北及西南各省区	年轮清晰，木纹大致平直，坚硬，富于从曲性，重硬。表面加工不良	粗	暗褐色	带褐灰白色	碗盆、棋子、装饰用、装饰品、内部建材、弯曲物用材、家具、乐器（鼓身）
	榉树	中国四川、云南、贵州、甘肃、陕西、山东、辽宁、安徽、湖北、湖南、台湾、江苏	年轮清晰，有节，具耐水性，坚硬，具有从曲性	粗	暗褐色	带褐灰白色	建材、建筑工具、家具、盆、漆器底材、车船内装修用材
	桑树	中国江苏、安徽、河南、河北、浙江、广东、广西、贵州、福建、江西等地	木纹不规则。坚硬，富有韧性，具从曲性	粗	黄褐色	黄白色	建材、地板柱、地板、镜台、衣柜、工艺品、西式家具、木碗、漆器底材、屏风
	桂树	中国华东、华中、华南、西南等地	年轮稍清楚。材质均匀，属于轻软之材。加工的表面良好	细小但不细致	褐色	带绿黄白色	建材、棋盘、木模、乐器、家具、漆器底材、饰物、屏障
	辛夷	中国陕西南部、甘肃、河南西部、湖北西部、四川、安徽等地	早材晚材易区别。强度适中，与厚朴相似	细致	带绿黄白色		地板柱、漆器底材、裁衣案板、勺子、筷、印鉴材、屏障、用于研磨金银的木炭

续表

种类	树名	产地	性质	木纹	色调		用途
					芯材	边材	
阔叶树	厚朴	中国陕西、甘肃、浙江、江西、湖北、湖南、四川、贵州等地	年轮稍清楚。木纹较直。材质均匀	细致	暗灰绿色	灰白色	建材、漆器底材、餐具、模型、箱、雕刻、装饰品、鼓身
	樟树	中国江西、浙江、广东、福建、台湾、湖南等省区	交错的木纹，硬度强度适中，轻柔，耐久性强，易于雕刻。切面有光泽	稍粗	黄褐至红褐色、暗绿褐色	灰白至黄褐色	建材、地板柱、地板、画框、西式家具、衣柜、木模、乐器、雕刻
	红楠	分布于中国山东、江苏、浙江、安徽、台湾、福建、江西、广东、广西、香港、湖南	硬度、强度适中，交错的木纹，年轮不清楚	粗	红褐色	淡黄褐色	建材、板材、基础、西式家具、陈列橱、雕刻、木质餐具、纸浆
	文冠果	中国主要分布在陕西、山西、河北、内蒙古	年轮不大清晰，木纹交错，属于重而硬质木材	极细致	红褐至紫褐色	带红淡黄褐色	地板柱、地板、门框、柱子、木质餐具、箱、镶木工艺品、乐器
	山樱	中国黑龙江、河北、山东、江苏、浙江、安徽、江西、湖南、贵州	年轮不大清晰，有可见的髓斑。属于硬材，表面加工良好	细致	红褐色	淡黄褐色	建材、柱子、门槛、门楣、天花板、地板、洋式家具、陈列橱、漆器底材、乐器、雕刻、印刷用木模
	槐树	中国北部较集中，辽宁、广东、台湾、甘肃、四川、云南广泛种植	坚硬，很少断裂，有光泽，木纹漂亮的芯材有淡色的界线	稍粗	暗黄褐色	黄白色	西式建筑、地板、西式家具、镜台、箱、装饰品、画框、乐器
	黄檗	中国华东、中南、西南地区	年轮清晰，轻软的硬材。可提取碱性黄色染料	粗	黄褐色	黄白色	地板柱、地板、建材、书橱、镜台、箱、衣柜、工艺品、屏障
	黄杨	中国江苏、甘肃、湖北、四川、贵州、广西、广东、江西、浙江、安徽、山东各省区	年轮不大清晰，组织均匀，强硬材，容易加工，有光泽	极细致	鲜黄至黄褐色		工艺品、装饰品、梳子、棋子、木质餐具、乐器、印刷用木模、尺子
	色木槭	中国东北、华北和长江流域各省	坚硬，有光泽。有髓斑	细致	白红至淡红褐色		柱子、建材、家具、木质餐具、漆器底材、木模、装饰品、屏障、运动器材、乐器、船用材

续表

种类	树名	产地	性质	木纹	色调		用途
					芯材	边材	
阔叶树	七叶树	中国江苏、浙江、上海、河南、山东等地	有涟纹，有光泽。属于硬材，但稍弱	细致	带红黄白至淡黄褐色		天花板、门楣、地板、家具、屏障、工艺品、装饰品、棋盘、漆器底材、乐器
	椴树	中国江苏、浙江、福建、陕西、湖北、四川、云南、贵州、广西、湖南、江西	芯材边材年轮不明晰。材质均匀。材质虽不强但轻和硬。富于从曲性	细致	淡黄褐色	淡黄白色	建材、板材、夹板、桶、箱、铅笔、树皮可制作纤维。制纸材
	山茶	中国浙江、江西、四川、重庆及山东	有髓斑。坚硬强韧之材。适于旋制加工，有光泽	细致	红褐色		建材、漆器底材、盆、木模、木槌、木质餐具、乐器、模板
	梧桐	中国南北各省，日本等国家也有分布	木理通直，光泽强且漂亮，质地轻软，较弱。难燃烧，不透湿气	粗	淡红白色		天花板、栏杆、建材、家具、衣柜、箱、毽子板、装饰物、琴、木偶、保险箱内壁
	木梨	中国海南、山东、陕西、湖北、江西、江苏、浙江、福建、广东、广西、云南、台湾等地	木理错综，坚硬强韧之材。质重，表面加工良好。有光泽	细致且粗	赤褐色		薄板、建材、地板、门窗框、家具、画框
	黑黄檀	中国云南南部、广东南部、广西南部的原始森林	年轮不明显。纹理交错，黄褐色条斑。重硬强度高，表面加工良好	细致且粗	暗褐至黑色	白色	建材、家具、船舶用材、高级装修用材
	紫檀	原产于印度，在中国分布于台湾、广东和云南	有深紫至黑色的炎斑，有光泽，木理交叉。重而硬之材	细致	淡紫褐至浓紫褐至浓紫色		美术工艺家具、陈列柜、装饰品、建材、雕刻、门窗框、高级装饰用材
	红木	主要产于印度，中国广东、云南及南洋群岛也有出产	木理通直或木理交错。带状纹。年轮不清，强度适中	细致且粗	红褐至淡红褐至红色至淡红色	白色至淡黄色	西式建筑、建材、车船用材、夹板、家具、装饰品
	黑炭木	中国秦岭以南、淮河以南大部分地区	年轮、木理不清楚。最重之木材。坚硬，打磨后呈金属光泽	极细致	深黑色	灰色和黑色	夹板中的装饰单板、钢琴键盘、乐器、装饰品、建材、工艺品

续表

种类	树名	产地	性质	木纹	色调		用途
					芯材	边材	
阔叶树	柚木	柚木产自缅甸、泰国、印度、老挝等地。中国引种后主产区在云南、广东、广西、福建、台湾等地	年轮分明，木理大致通直，柚木条纹。 坚硬之材，有光泽	粗	淡褐至黄褐至褐色	白色	船舶甲板及内装饰、纤维板、建材、夹板地板、车辆内装修、家具、薄板、屏障、雕刻
	斑马木	主要产于亚洲热带和非洲，如印度、印尼、斯里兰卡、泰国、缅甸、越南、柬埔寨、老挝、马达加斯加、刚果、加蓬等国。中国台湾、海南、云南等地亦有出产	年轮不清，重且硬，故加工面良好。 具有光泽。 在纵断面上有不规则的纵条纹出现	细致且粗	淡褐至暗褐色	灰色	西式家具、建材、建筑用具、装修用薄板、夹板
	苎麻	中国云南、贵州、广西、广东、福建、江西、台湾、浙江、湖北、四川，以及甘肃、陕西、河南的南部	木理交错，易割裂，不宜弯曲。 是重硬之材	稍粗	黄白色		建材、走廊板
	橡胶木	盛产于东南亚国家，中国产于云南、海南及沿海一带	芯材、边材几乎没有差别，稍轻软，因容易加工，适于旋削加工	粗	灰白色至淡黄色		被做成集成材、桌子面板、家具、建材、扶手、栏杆

6.2.3 树木的构造

(1) 树木的组成

树木由根、干、枝、叶等几部分组成，树根仅作为工艺品用，树枝除了阔叶树中特别粗的枝之外，通常在工业中作木片及纤维板的原料。而作为工业材料能够利用的就是树干。树干的最外部是树皮，树皮的内侧是形成层，里面是木质部，见图6-7。

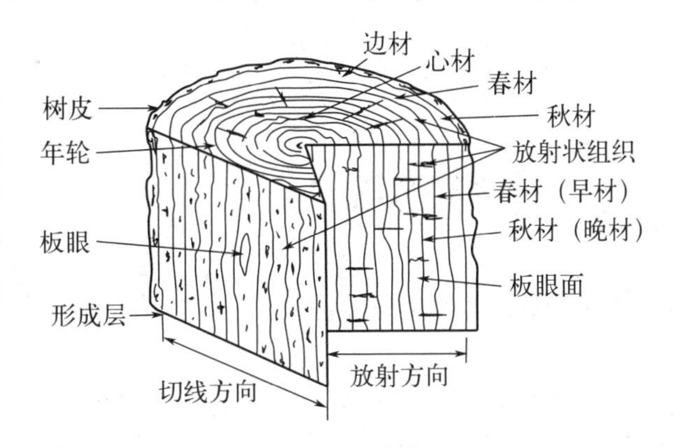

图6-7 树干的构造

(2) 木质部

木质部是由形成层在圆周上发育

而成的，深色的硬层叫夏材，浅色的软层叫春材，在针叶树中特别显著，木质部中的圈状纹称为年轮。木质部的外围部分含水量较大，称为边材，这部分容易注入药剂，富有可塑性，适于做弯曲材。中心部称为心材，水分较少，色泽好，材质较硬，且强度大，耐用，变形小，所以有较高的利用价值。

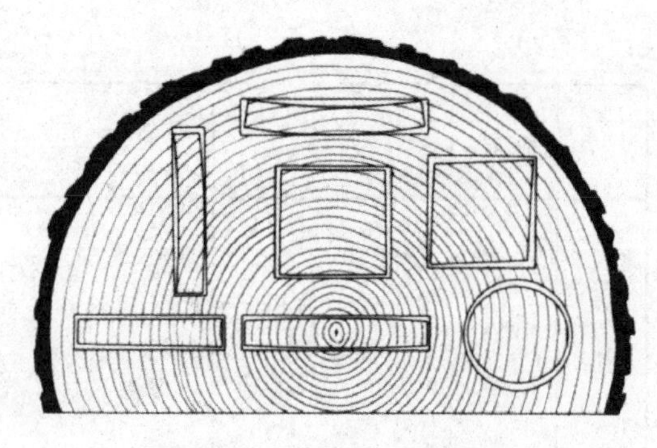

图 6-8　因木材收缩引起变形

因心材与边材之间的差异，在木材的横断面上开材的地方不同，在干燥后，因木质细胞排列收缩不同会引起变形，见图 6-8。

木质部的木理与木纹是指构成木材的细胞的大小、性质、排列，年轮的状态，木的本色等体现在木材表面的样子，表示出木材的断面状态。

木理是指构成木材的纤维的排列样式及方向，把与主轴平行的称直理，与主轴交叉的称斜理，围着树干呈螺旋状的称为回旋理。相邻接的平行层木理方向不同，且呈螺旋交错的木理称为扭纹，加工时不同的层对光的反射不同，会呈现漂亮的带状。若纤维的排列对轴方向作波状排列就是波状木理。

在木材的纵断面有叫作木纹的纹路，它是木质组织的交错或放射状排列、年轮的走向等在木材的表面上所表现出来的花纹（图 6-9、图 6-10）。在树干近根的部位、长树瘤的部位等处，会表现出分枝的纹路。而各种各样的纹路，是木材所特有的。

图 6-9　木料的扭纹

图 6-10　虎斑纹

6.3　木材的加工

6.3.1　制材与开木料

木料具有较高的使用价值，而木材的利用率是由裁锯木料所决定的，裁锯木料时要避开原材木的缺陷以得到尽量多的高等级木料。木料的规格因针叶树与阔叶树而异。

图 6-11 为各种常见木料的种类和规格，由于不同地区的行业和产业对木材的需求不同，木料的种类和规格可能存在一定的差异。图 6-12 为开木料的各种方式。

一、板材尺寸规格

1.实木板材：长×宽×厚
常见规格：1200mm×2400mm×18mm；1220mm×2440mm×18mm；2440mm×1220mm×18mm

2.人造板材(例如刨花板、中纤板等)：长×宽×厚
常见规格：1220mm×2440mm×15mm；1220mm×2440mm×18mm；1220mm×2440mm×25mm

3.细木工板：长×宽×厚
常见规格：1220mm×2440mm×3.6mm；1220mm×2440mm×5.2mm；1220mm×2440mm×9mm

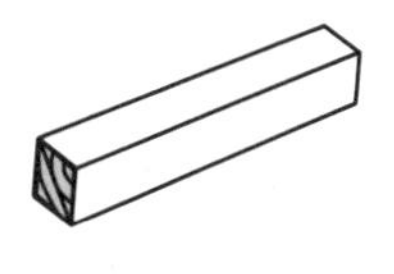

二、方木尺寸规格

1.实木方材：截面边长×截面边长×长度
常见规格：50mm×50mm×3m；75mm×75mm×3m；100mm×100mm×3m

2.人造方材：截面边长×截面边长×长度
常见规格：50mm×50mm×3m；75mm×75mm×3m；100mm×100mm×3m

三、圆木尺寸规格

1.实木圆材：直径×长度
常见规格：30mm×3m；40mm×3m；50mm×3m

2.人造圆材：直径×长度
常见规格：50mm×3m；76mm×3m；100mm×3m

图 6-11 木料的种类和规格

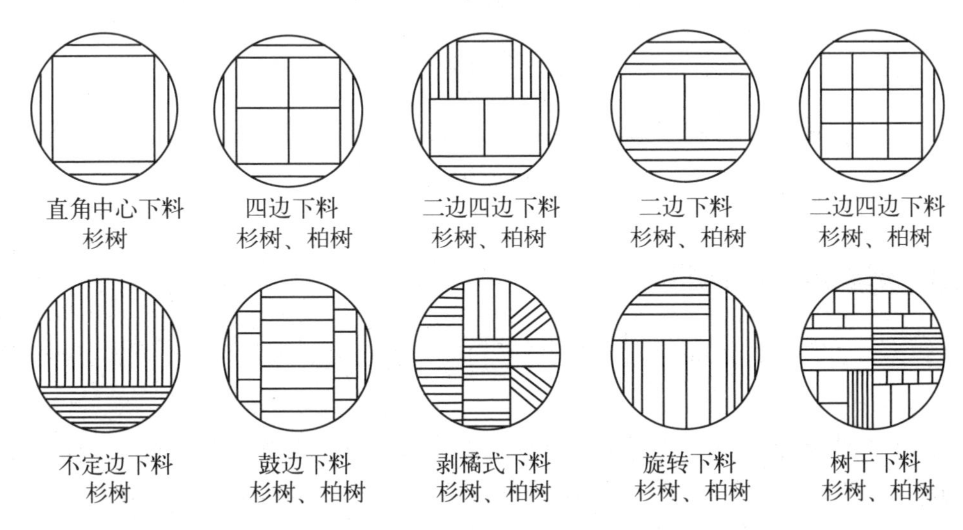

图 6-12 开木料的各种方式

6.3.2 木材干燥

因木材在干燥的过程中会发生收缩、变形、开裂等现象，所以木材在使用之前必须要

预先干燥。干燥阶段对木制品是最重要的阶段，这是为了防止制品的扭曲变形，也是为了增加制品的强度，改善木材的加工性。

干燥就是使木材内部的水分转移到外部，再从表面蒸发掉。让水分蒸发的主要条件是温度、湿度和风速，生材虽然含有较多的水分，但在大气中可以自然干燥，达到在平衡含水率左右的程度，当木材含水率大约为 15% 时，这样的木材叫气干材。

为了干燥木材，可以在排水、通风良好、离地面 40cm 左右的干燥场所搭基础，然后把栈木向风平放叠置起来实现自然干燥，而为了防止日晒雨淋，可在木材的上面用铁皮搭起如屋顶状的遮盖。阔叶树可以用平叠的方法，容易干燥的针叶树则可叠成“井”字形，变形与开裂较少的木材可以用夹挂的方法。

通常先进行数月的天然干燥，这是干燥效率较高的初期阶段（木材含水率25%～30%），也称预干燥，在木材含水率下降后再进行人工干燥。阔叶树经这样处理后可得到较好的干燥材。人工干燥中用得最多的是往干燥室内部送热风，干燥室的温湿度及热空气的循环可以调节，很少损伤木材（图 6-13）。把木材按所需要求的含水率进行干燥并让其自然冷却，取出来后再放置一段时间使木材内部的水分达到均匀，然后把达到加工条件的木材送去加工。

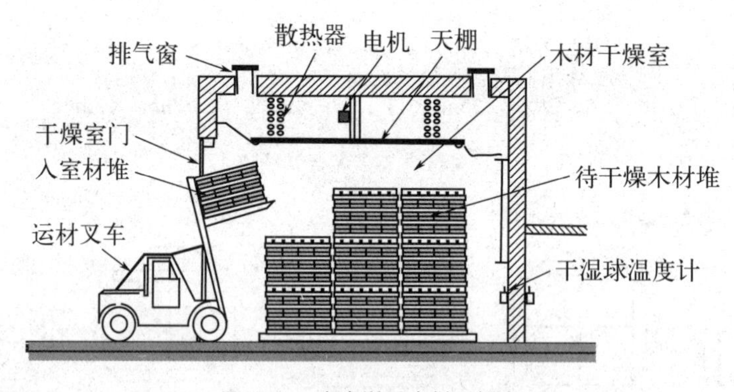

图 6-13　室内送风木材干燥室

6.3.3　提高木材耐用性

木材经过长时间后会发生老化，或者受日晒雨淋后表面被风化发生剥落，或者受到虫害。

为减小木材因上述原因产生的损耗，我们可采取一些措施来提高木材的耐用性，我们称之为保存处理，而把处理过的木材称为已处理木材。通常在常压下使用药剂的涂布法、散布法、浸渍法、扩散法，但更为有效的是加压处理法，即把药剂加压注入木材。我们希望所用的药剂能发挥较大的作用，但是也要注意药剂对人畜的危害性、药剂的引火性、药剂对其他材料的影响、药剂对木材的加湿性及对木材加工的影响等。防腐、防虫剂有油性和水性两种。防腐、防虫剂有木榴油、柿漆、硫酸铜、氟化钠、氯化亚铅等。防火剂可以使用硫酸、盐酸等的铵盐，硅酸钠，硼砂等。

6.4　木材制品设计

6.4.1　木质材料选用

木质材料是充分利用木材所具有的种种优点且用其他办法克服木材的缺点而制成的木材加工品，它随着合成树脂粘接剂的开发利用而得到发展，可供选用的木质材料有如下几类。

（1）集成材

这种木质材料是把10～30mm的木板干燥之后，把表面平整光滑，然后按纤维平行方向以一定的断面形状、大小，用中温硬化性的粘接剂粘接热压而成。含水率一般稳定在13%左右。集成材（图6-14）在长度方向的接合口，以前是用斜口的方法，现在使用小指方式（图6-15）。

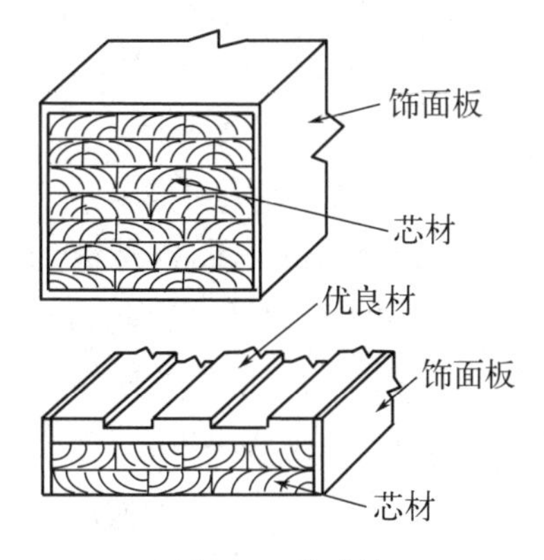

图6-14　集成材

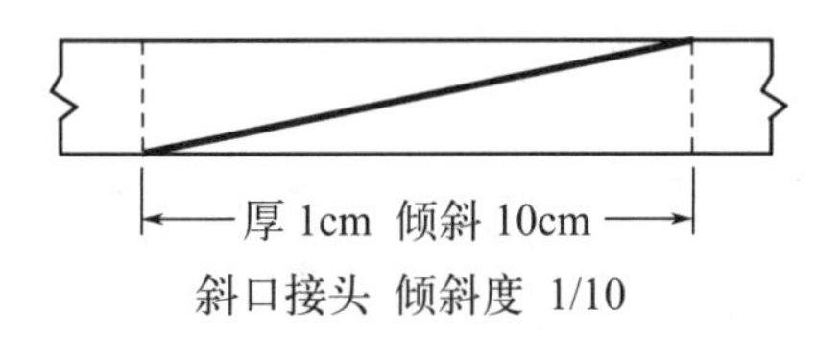

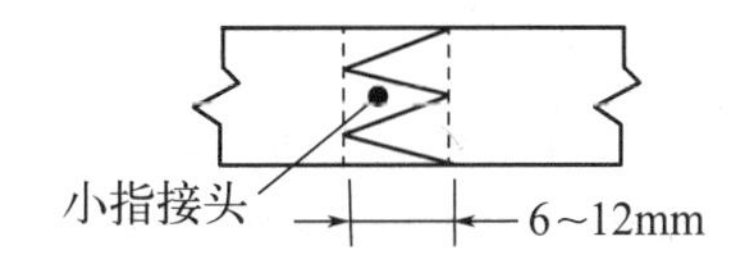

图6-15　集成材接头

集成材的优点有：

① 木材抗压缩的能力差，且具有膨胀和收缩性，容易变形，木材会开裂、材质不均一等，而集成材能够减少甚至克服这些缺点。

② 能利用较小尺寸的木材造出大截面、长尺寸的大材，其各部分的含水率仍能均一。

③ 若在热压粘合时使用模具，则能够得到弯曲的木材。

④ 能够按不同木质集成材的强度需要，设定木材干燥的质量要求。

具有上述特征的集成材，已在建筑、室内装修、家具、器具等方面得到大量使用（图6-16）。表6-3为集成材的类别与用途。

图6-16　集成材做的桌子脚

表6-3　集成材的类别与用途

集成材类别	用途
装修用集成材	扶手、楼梯、地板、门框、家具等
有表材的装修用集成材	柱间撑木、门限、上框
结构用集成材	建筑材（梁柱）、弯曲材
有表材的结构用集成材	建筑用柱

（2）夹板

夹板是改良了木材所具有的缺点的加工材，它具有如下特征：

① 有效地利用木理而得到阔幅、长尺寸的板材。

② 消除了天然木材所具有的不同方向性，夹板在纵向、横向方面的性质都相同，膨胀、收缩以及变形小，抗裂的能力也较强。

③ 具有较大的刚性。

④ 粘接剂的改进也增强了夹板的耐水性、耐天气变化性。

⑤ 由于薄的单板容易被药剂、合成树脂等浸透，因此容易进行单板的防虫、防腐及防火处理，以制造成较好的夹板。

⑥ 在制造工程中，如使用模具进行热压粘合，则容易制造曲面形的夹板。

单板有圆剥单板、平剥单板、半圆剥单板、平锯单板等，夹板就是把几张单板粘合起来，而相邻的单板的纤维走向是相互垂直的。夹板可以大致分为普通夹板和特殊夹板，内装修用夹板和外装修用夹板。单板的切削加工见图6-17。

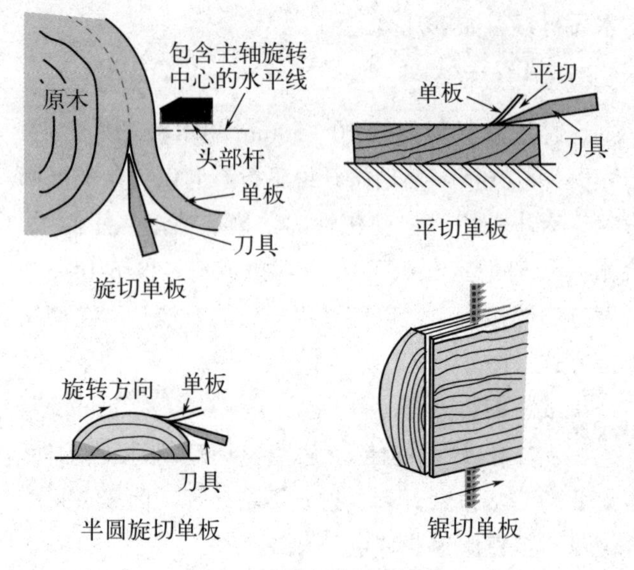

图6-17 单板的切削加工

夹板分类：

① 普通夹板。普通夹板尺寸有1220mm×2440mm、915mm×1830mm、1220mm×3050mm等。厚度一般从1mm到50mm不等。常用的夹板厚度有3mm、5mm、9mm、12mm、15mm、18mm等六种规格（图6-18）。夹板的层数一般从3层到20层不等，常用的有3层、5层、7层、9层等。夹板的质量等级有AAA级、AA级、A级、B级和C级五个级别。

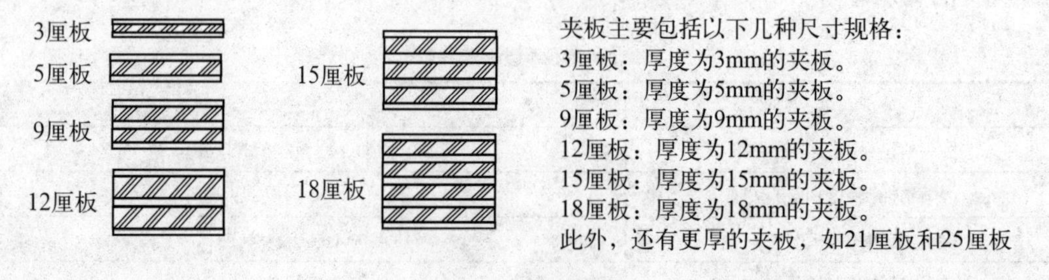

图6-18 普通夹板厚度

② 特殊夹板。特殊夹板有好几大类，如芯材特殊夹板（音箱用材，家具、桌面板，房间分隔板，门窗、地板材），表面特殊夹板（用天然纹路的单板或合成树脂板贴于表面的夹板，可用于家具、台面、内外装修），成型夹板（椅子、弯曲板材等用热压成型的夹板）等，见图 6-19～图 6-21。

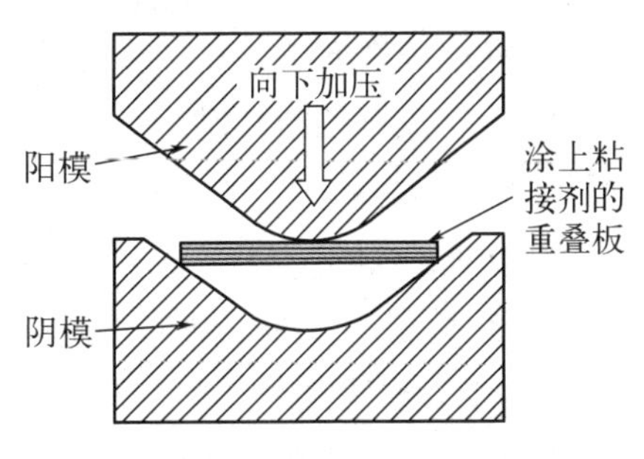

图 6-19 集成材压模

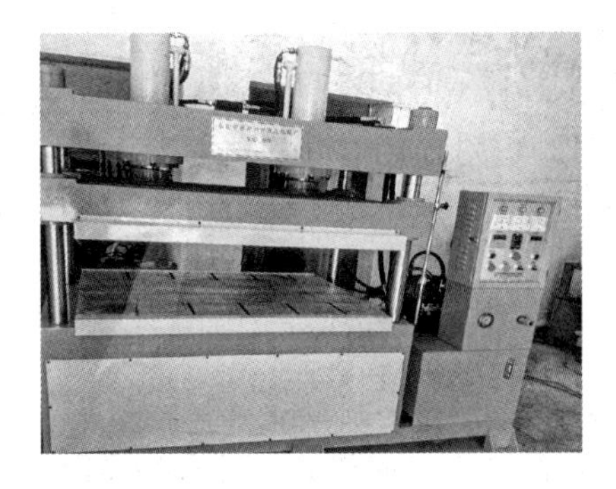

图 6-20 成型夹板热压机

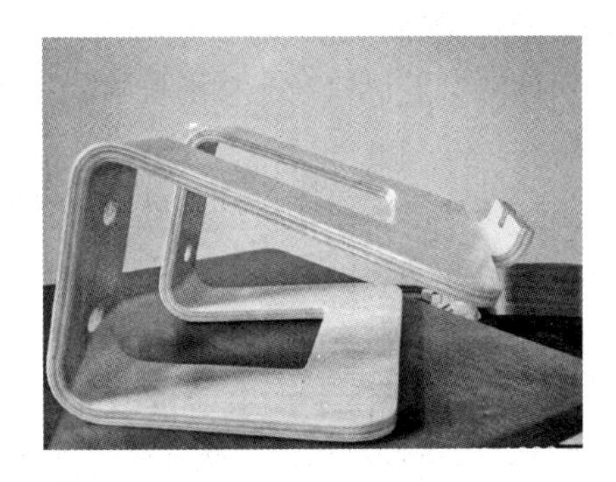

图 6-21 成型夹板制品

曲面夹板的弯曲半径可以接近夹板的厚度，不仅可以造二次曲面，三次曲面也可能成型。在大量加工时使用模具，而在少量加工时可以把几块夹板叠后竖起来在断口之处加压成型。

夹板的用途：60% 用于建筑工程中，绝大部分是作为内、外装修用（作面材或复面板），但是也可作为结构用材（图 6-22），用于一些民用住宅或制成预制材。由于夹板可以制成多种规格，而且其强度易于标准化，因此作为工业用材受到人们的重视。

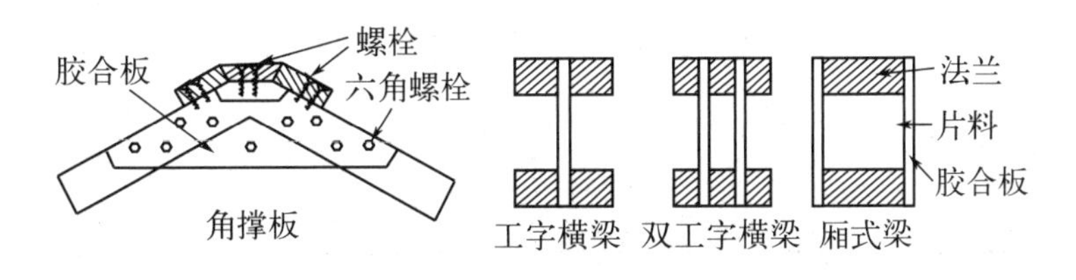

图 6-22 夹板用作结构用材

（3）纤维板

纤维板是把木材分解为纤维，然后再用苯酚树脂、尿素树脂、密胺树脂等把纤维结合而成的木质材。

纤维板的制造方法有湿式与干式两种。湿法是把粘接剂加到已纤维化的浆液中，然后把浆流到金属网上脱水成型。干法是不用水把木材纤维化，加入粘接剂后待其干燥成型后再热压加工。成型后的纤维板按其密度可以分为软质、半硬质、硬质纤维板，用于建筑工程作内外装修材，做家具、汽车内部用的木制品等。纤维板这样的木质材具有如下特点：

① 纤维板是均质材料，而夹板具有方向性；

② 纤维板制造时其制约条件较夹板小，仅受加工压力的制约；

③ 在加工或使用过程中，纤维板不会发生开裂；

④ 容易进行切断、开孔、弯曲（图 6-23）、敲钉、涂装及粘接加工；

⑤ 在制作纤维板时能够进行耐水、耐湿、防燃、防虫等药品处理；

⑥ 绝热、隔音性好，特别是软质纤维板性能更佳；

⑦ 平衡含水率比木材低，硬质纤维板为一般木材的一半；

⑧ 吸湿、吸水性小，特别是硬质纤维板；

⑨ 容易进行模压、穿孔等成型加工（图 6-24）。

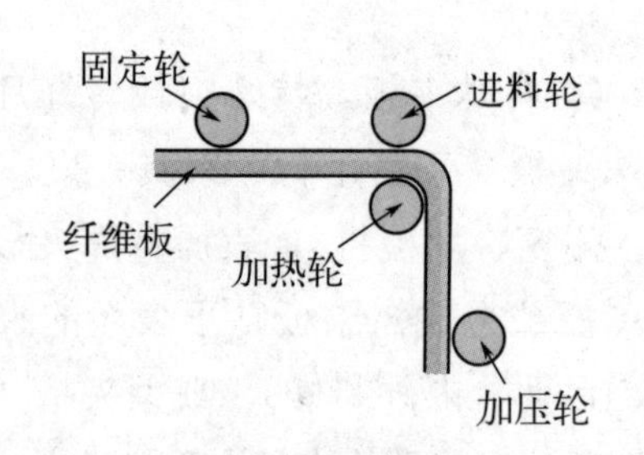

图 6-23 制作弯曲纤维板

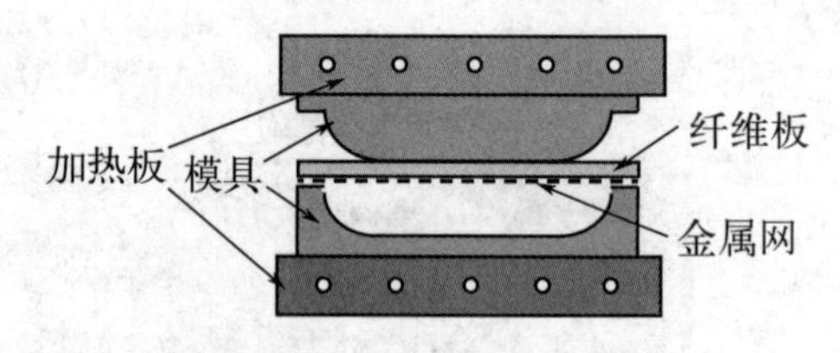

图 6-24 压力成型纤维板

纤维板中也有已进行阻燃加工、防腐处理、表面涂装、表面覆盖、开孔、穿透、曲面成型的二次加工品。

上述夹板和纤维板端面的连接及弯曲方法见图 6-25。

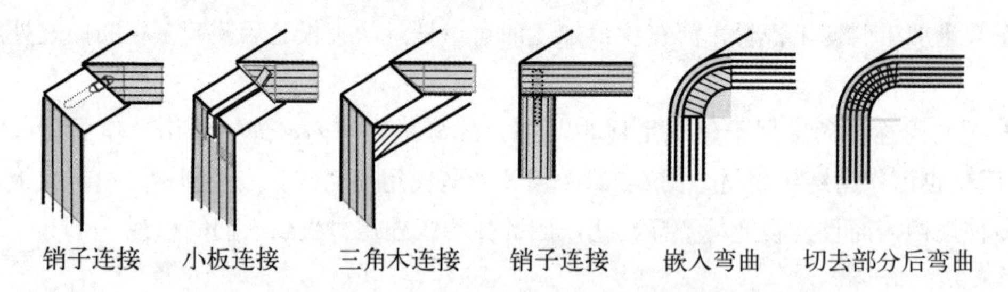

图 6-25 夹板、纤维板的端面连接与弯曲

各种加工板的用途与性能见表 6-4。

表 6-4 加工板的种类、用途与性能

种类	用途	厚度 /mm	性能
削片板	家具，建筑，家电制品，乐器，缝纫机台，乒乓桌，造船，门窗	6，8，10，12，15，17，20，25，30，35	因温湿度而引起的变形小。为防止吸湿及增加美观性，其断口处要加以处理
软质纤维板	建筑用	9，12，15，18，20，25	绝热性、隔音性好。密度在 0.4kg/m³ 以下
半硬质纤维板	建筑用，装修用，家具	6，9	有良好的加工性，表面性能也较好。密度 0.4～0.8kg/m³
硬质纤维板	建筑的内外装修，汽车内装修的底材，电视机，立体声音箱，其他	2.5，3.5，5.0，6.5	表面光滑，有良好的耐热、耐水、耐湿性。容易进行弯曲、穿孔加工。密度在 0.8kg/m³ 以上

（4）削片板

把木材破碎成小片，干燥后在其上涂上粘接剂（尿素树脂、密胺树脂、苯酚树脂等），按成品的尺寸和厚度，把小片均匀分布堆积，成型后用热压机进行多段或连续热压，最后进行研磨与裁截加工。

削片板按结构可分为单层、三层、多层，按密度可分为轻型（0.3kg/m^3 以下）、中型（0.4～0.8kg/m^3）与硬质型（0.8～1.05kg/m^3）。因为削片板的表面粗糙，一般用作芯材、底材为宜。削片板有如下特点：

① 方向性小，但在厚度方向的膨胀率高；

② 根据不同的制法有所不同，但可在其上覆上单板再制成不同的尺寸供使用；

③ 虽然强度不高，但不会像木材那样因含水率而引起强度变化；

④ 耐水性、耐天气变化性不太好；

⑤ 有良好的隔音性，适于作音响设备的音箱材料；

⑥ 从 3～6mm 的薄形到超过 100mm 的厚形制品以及长尺寸的制品都可以制作；

⑦ 能够用削片板制作经难燃加工、防腐处理及表面覆板的二次加工品。

削片板的表面通常贴上苯酚树脂覆面板，而在反面可以贴上质量差些的衬底板。覆好底及面的削片板可以用于家用柜、桌面、床、音箱、缝纫机台板、图板、黑板、乒乓球桌等以及作地板、墙壁、门窗等底材。

在制作家具用时必须特别注意端面的处理及连接（图 6-26）。连接的方法可以使用二块相接、三块相接或搭接，但应以暗销连接为主，也可以使用紧固件连接（图 6-27）。

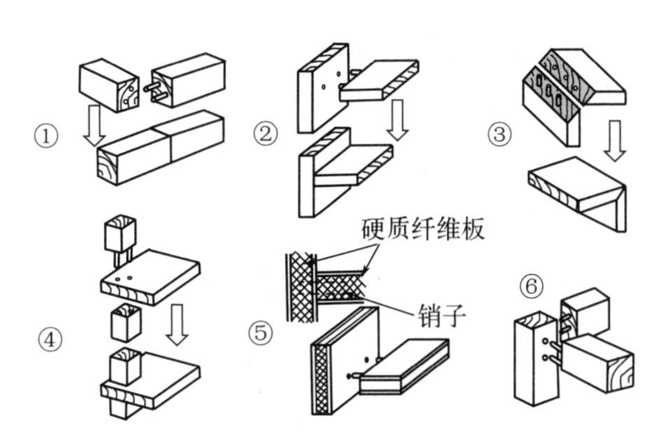

图 6-26 各种销子的连接方法

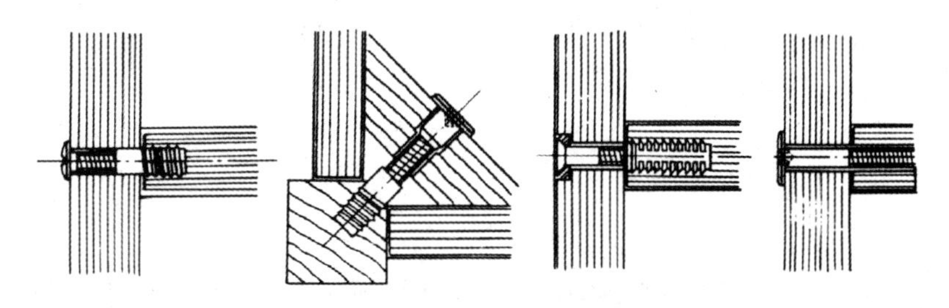

图 6-27 使用紧固件连接图例

（5）固化拼板

把多块同色的小幅板嵌合成一定大小的平板（图 6-28），可用于做台面、茶几、办公桌等，有稳重的感觉。

（6）框组合板

使用顺木理的木方拼成方框，在框的内侧开沟，镶入木板或夹板就成为框组合板（图6-29），按组合板的大小在中间加横撑以增加强度，外观较为粗糙难看，但是较轻且有一定强度。

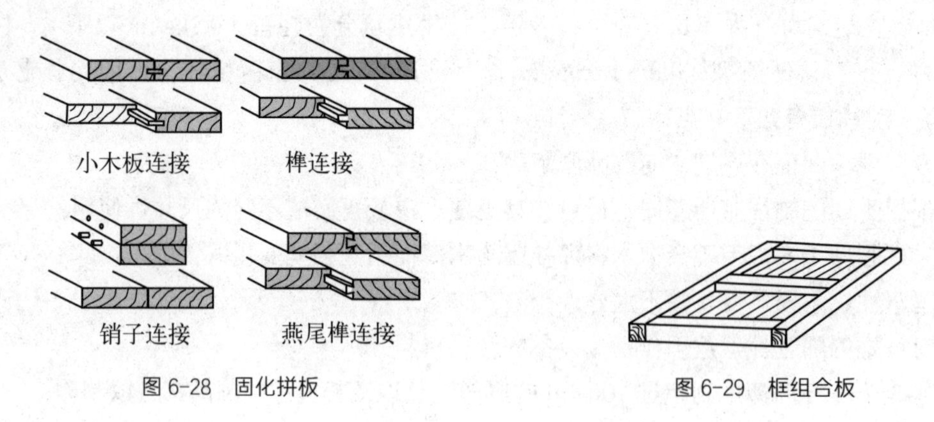

图 6-28 固化拼板

图 6-29 框组合板

（7）加芯夹板

这是一种复合板，心材可以是单一的木板，或者是拼接板、胶合板、削片板、其他夹板等（图6-30）。这种板尺寸精度高，有一定强度，适于制作音箱、大衣柜、喇叭箱、桌面板或室内装修用厚板。

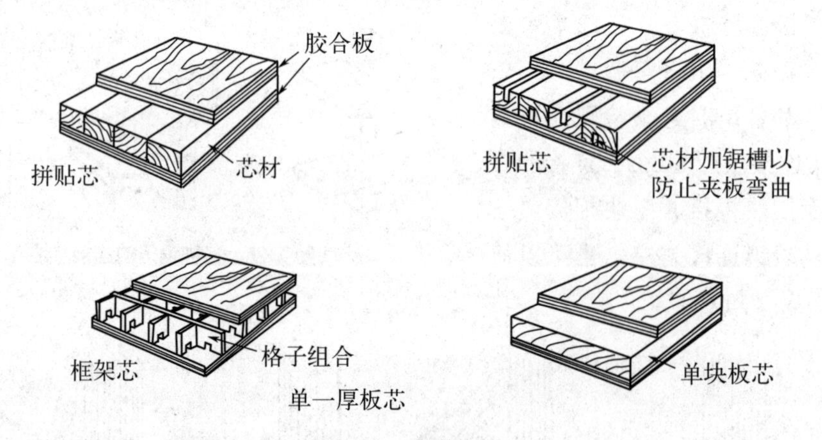

图 6-30 加芯夹板

（8）空心夹板

用方材制成木框，然后在两面贴上夹板成为中空板，这样的空心夹板较轻而且也有一定强度（图6-31）。制作空心夹板时，按照所需要的厚度选取厚板或稍厚的板，首先用双面自动刨板机（图6-32）刨成合尺寸的厚板，再用排锯机（图6-33）裁成小方材，然后在精刨机上刨光各面。把加工好的框材按所需的长度用横锯机（图6-34）截好后制成木框。制木框时可以用粘接或榫接，但在批量生产时用螺钉连接。

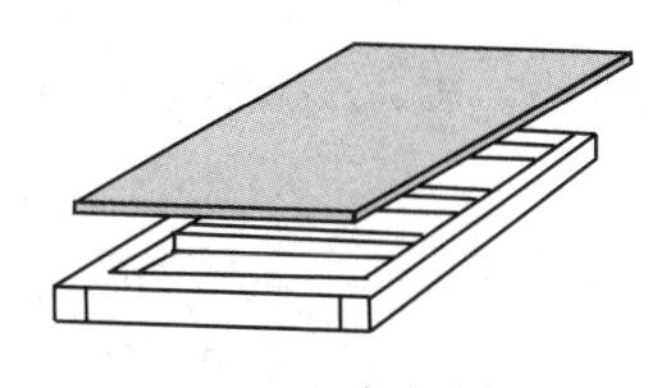

图 6-31 空心夹板

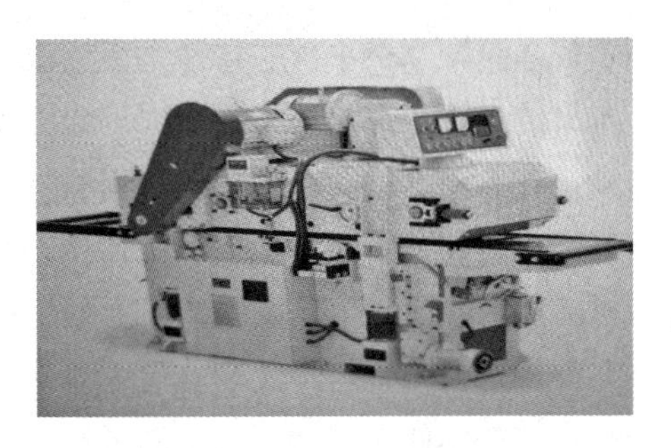

图 6-32 双面自动刨板机

图 6-33 排锯机

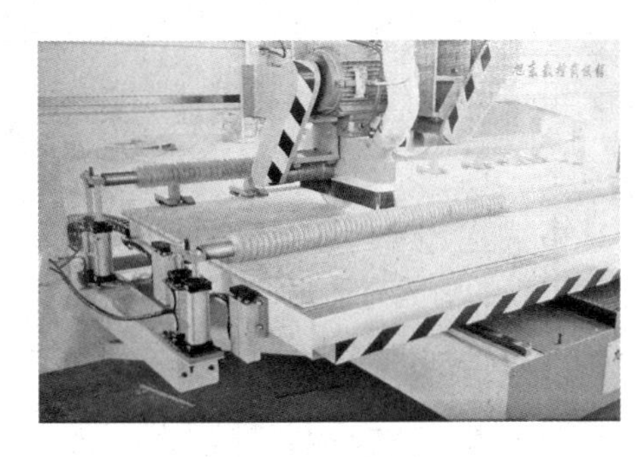

图 6-34 横锯机

木框制成后用自动上胶机在框的两面涂上粘接剂，然后在两面贴上夹板用压机（图6-35）压合。由于所用的粘接剂不同，也有用热压机进行热压粘接的。这样制成的空心夹板再由自动裁板机按所定的尺寸裁开成为制成品。木框的两面或者单面有时不用普通的夹板，而是用较好的贴面夹板，或者在用普通夹板制成的空心夹板上再贴上苯酚树脂装饰板等树脂板，也可贴上其他木板。空心夹板的四周通常使用与夹板相同材质的材料，但也可使用金属或塑料制成的边角材。

图 6-35 空心夹板生产线

6.4.2 木材的连接

木材的连接有多种形式，有直接把木材加工后的榫接，有使用连接铁件的机械式接合，有用粘接剂的连接等。还有同时使用以上方法的连接。在设计时要充分考虑连接的方法。

（1）接头与接合口

在建筑方面，木材接头的重要性不言而喻，即使是在做家具时也不能忽略木材之间的连接方法。依靠木材的可靠连接才能保持制品有强度及成为一体。木材之所以被称为构造材，不仅是因为木材本身的特性，而且也是因为木材有多种加工方法。

木材的连接中有接头与接合口。接头是指木材间沿轴向的连接，除了在建筑中使用的接头外，在家具木材的接头中还采用斜接与组指式接头、开孔销接等。接合口是木材的一端与另一木材的端头以某角度交叉相接，有平榫接、开孔接、组合榫接等多种方法。框材与板材的接合即使有不同，但原理上是相同的。

在榫接的情况下，榫及榫孔可以分别用不同的专用机械加工。在大量生产时，西欧常用开孔销接法，此法相当普及。销子所使用的木材比接合部木材稍硬即可。开孔销接的方法不仅可在直材构成时使用，在曲材构成、夹板、组合板类的连接中也同样适用。

（2）连接用的金属零件

木工所用的连接用金属零件，最普通的有铁钉、螺栓、螺母等，还有各种不同用途的铰链。

在木制品中除了连接用的金属零件外还有许多品种的金属零件，各有不同的用途，深入理解它们的功能有助于提高木制品设计的能力。

（3）粘接剂

用粘接剂连接木材，材质手感不同的情况非常少，而且很快就能完成粘接操作。把粘接剂涂于粘接面，粘接剂渗入木材面，粘接剂流动，最后接合固化就完成操作。木材的粘接，受木材树种、心材还是边材、木纹方向、木材含水率、表面的粗糙程度及所施压力的影响。粘接剂中有树胶、干酪素、豆胶、漆等自古以来就一直使用的天然黏合剂与热可塑树脂、热硬化性树脂、合成橡胶等合成树脂，根据用途可作必要的选择。主要树种的粘接性及其他性能见表 6-5。

表 6-5 主要树种的性能

树种	保存性			加工性	粘接性
	耐久性	耐水性	耐磨性		
扁柏	强	强	中	容易	容易
杉木	中	中	弱	容易	容易
红松	弱	强	中	中等	稍难
落叶松	中	强	中	中等	稍难
山毛榉	弱	弱	强	中等	容易

硬木材与软木材粘接的效果有差异。密度大的粘接后的强度也大，但因树种的不同也有较大的差异。

粘接材料的发展促进了新加工方法的产生，不同材料的粘接也变得容易，于是有可能出现新的设计。

表 6-6 列出适用于木材与不同材料粘接所使用的各种粘接剂。

表 6-6 木材与不同材料的粘接

使用的粘接剂	纸	纤维	软质木料	硬质木料	苯乙烯	丙烯	聚丙烯	聚碳酸酯	密胺	聚酯	发泡苯乙烯	发泡聚氨酯	玻璃、陶瓷
醋酸乳剂	○	○	○	○							○	○	○
醋酸溶剂	○	○									○	○	○
醋酸共聚物				○	○				○		○	○	
醋酸、盐酸共聚乳剂			○	○									
聚链烯	○												
环氧树脂	○	○				○		○	○	○		○	○
尿素树脂									○				
苯酚树脂													
密胺树脂													
间苯二酚树脂													
热硬化性树脂													
氯丁二烯				○					○			○	
合成橡胶	○				○	○	○	○		○	○	○	○
丙烯	○	○									○		
丁腈橡胶	○	○				○			○				
聚氨酯		○								○		○	

注：符号○表示适合使用。

6.4.3 油漆

在家具外贴上装饰树脂板的情况除外，木工的最后一道工序是油漆，油漆的目的是：

① 覆盖木制品表面的伤痕；

② 使加工品的外观漂亮；

③ 防止制品变形、风化及防肮脏；

④ 防止发霉和腐朽。

在进行油漆之前，先以带状打磨机使用研磨材（表 6-7）进行底材的磨光。底材表面是否磨得好决定了油漆工序的好坏。在木材着色中若使用染色剂，既简单又均匀，性能也较好。

表 6-7 木料研磨材规格选择

研磨工序		所用研磨材规格
底材磨光	普通木料	60～180 目
	软质木料	80～180 目
	硬质木料	120～240 目
底层、中层漆膜磨光		240～320 目
上层漆膜磨光		320～800 目
上层上光漆膜磨光		800 目及以上

注：本表所列研磨材规格供参考。

填料有水性、油性、碱性、胶性等种类。用刮刀、硬毛刷、喷枪把水性填料或油性填料涂于制品表面，干了以后用布揩擦。上底漆一方面是填平木制品上的树脂眼，另一方面是让漆渗透木材的表面，使二度漆及表面漆均匀并有较强的附着性。底漆用木材保护漆或打磨漆。

打磨漆原来是作为二度漆用的，目的之一是去除因打光研磨所产生的起毛。必须注意若漆涂得过厚会因脆性而引起裂纹和剥落。

油漆工序中最后一步是上表面漆，上表面漆是使表面光滑、油漆膜均匀的重要操作，必须要特别仔细留神。把稀薄的涂料薄薄地均匀涂布，干后用 400 号的砂纸轻轻打磨，使表面平整。在吹去表面的磨尘后，再反复涂布数次，最后涂上抛光剂，用毡磨光至镜面状。

如要消去光泽，可用钢丝团或耐水砂纸研磨油漆面，使表面形成喷砂处理的样子，或者用表面去光涂料完成最后的表面涂漆操作。

6.4.4 木材家具制品

家具可以分为有脚的（如桌、凳、椅子）及箱形的（如橱、柜、箱）两大类。所谓家具设计中的造型就是考虑家具的结构，其结构决定了家具的基本形态，不管是有脚的还是箱形的家具皆是如此。

构造材可选柱材、板材或者是二者皆用。板材中包含夹板、拼板、空心板等。图 6-36 为板结构储存柜。构造材也可以使用性质与木材不同的金属、玻璃、塑料等作为其中的一部分，但是要充分考虑这些材料与木材的连接方法及材质的相配等问题。

木制立柜分解图见图 6-37。木材各部分名称及木材榫卯连接见图 6-38、图 6-39。

图 6-36 板结构储存柜

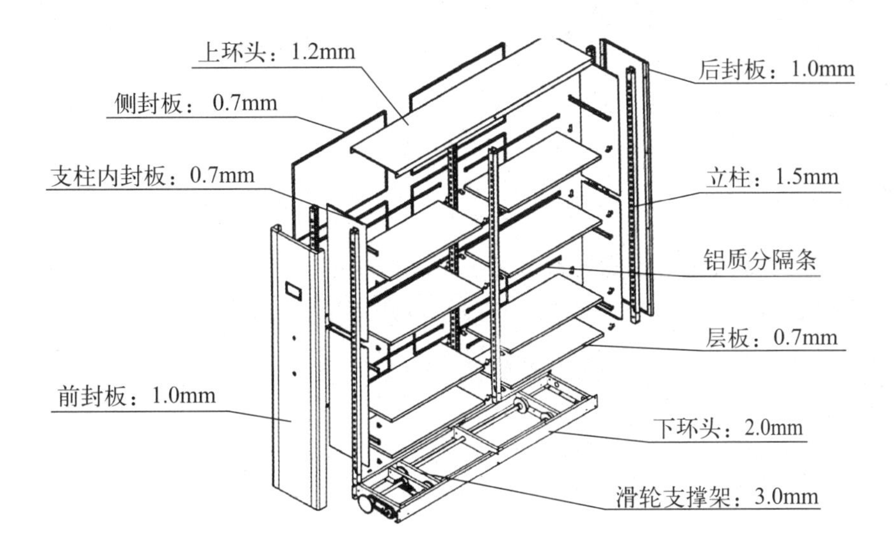

图 6-37 木制立柜分解图

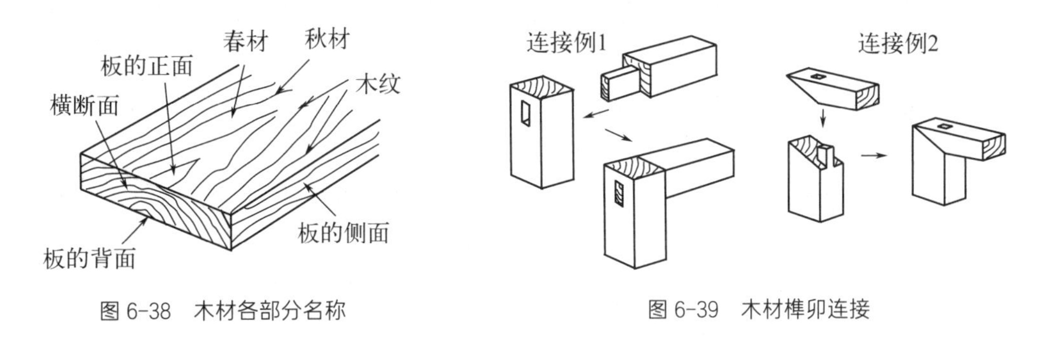

图 6-38 木材各部分名称

图 6-39 木材榫卯连接

根据家具的不同用途，对强度虽有不同的要求，但是在设计中必须考虑机械和结构方面的强度以及家具的功能和生产率。因为家具是我们日常生活中接触最多的物品，所以必须在设计中有效地运用人体工学方面的数据。在设计贮物用家具时，还要考虑所要贮藏物品的形状、物性和尺寸等。

组合家具（图 6-40）可以贮物，也可以作房间分隔用，桌子、台子等也有组合式的和单元家具（图 6-41）。柜（带抽屉、带门）的单元及其组合也是设计的课题之一。

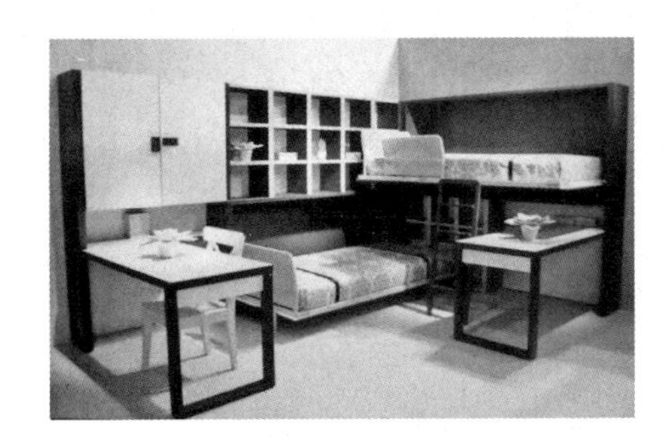

图 6-40 组合家具

图 6-41 单元家具

在家具设计中为了有效利用空间和便于收纳，家具可以设计为可叠放的、折叠式、可拆卸式等。

研究与思考

① 设计一张可调整高度的课桌以适合不同身高学生使用。
② 详细了解两例家用木制立柜中使用金属材料的部位，评价这些部位的牢固度。
③ 举例说明你所了解的提高木材耐用性的方法。

第 7 章 纸、纤维、皮革、橡胶

7.1 纸

7.1.1 纸材概述

纸的历史悠久，造纸术是中国古代四大发明之一。根据考古人员对发掘文物的考证，中国西汉时期已经出现了纸，到了东汉，蔡伦在总结前人经验的基础上改进造纸术，制造出质量更好的纸，被称为蔡侯纸。

中国造纸术最早是在汉字文化圈传播，向东传至朝鲜、日本，后来再向西经阿拉伯传至欧洲。

纸本来是作书写文字、传递信息之用，但时至今日纸的用途已大为扩展，作为日用品及立体造型材料而被广泛使用，纸制品的种类不断增加，如按其用途分，有包装纸、纸袋（工业用及商业用纸袋）、纸箱、办公用纸制品、学生用纸制品及家庭用纸制品等，见图7-1～图7-5。

图7-1　A4规格打印纸

图7-2　各式纸盒、纸袋

图7-3　各式纸制品

图7-4　儿童折纸

图7-5　收纳用纸箱

7.1.2 纸的种类与性质

（1）种类

根据纸的原料、制造方法及其用途，纸有很多种类，大体可以分为手抄纸和机械纸两类，机械纸中有纸和纸板之分。纸、纸板的品种分类见表 7-1。

表 7-1　纸、纸板的品种分类

类别	品种				特性或用途
纸	报纸卷筒纸				机械纸浆、含有旧纸浆的卷筒纸，用于印刷报纸
	印刷纸	非涂料纸	高级印刷纸	印刷用纸 A	是印刷用纸的代表品种
				其他印刷用纸	使用 100% 化学浆，用于印刷书籍、词典、地图等
				笔记、画图用纸	使用 100% 化学浆，用于笔记及画图
			中级印刷纸	印刷用纸 B（半优质纸）	使用 90% 以上化学浆，其白色度 75% 左右
				印刷用纸 B（次半优质纸）	使用 70% 以上化学浆，其白色度 70% 左右
				印刷用纸 C	使用 40% 以上化学浆，其白色度 65% 左右
				凹版纸	含有机械纸浆，用于制作超级日历
			低级印刷纸	印刷用纸 D	使用不足 40% 化学浆，其白色度 55% 左右
				印刷纸片	使用 100% 旧纸浆的特殊纸，主要用于漫画杂志
			薄片印刷纸	印度纸	使用麻及木棉浆及化学浆，极薄且极不透明
				打字和复印用纸	使用化学浆，40g/m^2 以下紧密的纸
				其他	上述以外 40g/m^2 以下紧密的纸 碳纸原纸、转印纸等
		微涂料纸	微涂料纸 1		在 1m^2 面积的两面纸面涂布 12g 以下涂料，白色度 74%～79% 左右
			微涂料纸 2		在 1m^2 面积的两面纸面涂布 12g 以下涂料，白色度 73% 以下
		涂料纸	普通美术纸		1m^2 面积的两面纸面涂布 40g 涂料
			美术纸	上等美术纸	1m^2 面积的两面纸面涂布 20g 左右涂料。使用上等纸
				中等美术纸	1m^2 面积的两面纸面涂布 20g 左右涂料。使用中等纸
			轻量美术纸	上等轻量美术纸	1m^2 面积的两面纸面涂布 15g 左右涂料。使用上等纸
				中等轻量美术纸	1m^2 面积的两面纸面涂布 15g 左右涂料。使用中等纸
			其他涂料纸	配码纸	比美术纸更有光泽，平滑性优良的印刷用纸
				压花纸	加工成呈梨皮斑、布纹、丝纹状的高级印刷用纸
				其他	用于艺术外包装、装饰纸、纯白卷筒纸、明信片、纸卡片、商业印刷、高级包装等
		特殊纸	上等色		使用 100% 化学浆的颜色纸
			其他	邮局明信片	邮局发行的明信片、贺年卡
				其他	用于印花、手印、证券、制图等特殊用途

续表

类别	品种					特性或用途
纸	情报用纸	复写纸	无碳复写纸			用于复写
			衬里碳复写纸			用于复写
			其他			净碳复写纸
		感光纸				含碳感光纸
		表格用纸				用于计算机打印输出
		PPC 用纸				用于普通纸复写机（PPC）
		情报记录纸	热敏纸			用于传真机输出
			其他记录纸			上述之外的静电记录纸、手书写纸、喷墨纸等
		其他情报用纸				OCR 用纸、磁力记录纸等为主，用于输入
	包装用纸	未经晒	重型牛皮纸			用于制作装载水泥、肥料、麦、米等的大型纸袋
			其他牛皮纸	一般牛皮纸		用于制作小型包装袋及其他加工用
				特殊牛皮纸		制作手提纸袋及大小信封
			其他未晒包装纸	加筋牛皮纸		加入了筋样的薄型牛皮纸
				单面光滑牛皮纸		以单面光滑牛皮纸制成，用于墙壁等装饰
				其他未晒包装纸		除上述以外的普通包装用，如加工用保鲜纸
		经晒	纯白卷筒纸			用机器制的单面光泽纸，用于制作包装纸、小纸袋
			经晒干牛皮纸	重型牛皮纸		用于在长网造纸机制作手提袋、纸质文件袋
				单面光滑牛皮纸		用于机制手提袋、小纸袋
			其他经晒包装纸	薄型仿造纸		用于机器制作双面光泽的薄纸
				其他经晒包装纸		除上述以外的纯白包装纸、有色牛皮纸
	卫生用纸	纸巾				吸水性强的卫生纸，重量标准为 $13g/m^2$
		厕所用纸				使用纸浆或高级废纸料，制成卷筒状，重量标准为 $20g/m^2$
		毛巾纸				用于厕所或厨房，扁平状或卷筒形
		其他				除上述卫生用纸以外，牛皮纸、生理用纸、尿布、擦桌用纸、装饰纸等
	杂纸	工业用	加工纸	建筑用纸	装饰板纸	家具、墙壁材料、印刷胶合板用纸
					墙纸	墙纸用原纸，包括衬底纸
				叠层板纸		使用酚醛树脂浸渍处理的叠层板用纸
				粘接用纸		粘接、剥离用的底纸、工程纸
				食品容器纸		用于制作纸杯、纸盘、小型液体容器的纸
				涂料印刷用纸		向厂家出售的涂料印刷用纸
				其他		施加涂布、浸液加工的纸，如硫酸纸
		家庭用	书法用纸			书法练习用纸、书法稿纸、宣纸
			其他家用杂纸			纸绳、窗户纸、屏障用纸、雨伞纸、茶袋、纸袋

续表

类别	品种				特性或用途
纸板	纸箱板	带内芯纸板	室外用	牛皮纸质	用牛皮纸纤维原料制成，用于纸箱内外，室外用纸箱
				表面喷涂纸	表层为牛皮纸浆，中间层和里层用旧纸作原料，室外用纸箱，可卷取
			室内用		以旧纸为原料，作为室内用纸箱，中间可分隔
			纸浆芯		以纸浆为主要原料，用于座椅等，可以卷取
			特制		以旧纸为原料，其他同上
	纸器具用纸板	白纸板	印刷用（涂漆、不涂漆）		面层为晒浆，中层、里层为纸浆与旧纸浆混合制成
			文具用（涂漆、不涂漆）		面层为晒浆，中层、里层为纸浆与旧纸浆混合，较厚
		黄板纸			用稻草、旧纸为原料制成的纸板，呈黄土色
		箱板纸			用旧纸为原料制成的纸板，较坚固，可用于制作外包装箱
		色板纸			用旧纸为原料制成的纸板，使用涂料进行着色
	其他纸板	建材纸	沥青防水纸板		用旧纸、碎纤维为原料，浸入沥青制成
			石膏板纸		用旧纸为原料，将具耐火性墙壁材料石膏涂于两面
		纸管纸			用旧纸为原料制成的纸筒，除作为装物的纸筒外，还用作纸卷或布料之卷芯
		瓦楞纸			用旧纸为原料制成，作纸板包装之用
		其他板纸			上述各种以外的衬垫纸板、绝缘纸板、隔音纸板等

从报纸、印刷用纸、图画纸、笔记用纸到日用品中的纸，纸有各式各样的种类。包装用纸中有工业纸袋的牛皮纸、单面光泽的包装纸、用于小包装的卷筒纸等。

通常我们把厚而硬的纸称作纸板。纸板中的箱板纸及瓦楞纸均占总产量的22.3%，白纸板占11.9%（2020年统计数）。白纸板外观漂亮，适于印刷及制作请柬等，并常用来制作食品、化妆品的纸盒。其他还有黄纸板、片纸板以及建材用纸板等。

在造纸原料中使用聚苯乙烯、聚乙烯等制成的纸称为合成纸，它具有纸的性质，但它比纸牢固，有较好的耐水性且适于印刷，它没有吸湿性。

（2）性质

通常纸有如下性质：容易加工、容易着色印刷、不同质地的品种多、用途广、柔软、富有弹性、价格便宜、容易买到，但纸易燃、不耐水、耐久性差、容易弄脏等。纸之所以在我们的日常生活中被广泛应用，正是因为纸具有这些性质。

7.1.3 纸的加工与设计

（1）纸的加工

在纸上涂上涂料制成上光纸，而在纸或纸板上贴上铝箔或塑料胶片则制成复合纸。造型面上的加工方法中，有在表面上加筋、加凹凸、镶嵌等以及把纸折、弯、贴、切等变形加工，还有在纸的表面进行油漆、印刷等表面处理。在加工时要注意纸的正反面及横直两方向的不同。

（2）波纹芯纸板箱

波纹芯纸板箱因可作为木箱的代用品而使用量剧增。这种纸箱在保存装载品及运输时能对装载物品起到保护的作用。因此，叠放时对箱体有强度及耐冲击的要求，这些都与所选纸板的强度、波纹芯的波形、箱的形状等有关系。还可将箱子原封不动地放于商店店堂中，起着陈列及广告造型作用。随着纸箱用途的扩展，正在开发防湿的、防水的及复塑强化的各种波纹芯纸箱。

波纹芯纸板箱是由平纸板和波纹芯贴合而成的，因此有单面的、双面的及多层双面的形式（图 7-6～图 7-8）。

图 7-6 纸板箱

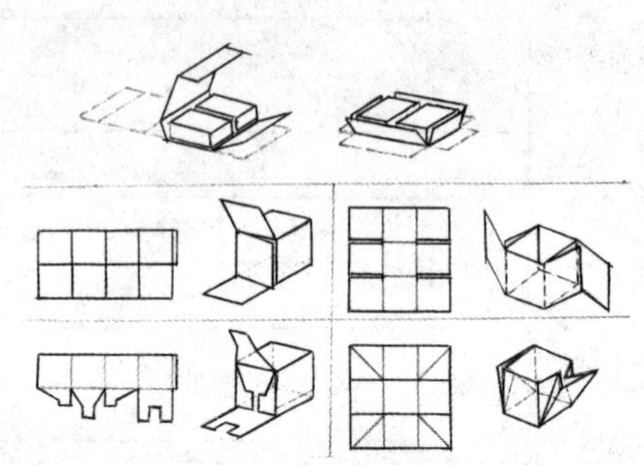

图 7-7 纸板箱的基本结构

图 7-8 全自动粘箱机

（3）纸器具

纸器具有许多分类的方法。折叠箱是把印刷纸板冲切然后粘贴而成的。粘贴好后折成平面状送到包装工厂或者是冲裁好后直接送工厂。而构造式纸箱是指基本上不用粘接的纸器具。贴面箱是在厚纸板上贴纸或布后制成的，较普通纸箱显得高一等。其他的纸器具还有液体容器、纸管、纸杯等（图 7-9～图 7-12）。

设计完成之后，经过印刷、冲裁、组合就制成纸器具。在冲裁前后也有进行复贴面的情况。在冲裁时，也有在折入的部分加上格子，在组合工序时把制品包装在内的情况。

在设计时，必须在充分了解纸的种类和性质，切、折、贴、插入、组合等基本方法，以及纸器具的基本构造的基础上来考虑纸器具对制品的保护性，纸器具的功能性、加工性、经济性、商品性及广告展示效果等。

图 7-9 纸筒

图 7-10 纸质餐具

图 7-11 纸质收纳盒

图 7-12 纸质收纳箱

7.2 纤维

7.2.1 纤维概述

据说纤维的发现是在旧石器时代。自那以后，各国开始利用和开发纤维及研究其加工技术直至今天。纤维制品以衣服为中心，还涉及室内用品，床上用品，火车、汽车的内装饰，街上的装饰，建筑物的部分构成等，得到了广泛应用。

纤维产业的历史也就是现代工业化的历史。18 世纪下半叶在英国开始的产业革命的开端就是纤维工业机械化。

7.2.2 纤维的种类与性质

纤维被定义为天然的或人工合成的细丝状物质，是线和织物的构成单位。不同的纤维直径均较小，但是都具有充分的长度，且容易弯曲。

纤维中可区分为天然纤维与化学纤维。开发化学纤维的日子并不算长，但随着新生产技术的应用，不但其产品质量得到提高，并且不断开发出新的用途。

纤维因其原料和制造方法的不同而不同，但都富有弹性，有较强的抗拉性，通常是电的不良导体而且具有透气性、吸湿性和吸水性。

（1）天然纤维

棉的种类有 40 余种，柔软但又结实，使用其制品令人十分舒适。麻的种类也有数十种，它取自植物的枝、干、叶。天然纤维有柔软的手感，有良好的散热性、独特的光泽。天然纤维除了用于制衣服外，还可制作台布、椅套等。而丝因具有漂亮的光泽及良好的手感而显得高贵，其他纤维难以与其相比。羊毛则不易折皱且具有较好的保温性，可用于制作衣服和褥垫。

（2）化学纤维

化学纤维的发展始于研究人造丝（公元1880～1920年左右）以及开发尼龙之时（1935年）。

再生纤维通常称为人造丝或人造纤维，它是把纤维素及蛋白质等天然高分子用化学反应来溶解，然后再形成纤维，它具有与植物纤维相同的性质。

半合成纤维是用纤维素的醋酸化合物制成的。而合成纤维则是用化学方法合成高分子材料，再制成纤维的形状。化学纤维中，尼龙富有弹性，有光泽，是最结实的纤维之一；聚酯非常牢，不会起皱，不会变形，与其他纤维也能较好混合；丙烯容易伸长并能比较好地弹性复原，保温性好，容易染色，耐酸、碱等。

纤维分类详见图7-13。

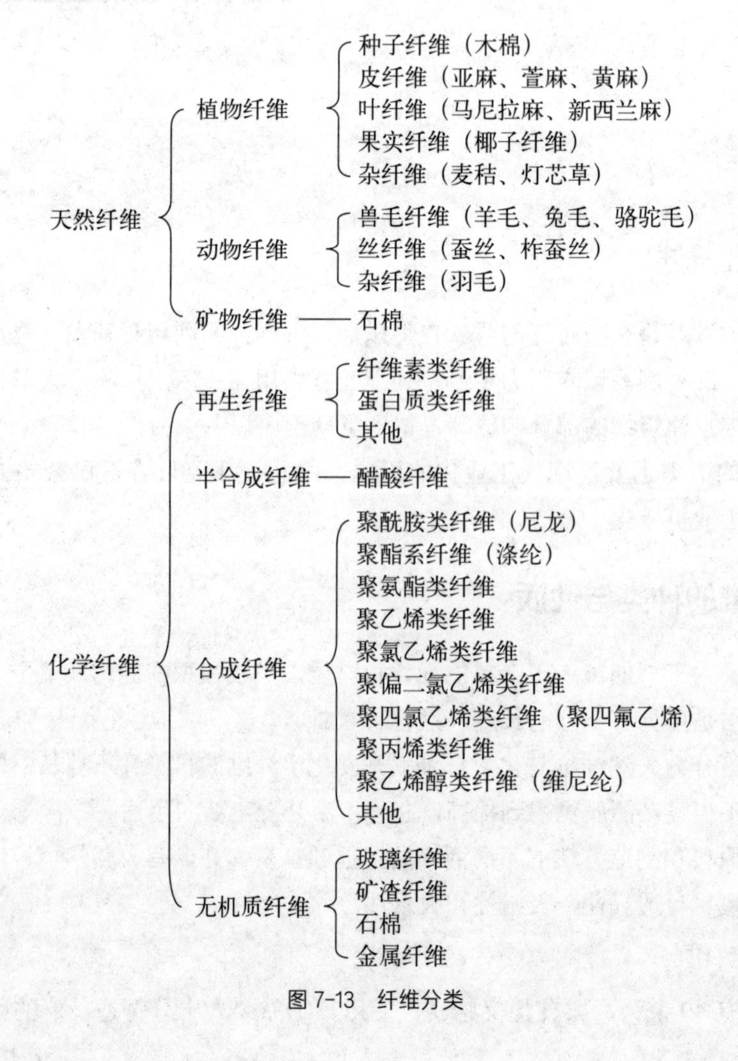

图7-13 纤维分类

7.2.3 从线到布

（1）丝线

丝线有各式各样的分类法。

从纤维的状态来看，有像生丝、合成纤维那样的具有长纤维的丝线，也有将棉、麻那样的短纤维搓制而成的丝线。我们把连接短纤维的搓合操作称为纺织。

丝线也可以根据原料来分类，把两种以上的纤维混合起来纺制成的线称为混纺线。而根据丝线的用途可以把丝线分类为纺织丝、编织线、缝制线。

丝线粗细的表示方法有几种，常用的有两种。

① 公制支数（Metric count）。定义为：在公定回潮率下，1g 重纤维或纱线的长度（m）。公制支数越大纱线越细。书写方法：数字 / 股数，如：32/3。

② 旦尼尔（Denier），简称旦（D）。定义为：在公定回潮率下，9000m 长的纤维的质量克数。旦尼尔虽然不是公制单位，但最常用。书写方法：（数字 +D）× 股数，如：21D×2。

现在为了统一标准，国际上以 1km 长度丝线的克数来表示，称为支纱数。

丝线整理：

① 清除原料中的杂乱纤维；

② 拉伸呈卷缩状的纤维使其呈平行状态；

③ 把平行状的纤维制成带状；

④ 按同样的粗细将纤维拉伸，通常利用纤维送入口滚轮的快速旋转来实现拉伸，并按所需的粗细搓制成线。

搓线：

丝线经搓制后其物理性能有所提高。搓的方向有向右搓（s 搓）和向左搓（z 搓）两种。丝棉的强度与搓捻数（单位长度的搓捻数）和丝线的粗细有关，两根丝线搓捻后其强度可达原来的 3 倍左右。

（2）布

所谓布就是片状的纤维制品，布有纺织布、编织布及无织布。

纺织布可以定义为用经线和纬线织成的布，其种类及分类方法各种各样，有根据原料纤维来分类的，有根据布的组织来分类的，也有根据布的用途或布的染色加工方法来分类的。

编织物通常是根据编织的方法来分类的，可以分为横编和直编，横编是用一根丝线向横编织，再在直方向上连结起来，直编是按直方向编织，再把它们横向连结起来（图 7-14）。

无织布是把不呈线状的纤维用粘接等方法使其成为布状，用作工业材料、服装的衬里。以羊毛作原料的无织布叫作毡（图 7-15）。

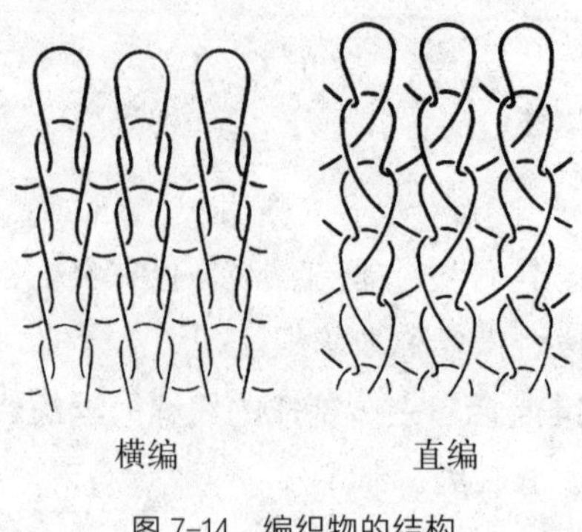

图 7-14 编织物的结构

图 7-15 毡

其他的还有透孔织物、勾织物、网等。

（3）染

所谓染色加工包括去除布中的不纯物的精炼、漂白、单色浸染、花样染色，以及为了提高制品功能的整理加工。所谓浸染是把丝线或织物浸入染料溶液中染成同一颜色的染色方法。花样染色中有直接花样染、麻花染、遮染、印模染等。从染色用机器来看，则有滚轮型、回转型、模纸等方法以及复印的方法。

图 7-16、图 7-17 为染色制品。

图 7-16 围巾

图 7-17 花布

7.2.4 纤维二次制品的设计

纤维一次制品是指用原料纤维制造的线、布等，纤维二次制品是指把纤维一次制品作为原料制成的最终用途制品。

纤维二次制品中以服装类占多数，其他的还有帽子类、鞋类、床上用品、室内装饰物、手提包等的附属品以及袋、毛巾、帘、伞等。

（1）纤维的特性

线和布具有柔软、温暖的手感，容易加工，表现手法丰富。在设计中必须注意，在选择布的平面花样时要考虑其光泽、色彩、手感等底质的特征以及纺织或编织的结构情况。在考虑立体时，要注意纤维的拉伸强度和延伸率、弹性和塑性、吸湿性、纺织和编织孔的阴影、装饰作用（如台布的裙边波形曲面）、在微风中的流动感等。

（2）窗帘和墙布

窗帘的作用是阻隔外面来的视线，同时也起着调节室温及吸音的作用，还可以作为室内分隔，改变室内环境气氛，窗帘还有较好的装饰作用（图 7-18）。墙布贴于墙壁和天花板上使房间更漂亮（图 7-19）。

图 7-18　窗帘

图 7-19　墙布

（3）地毯

地毯是铺在地板上的，可以防止弄脏地板，使地板稍软并起着改善视觉、保温、吸音的作用（图 7-20）。使用毯类用品时要注意防火。

（4）椅子套

选用椅套时必须注意其色彩和形式要与室内的环境气氛相配。厚实的织物色彩丰富，以其制作椅套具有较好的效果。使用编织布料制作椅套时，由于这种布料有较大的伸缩性，用于有曲线形状及有形状变化的椅子上则较为妥当（图 7-21）。

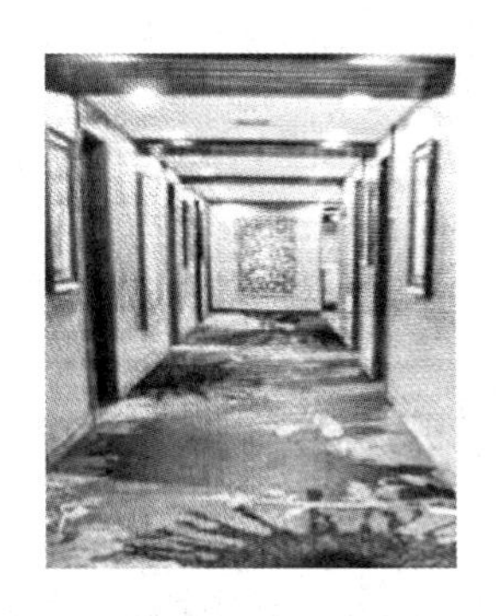

图 7-20　地毯

图 7-21　椅子套

图 7-22 为纤维制品的生产过程。

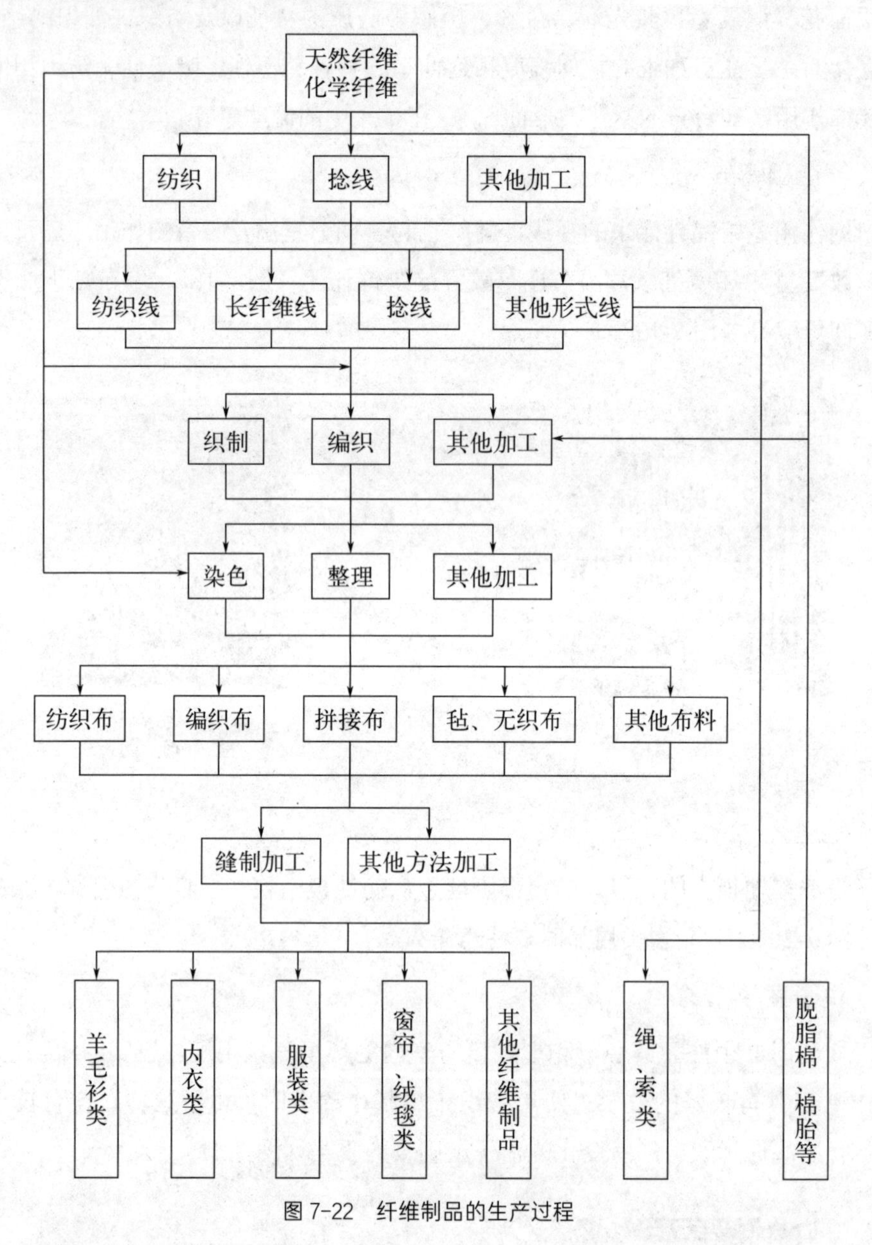

图 7-22 纤维制品的生产过程

7.3 皮革

7.3.1 皮革概述

自人类食用肉类开始，皮革就被用于我们的生活之中，皮革作为衣服、垫铺物、武器用具、乐器及日常生活用品等一直使用到现在。皮革中约有一半用于制鞋，约四分之一用作制手袋及皮箱，其余则用于制衣、运动用品及装饰物（图 7-23～图 7-26）。

图 7-23 皮鞋

图 7-24 照相机皮套

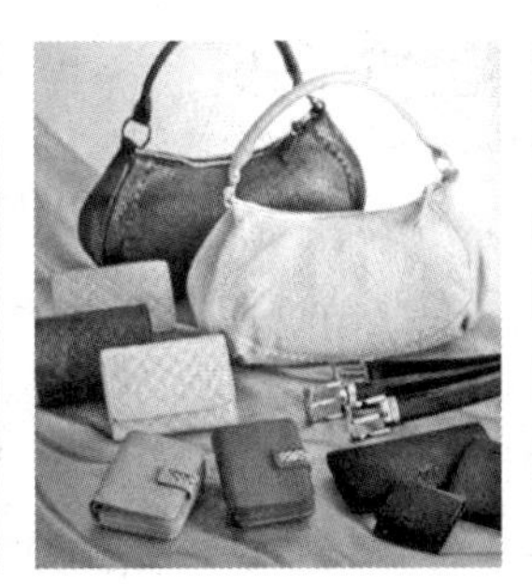

图 7-25 各种皮制品

图 7-26 皮沙发

7.3.2 皮革的种类与性质

因为皮革是兽皮，所以要去除上面的毛和脂肪，但亦有用爬虫类动物的皮制成的皮革。在兽皮中以牛、猪、马、羊等的皮为主。牛皮也可分为仔牛皮、中牛皮、雌牛皮及雄牛皮等。如按皮革的加工方法来分，有直染皮、磨光皮、反毛皮、仿麂皮、压模皮等。

皮革的性质因动物的种类、年龄，皮所在的部位，以及制革时所用的原皮缝制、染色、整理方法的不同而有异，但通常皮革的表面很好看，有良好的触感，皮革有较好的柔韧性、透气性、染色性及保温性。由于皮革有一定程度的可塑性，因此它能加工成各种形状，这也是皮革的一大优点。

相反，皮革也有其缺点，如容易发霉，因不同的湿度而发生伸缩，形状和品质不均匀，耐碱性差等。

动物的皮的来源有所限制，而且为了弥补皮革的缺点，随着石油化学的发展，开发并制造了人造皮革。人造皮革是在布底贴上或复合上聚氯乙烯、尼龙、氨基甲酸乙酯的薄片，用于制造衣服、手提袋、家具等。人造皮革一般有像兽皮那样的二层结构，一层是氨基甲酸乙酯树脂，另一层是无织布层。人造革大部分用于制鞋。用作衣料的人造革往往采用仅为不织布的单层构造。人造革因所用的树脂不同性质有所差异，但都具有较好的外观及良好的手感，具有耐老化、较轻、强度均匀、品质均匀等性质。主要皮革的特性和用途见表 7-2。

表 7-2 主要皮革的特性和用途

种类	特性	用途
牛皮	使用得最多，品质良好。皮质强韧、平滑、漂亮。仔牛皮特别好	作底革、皮带、硬革、运动用具、沙发面、反毛皮革
马皮	表面平滑，触感好，但强韧性差。称为哥德华皮的马皮质地良好	袋制品、鼓、马具、皮带、鞋
猪皮	组织较粗，疤痕较多，毛孔眼较大而显眼，强度也低	提包、袋制品、鞋的内衬革、垫革
羊皮	重量轻，皮细密，有光泽。小山羊皮特别好	手提包、袋制品、反毛革

7.3.3 皮革的加工与设计

生皮不经过加工会腐烂或变硬，所以需要进行鞣化处理使之成为革。自古以来人们就使用了种种方法处理生皮，如上脂、烟熏等，而现在最为通用的方法是用鞣酸或用铬酸鞣化生皮。

在设计袋制品时，必须要从多方面考虑，如往袋中放入和从袋中取出物品的方便程度，提握袋的舒适度，并且在考虑制品强度时注意在袋的结构上所用到的其他材料的选择，如五金件、制品的表面装饰等。

制造皮革制品时，大都根据制作图先做好纸样，使用纸样裁出皮革片，对需要弯曲之外进行削薄处理。部件完成后，用缝纫机缝制或用粘接剂粘制。

7.4 橡胶

7.4.1 橡胶概述

橡胶为高弹性的高分子化合物，有天然和合成两大类，前者由橡胶树上割取的天然胶乳（俗名橡浆）经加工而得（图 7-27），后者由各种单体聚合而成。未经硫化的橡胶，称“生橡胶”，经硫化加工后的橡胶称“硫化橡胶”，也称“熟橡胶”。

橡胶广泛用于制造轮胎、胶带、电线和电缆等制品。

图 7-27　橡胶树割取胶浆

橡胶是具有可逆形变的高弹性聚合物材料，在室温下富有弹性，在很小的外力作用下能产生较大形变，除去外力后能恢复原状。橡胶属于完全无定型聚合物，它的玻璃化转变温度低，分子量往往很大，平均分子量在 30 万至 100 万之间。

橡胶一词来源于印第安语“cau-uchu”，意为“流泪的树”。橡胶分天然橡胶与合成橡胶，天然橡胶是从橡胶树、橡胶草等植物中提取胶质后加工制成的，合成橡胶则由各种单体经聚合反应而得。由于橡胶具有减震、耐磨、耐冲击、密封性好等优点，因此橡胶在医疗卫生、工农业生产、商品储存、交通运输、土木建筑、电子通信、国防工业、航空航天等领域都得到广泛应用。橡胶制品亦常见于我们的日常生活中。

7.4.2 橡胶的分类与特性

（1）橡胶的分类

橡胶按照不同的依据有不同的分类。

按形态分，可分为固态橡胶（又称干胶）、乳状橡胶（简称乳胶）、液体橡胶和粉末橡胶四大类；按使用分，分为通用型和特种型两类；按物理形态分，可分为硬胶和软胶、生胶和混炼胶等；按性能和用途分，除天然橡胶外，合成橡胶可分为通用合成橡胶、半通用合成橡胶、专用合成橡胶和特种合成橡胶。

通常按原材料来源与制取方法分类，橡胶可分为天然橡胶和合成橡胶两大类，合成橡胶主要分为通用合成橡胶与特种合成橡胶。

较详细的橡胶分类见图 7-28。

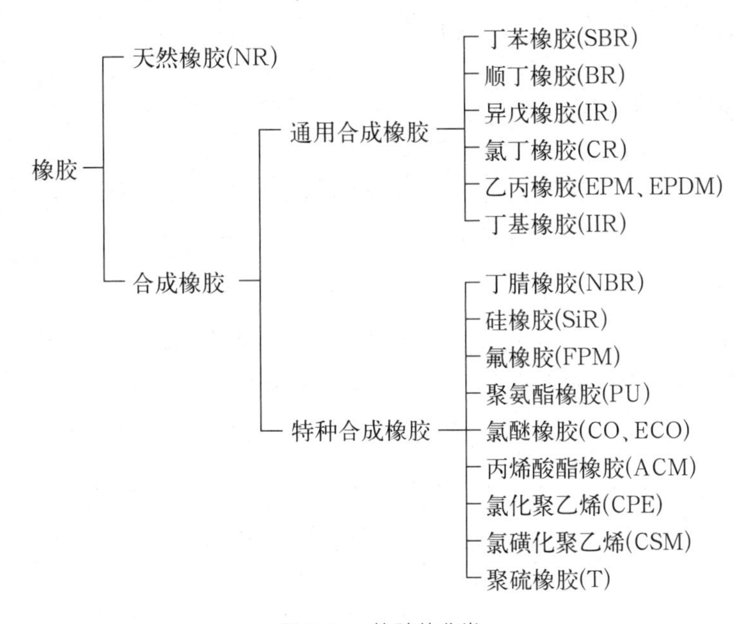

图 7-28 橡胶的分类

（2）橡胶的基本特性

橡胶材料的共性是在较大变形之后能够迅速地恢复到原来的状态。在常温下，高弹性是橡胶材料的独有特征，因此橡胶也被称为弹性体。橡胶的高弹性表现为：在外力作用下具有较大的弹性变形能力，除去外力后变形很快恢复。此外，橡胶比较柔软，硬度低，还具有良好的疲劳强度、电绝缘性、耐化学腐蚀性、耐环境老化性、耐磨性以及密封性等，这使它成为国民经济中不可缺少和难以替代的重要材料。

不同的橡胶具有不同的特性。从橡胶的使用上分析，天然橡胶由三叶橡胶树的乳胶制得，弹性好，强度高，综合性能好；通用型橡胶的综合性能较好，应用广泛。

合成天然橡胶，又称异戊橡胶（IR），是由异戊二烯制得的高顺式合成橡胶，因其结构和性能与天然橡胶近似，故得名合成天然橡胶；丁苯橡胶（简称 SBR），由丁二烯和苯乙烯共聚制得，其综合性能和化学稳定性好；顺丁橡胶（简称 BR），由丁二烯聚合制得，与其他通用型橡胶比，硫化后的顺丁橡胶的耐寒性、耐磨性和弹性特别优异，动负荷下发热少，耐老化性能好；氯丁橡胶（简称 CR），由氯丁二烯聚合制得，具有良好的综合性能，耐油、耐燃、耐氧化和耐臭氧，但其密度较大，常温下易结晶变硬，贮存性不好，耐寒性差。

特种型橡胶具有某些特殊的性能。如硅橡胶，耐高低温，耐臭氧，电绝缘性好；氟橡胶耐高温、耐油、耐化学腐蚀；丁腈橡胶，其耐油、耐老化性能好，可在120℃的空气中或在150℃的油中长期使用，并具有耐水性、气密性及优良的黏结性能；聚硫橡胶，则具有优异的耐油和耐溶剂性，但耐老化性、加工性不好，强度不高，有臭味，多与丁腈橡胶并用。此外，聚氨酯橡胶、氯醚橡胶、丙烯酸酯橡胶等都具有不同的特性。在设计中要根据设计制品的使用功能来选择不同性能的橡胶。

7.4.3 橡胶产品的加工工艺

橡胶产品的加工工艺一般包括塑炼、混炼、压延、挤压、成型、硫化等基本工序。每个工序针对制品有不同的要求，分别配合以若干辅助操作。

（1）塑炼

塑炼是使生橡胶由弹性状态转变为具有可塑性状态的工艺过程。生胶经塑炼后，可获得适宜的可塑性和流动性，混炼时易于均匀分散，压延时胶料易于渗入纤维织物等。

（2）混炼

混炼是将各种配合剂混入生胶中制成质量均匀的混炼胶。由于混炼胶的质量优劣直接影响橡胶半成品的性能以及橡胶制品的质量，因此，混炼是橡胶加工工艺中最基本和最重要的工序之一。

（3）压延或挤压

压延工艺是利用压延机辊筒之间的挤压力作用，将混炼胶通过压延和挤压等工艺最终制成具有一定断面尺寸规格和几何形状的片状材料或薄膜状材料的半成品，或将聚合物覆盖并附着于纺织物表面，制成复合材料。

挤压工艺是胶料在挤压机的机筒和螺杆间的挤压作用下，连续地通过一定形状的口型，制成各种复杂断面形状的半成品的工艺过程。用挤压工艺可以制造轮胎胎面胶条、内胎胎筒、胶管、各种形状的门窗密封胶条等。

（4）成型

成型工艺是把构成制品的各部件，通过粘贴、压合等方法组合成具有一定形状的整体的过程。

（5）硫化

硫化是胶料在一定的压力和温度下，橡胶大分子由线性结构变为网状结构的交联过程。在这个过程中，橡胶经过一系列复杂的化学变化，由塑性的混炼胶变为高弹性的或硬质的交联橡胶，从而获得更完善的物理力学性能和化学性能，提高和拓宽了橡胶材料的使用价值和应用范围。

此外，对精度要求比较高的制品，还需要进行修边和去毛边加工工艺。可选用的方式有人工修边、机械修边和冷冻修边。

① 人工修边。是指由人工进行产品修边工艺。劳动强度大、效率低、合格率低。

② 机械修边。使用专业机械进行冲切、砂轮磨边和圆刀修边，适用于对精度要求不高的特定制品。

③ 冷冻修边。使用冷冻修边机设备进行修边。其原理是采用液氮使成品的毛边在低温下变脆，使用特定的冷冻粒子（弹丸）去击打毛边，以迅速去除毛边。冷冻修边的效率高，成本低廉，适用制品广泛，已成为主流加工工艺。

7.4.4 橡胶材料在工业设计中的应用

橡胶制品不仅具有优良的弹性和密封性，而且还具有耐磨、耐腐蚀和防震等特性。这些特性使得橡胶制品在各个领域中得到了广泛应用。无论是人们每天使用的日用品，还是高科技的电子设备、医疗卫生用品、火箭、人造地球卫星和宇宙飞船等高精尖科学技术产品；无论是工农业使用的交通工具、装备设施，还是国防工业使用的飞机、大炮、坦克、防毒面具等，橡胶产品不但应用广泛而且日趋重要。主要的应用领域如下。

（1）交通运输

随着我国汽车工业与石油化学工业高速发展，橡胶工业生产水平有了很大的提高；进入 20 世纪 70 年代，为适应汽车的高速、安全和节约能源、消除污染、防止公害等方面的需要，促进了轮胎新品种的不断出现。例如：一辆解放牌 4t 载重汽车，需要橡胶制品约 200kg，一节硬座车厢需装配橡胶制品总重约 300kg，一艘万吨巨轮就需近 10t 重橡胶制品，一架喷气式客机需要将近 600kg 的橡胶。在海、陆、空交通运输上，哪一个都离不开橡胶制品。作为运输工具，轮胎是个主要的配件。除生产普通轮胎外，还大力发展子午线轮胎、无内胎轮胎，地下铁道有的也采用了橡胶轮胎。铁路车辆及汽车推广应用橡胶弹簧减震制品、密封橡胶制品。大型商店、车站、地铁也在采用载人运输带。此外，还有用橡胶制作的“气垫船”“气垫车”等（图 7-29～图 7-32）。

图 7-29 解放牌汽车

用材：金属、橡胶等

图 7-30 C919 飞机

用材：铝合金、橡胶、玻璃等

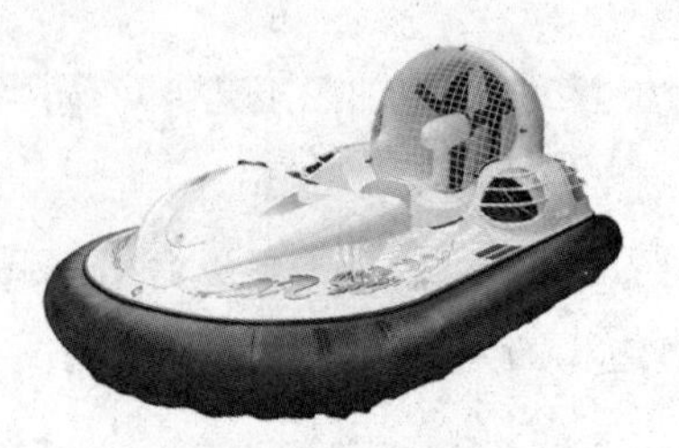

图 7-31 气垫船

用材：橡胶、塑料、金属等

图 7-32 巨型游轮

用材：金属、橡胶、玻璃、塑料等

(2) 国防军事工业

以坦克为例，一辆坦克要用 800 多公斤橡胶制品，一般 3 万吨级的军舰要用 68 吨橡胶制品，其他军事装备、空军设施、国防工程都有橡胶制品的“足迹”。使用橡胶制品制作的船舶、帐篷、仓库以及防护用具、浴水服装等品种也很多。随着国防现代化的发展，国防尖端技术需要的耐高温、耐低温、耐油、耐高度真空等特殊性能的橡胶制品更是不可缺少（图 7-33、图 7-34）。

图 7-33 99A 坦克

用材：金属、橡胶等

图 7-34 军用帐篷

用材：金属、橡胶等

(3) 土木建筑业

现代化建筑使用的玻璃密封条、隔音地板、海绵、橡胶地毯、防雨材料以及涂刷墙壁的乳状涂料等多为橡胶材料。在建筑物安装大型橡胶弹簧坐垫，以减少地铁所造成的震动与噪声以及地震对建筑物的破坏作用。在水泥中混入胶乳，可以提高水泥的弹性和耐磨性；在沥青中加入 3% 的橡胶或用胶乳铺设马路的路面，可防止路面的龟裂，并提高其耐冲击性；在建筑施工中使用的机械、运输设备、防护用品等都有橡胶配件。

(4) 农林水利产业

除拖拉机和农业机械采用的各种轮胎外，联合收割机的橡胶履带，灌溉用水池、水库采用的橡胶防渗层及橡胶水坝，救生用品，以及农、林、牧、渔业的技术装备等方面，都有橡胶配件（图 7-35～图 7-38）。如一台铁牛 40 型轮式拖拉机，需要橡胶制品达 121 件之多。此外，橡胶薄膜制品广泛应用于储藏水果和蔬菜。农业上使用的排灌胶管、氨水袋，气象测量用的探空气球都是橡胶制品。

图 7-35 橡胶堤坝

图 7-36 农机用橡胶带

图 7-37 拖拉机

用材：金属、橡胶等

图 7-38 钓鱼用橡皮艇

（5）工业矿产

工业部门所需要的橡胶制品主要有胶带、胶管、密封垫圈、胶辊、胶板、橡胶衬里及劳动保护用品。在矿山、煤炭、冶金等工业方面应用胶带来运输成品，还生产出汽车橡胶密封件和合成纤维运输带。矿用磨机橡胶衬里以锻胶代替锰钢，使用寿命提高了二至四倍，还减小了噪声，已在世界范围内推广。图 7-39～图 7-41 为工业矿产领域应用橡胶的产品。

图 7-39 XDR80TE-AT 电动刚性矿车

图 7-40 橡胶产品杂件

图 7-41 桥梁用巨型橡胶支座

（6）医疗卫生

医院里各科室诊断、输血、导尿、洗肠胃等各种手术用的手套、冰囊、海绵坐垫等大多是橡胶制品，医疗设备和仪器的配件也使用橡胶制品。丁基橡胶具有较高的生物惰性、化学稳定性和较微的透水透气性，用来加工橡胶瓶塞，能保证高吸湿抗生素和抗癌制剂的保存。可采用硅橡胶制造人造器官及人体组织代用品等。硅橡胶在医学领域中的用途将有更广阔的前景。

（7）文教体育

各种球胆、乒乓球拍海绵胶面、玩具皮球、金笔笔胆、擦字橡皮、橡皮线、橡胶印、橡皮布、气球以及汽车橡胶密封件等，广泛用于文教机关、学校、办公室、设计绘图以及体育运动器材中。橡胶不但可大量用于文物、工艺品、玩具、电子电器、机械零件等的复制与制造，而且也是复印机、键盘、电子词典、遥控器、玩具、橡胶按键等不可缺少的组成部分（图 7-42～图 7-45）。

图 7-42　橡胶手环

图 7-43　橡胶热水袋

图 7-44　卡通橡胶鸭

图 7-45　火柴头造型橡皮

（8）电子通信

橡胶制品的一大特性是绝缘性能好，故各种电线、电缆的外套绝缘层大多采用橡胶制成。硬质橡胶也多用来制作胶管、胶棒、胶板、隔板以及电瓶壳。此外，还广泛用于制作防护用品、绝缘手套、绝缘胶鞋等（图 7-46～图 7-48）。

图 7-46 电器件使用的橡胶配件

图 7-47 橡胶按钮轻触开关

图 7-48 橡胶护罩

（9）生活日用品

生活中使用的橡胶雨鞋、橡胶管、橡胶软管、橡胶密封件、运动鞋、雨衣、暖水袋、松紧带、橡胶手套、自行车轮胎、垫圈、瓶塞、户外帐篷等都离不开天然橡胶（图 7-49～图 7-63）。

图 7-49 多边形野外帐篷酒店

图 7-50 正方形尖顶帐篷

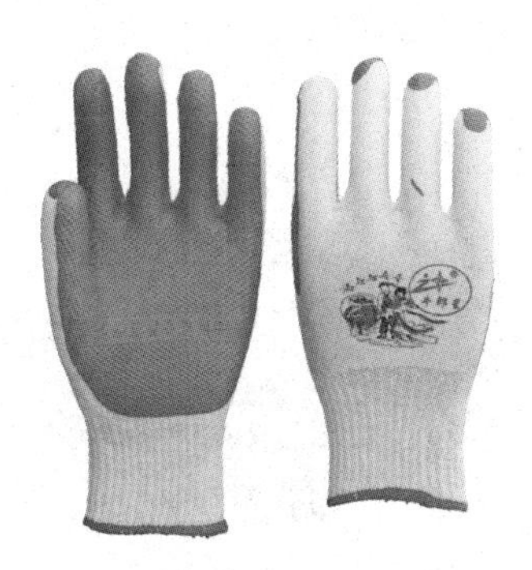
图 7-51 耐磨防滑劳保手套

图 7-52 丁基橡胶瓶盖

图 7-53 环保彩色橡皮筋

图 7-54 橡胶电源线

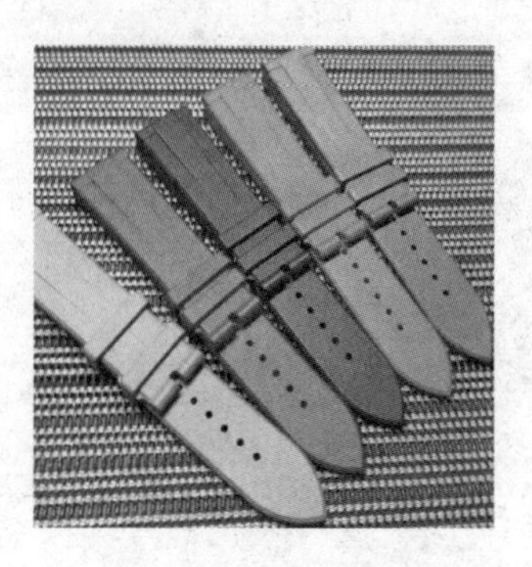

图 7-55 橡胶表带

图 7-56 橡皮锤

图 7-57 橡胶轮胎

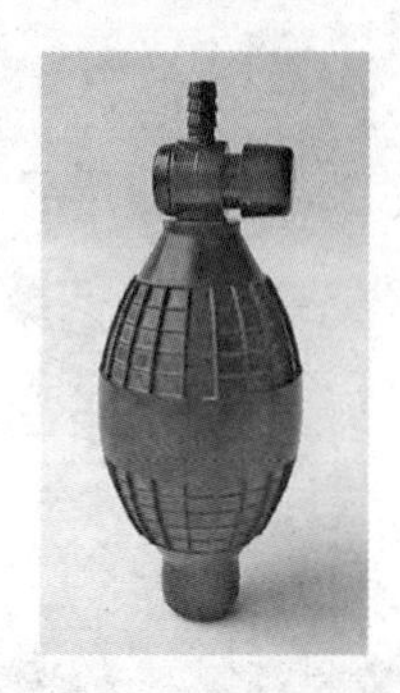

图 7-58 橡胶抽气球

图 7-59 橡胶地板

图 7-60 公园健身橡胶步道

图 7-61 橡胶护树板

图 7-62 防滑橡胶垫

图 7-63 防滑、抗压、耐重、耐磨橡胶地垫

此外，橡胶具有强力吸附性，能迅速有效地吸附密封包装内的水分，化学性质稳定、无毒无害，加之近年来不断的创新开发，各种橡胶已被大量用于药物提纯、DNA分离、食品干燥、高精电子、化妆品、污水净化、啤酒提纯、涂料以及树脂生产或保存，随着工业的发展橡胶也被制成各种工业防护用品等。橡胶可用于制作模压、高电压绝缘子和其他电子元件；用于生产电视机、计算机、复印机等；还用作要求耐候性和耐久性的成型垫片、电子零件的封装材料、汽车电气零件的维护材料；可用于房屋的建造与修复，高速公路接缝密封及水库、桥梁的嵌缝密封。此外，还有特殊用途的硅橡胶，如导电硅橡胶、医用硅橡胶、泡沫硅橡胶、制模硅橡胶、热收缩硅橡胶等。

研究与思考

① 用一张白纸板制作一个内分两格并带盖的自用文具盒。

② 分析用不同品种的合成纤维制衬衫的优缺点。

③ 你对“绿色制造，发展生态皮革”有什么建议？

④ 比较用生橡胶制的鞋与用硫化橡胶制的鞋，说出各自的优缺点。

第8章 竹、藤、柳、草

8.1 竹

8.1.1 竹材概述

竹子属禾本科竹亚科植物。世界上已发现的竹子有88属，1642种，主要分布在热带和亚热带地区，其中亚洲最多，其次是非洲、拉丁美洲、北美洲，同纬度的欧洲几乎没有竹子。有的竹类能耐40℃的高温，有的竹类能抗−20℃的严寒。

我国地处世界竹子分布的中心，是世界上竹类植物资源最丰富的国家，在竹种资源、竹林面积、蓄积量、竹材和竹笋产量等方面中国均居世界第一位。我国共有竹34属，534种，分布很广，东起台湾，西至云贵，南自海南岛，北到黄河流域都有竹子生长。其中浙江、湖南、广东、福建、台湾等省区的竹林较多。

竹秆中空，但材质坚硬。据测定，有的竹材顺纹抗拉强度为180MPa，比杉木要大2.5倍，为钢材的1/2；顺纹抗压强度为70MPa，是杉木的1.5倍，为钢材的1/5。经过一定的化学处理后的竹材，还可成为耐腐蚀和防虫蛀的稳定又坚韧的塑性材料，而且拉伸强度大大超过钢材，可代替金属使用。

据考古发现，湖南长沙马王堆出土的竹筐、竹弓、竹简、竹片等已有两千多年历史，苏州虎丘塔中的竹件距今已有一千多年，至今完好无损。据考证，在我国用竹材建造房子也有两千多年的历史。如今竹的用途更为广泛了，工业、农业、渔业、建筑、水上运输、科学文化等各行各业都少不了它。

用竹材制作的各种家具、工具、农具、生活日用品、传统工艺品等，不但经久耐用，而且具造型简单、古朴大方、轻便秀丽、价格低廉等优点，历来受到国内外广大人民的喜爱，特别是用竹材劈篾编织的各种竹器，如花篮、花瓶、竹席、竹帘等更是工艺精湛、美观适用，令人爱不释手，畅销欧美、日本各国。

8.1.2 竹材的形态特征与构造

（1）竹的形态特征

竹子的茎分地上茎和地下茎两大类。地上茎叫竹秆，地下茎称竹鞭。竹秆由秆柄、秆基、秆茎三部分组成。秆柄位于竹秆的最下部，细小而节很密，不生根，秆基又叫竹蔸，是竹秆下部入土生根的部分，节间短而径粗，它是竹工艺品特别是竹雕的好材料。

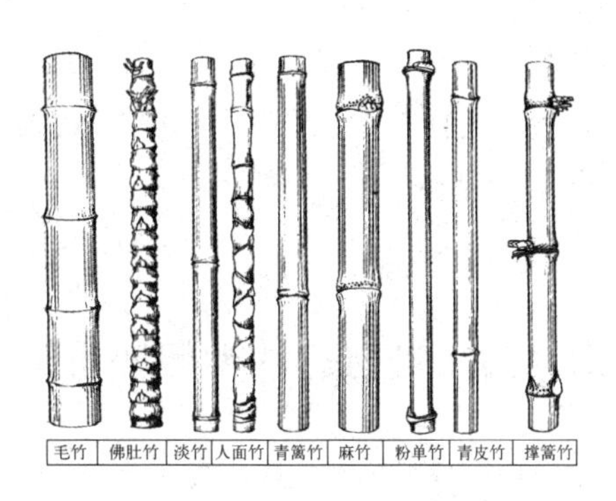

图8-1 各种竹秆的外形

秆茎一般称为竹秆，是竹秆的地上部分，也是用材的主要部位，它的外形因竹种类不同而各异，见图8-1。秆茎一般为圆形或椭圆形，通直中空，有节，每节有两个环，上环叫秆环，下环为箨环，两环之间称为节内，两个节之间距离较长的部分称节间，相邻两节间有一木质横隔，称为竹隔。竹秆上部为枝、叶，不同的竹分枝数量不等，与主枝间的夹角大小也不一样，常以此作为分类依据。在小工艺品制作上，常利用这些特征来创作各种生动造型。

竹鞭可分为三大类型：一是散生型，也叫单轴型，在每个节上生一个芽，交互排列，如毛竹、桂竹、淡竹等；二是丛生型，又叫合轴型，节较密，其上不生芽，只能由顶芽发育出土长成竹，如慈竹、孝顺竹等；三是混生型，也叫复轴型，它兼有散生型和丛生型的特性，如茶秆竹、苦竹等。竹鞭是竹工艺品的主要材料。

（2）竹材的构造

采伐后经干燥的竹秆称为竹材。竹材之所以被广泛用于各行各业，特别是竹家具、竹编织，正是因为它具有特殊的内部构造。

当我们把竹材纵向劈开后，可以明显地看到竹材的三个组成部分：竹壁、竹节、节隔。竹材的圆筒外壳称为竹壁，它是用材的主要部分。竹壁上有两个相邻的环状突起称为竹节，竹节的存在给竹家具和竹工艺品增添了特殊的风味，但也给竹工劈篾带来一定的困难。在竹秆空腔的内部处于竹节的位置上，有一个坚硬的板状横隔称为节隔。节内与节隔连成一体，对整根竹材来说，它起着增强竹秆强度的作用，见图 8-2。图 8-3 为竹材的构造。

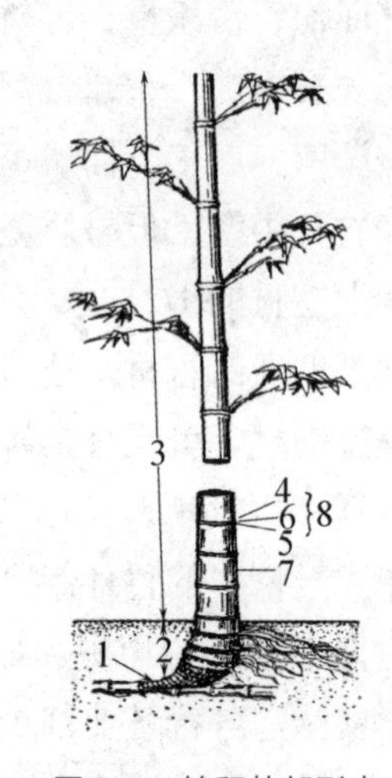

图 8-2 竹秆外部形态

1—秆柄；2—秆基；3—秆茎；4—秆环；5—箨环；6—节内；7—节间；8—节

把竹材横向锯断，用刨子刨平，在横断面上可以看出竹材细部构造的大概情况。如用显微镜放大观察，自外向内可以看到竹青、竹肉、竹黄三种不同的组织。

① 竹青。竹青是竹壁的最外围的部分，其组织紧密，质地坚韧，表面光滑并附有蜡质。在最外面的表层细胞内常含有叶绿体，所以幼年竹秆的表皮呈绿色，老年或干燥的竹秆表皮叶绿体被破坏，呈黄色。由于竹青是由紧密排列的长柱状细胞组成的，所以它最适宜劈篾编织。

② 竹黄。竹黄位于竹壁的最内方，由 8～15 层方砖状厚壁细胞组成，横向排列紧密，其组织坚硬，质地脆，一般为黄色。著名的竹翻簧工艺品就是利用这一部分材料制成的。

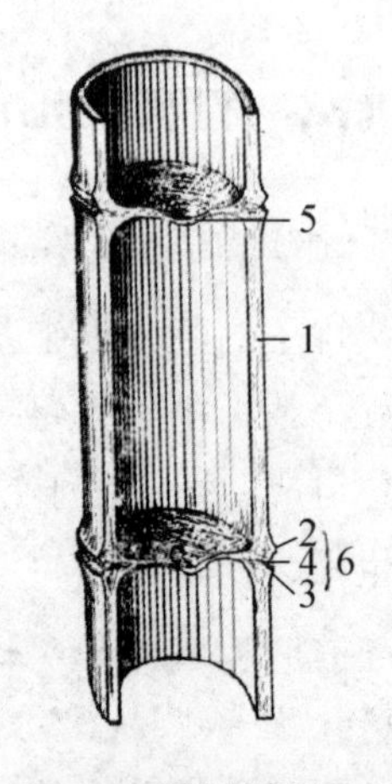

图 8-3 竹材的构造

1—竹壁；2—节环；3—箨环；4—节内；5—节隔；6—节

8.1.3 竹材的种类与加工工艺

（1）常用竹材的种类

常用于制作各类竹产品的竹材有如下几种。

① 毛竹。毛竹又称江南竹、楠竹、孟宗竹等。主要分布在我国江苏、浙江、广东、广西、台湾、云南、贵州、湖北等地。这类竹材秆挺直，一般高达10～20m，秆径8～16cm。毛竹秆壁较厚，材质坚硬，纤维细长，韧性好，应用广泛，如建筑用的脚手架、竹筏以及各种农具、家庭生活用具等，也可以劈篾编织各种凉席、竹器皿，还可以制作乐器、竹雕花筒、笔筒等各种工艺品（图8-4）。

② 早竹。早竹又名淡竹、瓷竹、甘竹。主要分布在我国长江流域。该品种竹秆挺拔端正，躯干修长。高5～15m，胸径3～5cm，竹节间长30～40cm，竹壁较薄，一般在0.5cm左右，节间圆筒形，分枝节间的一侧有沟槽，并有一纵行中脊。地下茎横走，称为竹鞭，竹鞭似毛竹，节间较长，直径较小，近实心，见图8-5。

③ 桂竹。桂竹又称烂头桂竹、麦黄竹、刚竹、苦竹。主要分布在长江流域各省。此外，四川、广东、台湾、河北、河南、山东等省也有生长。其特征为竹秆挺直，秆高达16m左右，胸径14～16cm。材质坚韧、细密、弹性好，易劈篾编织加工竹工艺品或整根用来制作家具、农具、钓鱼竿、竹弓等产品。

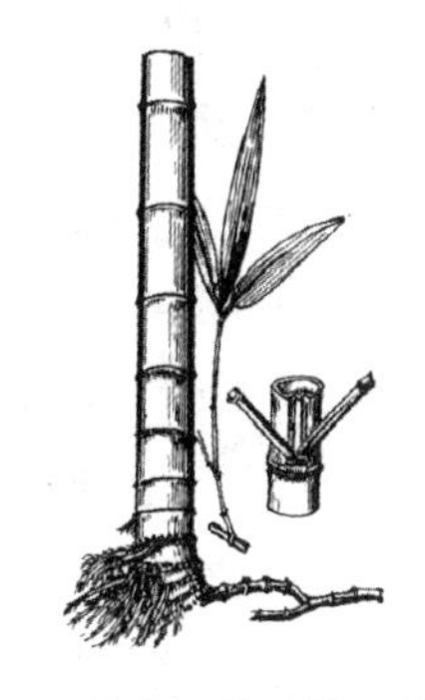

图8-4 毛竹的秆茎、地下茎和叶枝

④ 紫竹。紫竹也称黑竹、墨竹、乌竹、水竹子。主要分布在江浙皖、江西、湖北、四川、贵州等省。竹株散生，秆直立，高5～7m，最高者可达10m，胸径2～4cm，节间长25～30cm。当年生新竹秆为淡绿色，有细小柔毛，第二年后竹秆逐渐变为紫黑色，光滑无毛，秆环和箨环微隆起。主干上的分枝角度大。竹材纤维细长，秆壁较薄，整根都可用来制作家具，以及手杖、伞柄等工艺品，也适合作箫笛等乐器。与它相近似的有毛金竹，竹秆粗大，竹皮青色不变紫黑，材质比紫竹优良，是劈篾编织的好原料，又可用整根制作家具、农具、撑篙、晒衣竿等。还有斑紫竹，竹秆挺直高大，秆上有稀疏的淡紫色斑纹。

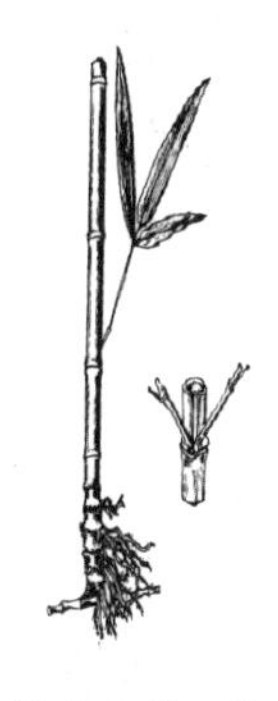

图8-5 早竹的秆茎、地下茎和叶枝

⑤ 青篱竹。青篱竹又称茶杆竹、沙白竹。主要分布于桂、粤、湘、川、贵等地区。竹秆高达6～13m，径5～6cm，竹节间长一般为40cm，长的可达50cm以上。青篱竹平直光滑，竹身匀彩，质地坚韧有弹性，劈篾性能良好，能启作极薄的篾、极细的丝，精细的篾丝在3cm长度内可以排列130根，是编织精细产品的极好材料。见图8-6。

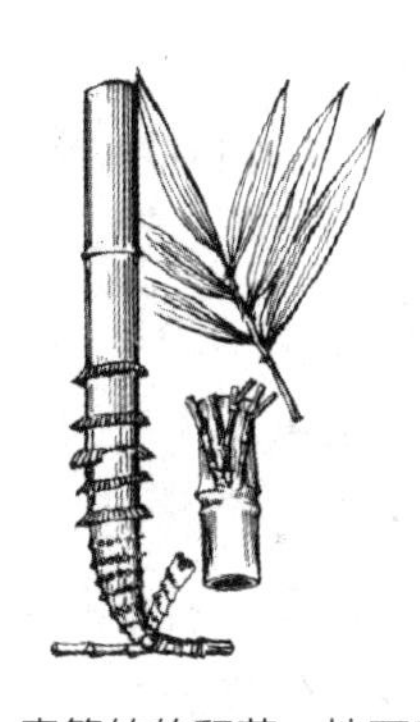

图8-6 青篱竹的秆茎、地下茎和叶枝

青篱竹在砍下后需经过加工处理：先用砂子擦去表皮，洗净晒干，再经过拣、锯，分规格送入大型烤炉内烘烤，然后扳直竹身。经过加工的青篱竹表层油质已渗入竹身细密的纤维中，竹子显现出淡黄光亮的色泽，由于内含的糖分已随剩余的水分蒸发，竹子一般不会遭到虫蛀。

青篱竹是我国出口的特产竹种之一。用其制作的运动器材、钓鱼竿、雕刻等工艺品，畅销欧美、澳大利亚等 30 多个国家。

⑥ 水竹。水竹又名烟竹。主要分布在我国珠江中下游地区以及长江以南的潮湿、肥沃的砂质土中。竹秆端直，高可达 4～8m，胸径 4～6cm，竹节间长 20～40cm，分枝较高，竹壁厚度适中，节间圆筒形。材质坚韧，纤维细长，易劈篾编织竹篮、竹器皿、凉席和家具等产品，经久耐用，整根适宜。见图 8-7。

⑦ 苦竹。又叫伞柄竹、木竹。主要分布在长江流域以及川、云、贵等省。竹秆挺直，一般高 3～7m，胸径 2～5cm。秆壁厚，材质坚硬有弹性。直径大者可制作各种家具、伞柄、帐竿等，细的可作笔管等。

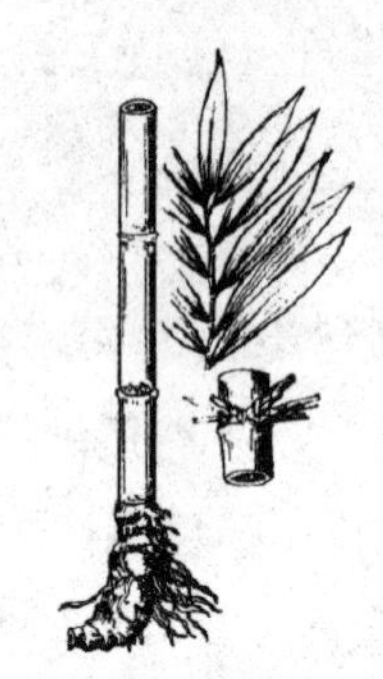

图 8-7 水竹的秆茎、地下茎和叶枝

⑧ 青皮竹。主要分布在广东、广西等地，浙江、江西、湖南等地区也有引种。竹秆通直，高 8～12m，胸径 5～6cm，材质柔韧，秆壁薄，节较平，节间长。青皮竹生长快，产量高，材质柔韧，是我国南方普遍栽培的最好篾用竹种之一。最适宜劈篾编织各种器具、制作绳缆耐水，也是造纸的好原料。见图 8-8。

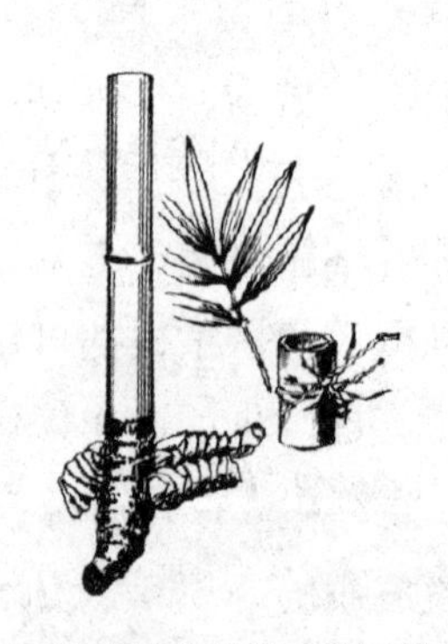

图 8-8 青皮竹的秆茎、地下茎和叶枝

⑨ 慈竹。慈竹又叫甜慈竹、钓鱼慈、酒米慈、丛竹。主要分布于川、云、贵、桂、湘等省区。竹株丛生。高 5～10m，胸径 4～8cm。竹秆壁薄，材质柔韧，劈篾层次性好，最适用劈篾编织器物或扭制竹缆绳等。见图 8-9。

⑩ 麻竹。主要分布在我国福建、台湾、广东、广西等地区。胸径 10～20cm，最粗 30cm。竹秆粗大，可用来建造小型农用房屋、水上竹筏、农用水管以及造纸等。竹叶大，可作斗笠或蓑衣等。

⑪ 黄苦竹。也叫美竹。主要分布在黄河流域以南，特别是江苏南部、浙江西北部。竹株散生，秆通直，高 8～9m，径 4cm，中部节间长 27～42cm。新竹秆鲜绿色，并生有白色倒毛，无白粉，老竹秆皮色为黄绿色，节下有白粉环。秆环微突起，箨环下呈紫色。材质韧性强，易劈篾编织各种工艺品和制作各种家具、农具等。

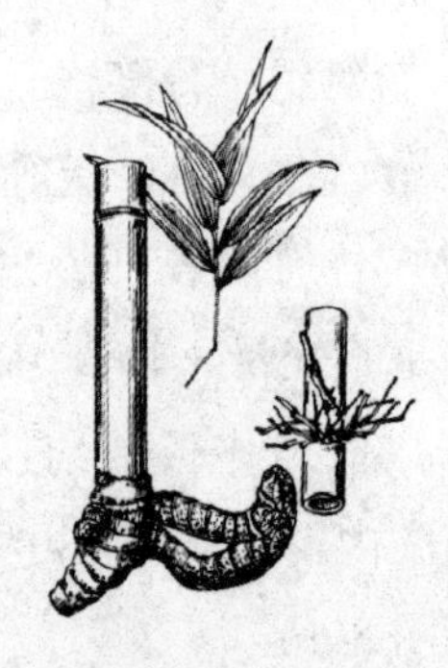

图 8-9 慈竹的秆茎、地下茎和叶枝

⑫ 绿竹。主要分布于浙江、福建、广东、广西、

台湾等省区，特别是台湾地区更为普遍。高6～9m，最高可达20m，胸径5～8cm。材质坚韧，整根适于制作家具、农用具。劈篾可编织生活用品、工艺品等，也是造纸的好原料。

⑬ 山骨罗竹。又叫藤竹。为我国广西、海南特产。高8～20m，径粗3～4cm，竹壁厚，材质韧。劈篾可编织各种用具，特别适用于编织品的绞口。整根竹秆可用来制作家具，细的节间还可作鼻笛。

⑭ 箭竹。主要分布在四川、湖北、云南、陕西等省。耐寒性很强，也能耐干旱瘠薄的土壤。高3～4m，直径1～2cm。材质较韧，宜劈篾编织筐、篓，还可制作竹筷、笔管、扇骨、钓鱼竿等。

（2）竹材的加工工艺

① 竹材的选择。竹材质量的好坏与竹种的年龄、生长地点和采伐时期等都有密切的关系。因此，竹产品设计必须对不同品种进行选择。

竹种年龄的选择：毛竹7年生；斑竹、桂竹、淡竹、刚竹3～4年生；青皮竹、慈竹等丛生竹3年生为好。因为这时竹材材质坚韧，有弹性，抗拉强度和抗压强度等物理性质最好。竹编一般是使用3年生的水竹、毛竹、慈竹和早竹等节长质细、富有弹性、纹理平直的竹材。

设计竹产品时一定要根据使用功能选择竹材，一般应选择那些材质坚固、富有韧性、干缩率小、既便于加工又富有艺术特色的竹材，如毛竹、桂竹、斑竹等。无论选用什么竹材，都不能用已开花的竹株。因为开花竹株的养分多用于开花结果，材质变脆，容易开裂或折断。也不能选用刚采伐的新鲜竹秆直接制作竹家具，因为新鲜竹秆含水率较高，干燥收缩率较大，制成竹家具容易产生变形或开裂。

② 竹产品的工艺。由于竹材广泛应用于建筑、室内、生活日用品、生产工具、各种工艺品等领域，因此选择的材料与加工工艺也有所不同，但竹材的前期处理大体相同，即选择好原材料后，都必须进行竹材的干燥、防虫和防霉处理，竹段的截取，竹段的脱油，弯曲竹段的矫正，竹段的磨光、漂白等工序。

竹编工艺除上述前期处理外，还要进行竹篾丝的加工、编织、装配整理、染色、髹漆等。

篾丝加工要经过锯竹、削平节峰、剖竹、启条、劈篾、劈丝、刮篾、刮丝及特殊处理等加工工序。编织的工艺技法很多，风格各异，独具特色。最常见的编织方法有挑一压一、挑二压二、挑三压三等。许多竹编在主要的编织工序完成后，还必须要进行整理装配。主要的技法有装强固竹条、装脚、装提手或拴系绳等。装配必须根据设计要求，做到形正光洁、坚实牢固。

最后，根据设计要求还需要进行染色髹漆工序。竹编染色方法主要是在颜料液中浸煮，然后用清水冷漂或热漂，最后阴干。它能使竹编增加光泽，提升美观性，增强牢度，使之经久耐用。

尽管竹材产品千差万别，但是其造型、结构、材料、工艺等都是互相关联、互相影响、缺一不可的，所以设计时应全面考虑整个工艺过程。作为竹材产品的设计者，不但要传承传统工艺技法，还要与时俱进，在传承中不断创造新的工艺技法。

8.1.4 竹材在设计中的应用

由于竹材具有生长快、分布广、物理化学性能好、绿色环保、加工方便、可综合利用、效益好等特点，因此，以竹代塑设计开发新产品已成为当今世界设计领域的热门话题（图 8-10～图 8-18）。

图 8-10 竹材建筑

图 8-11 竹材制作的高档家具

图 8-12 （清）传统竹家具

图 8-13 广泛使用的传统竹躺椅

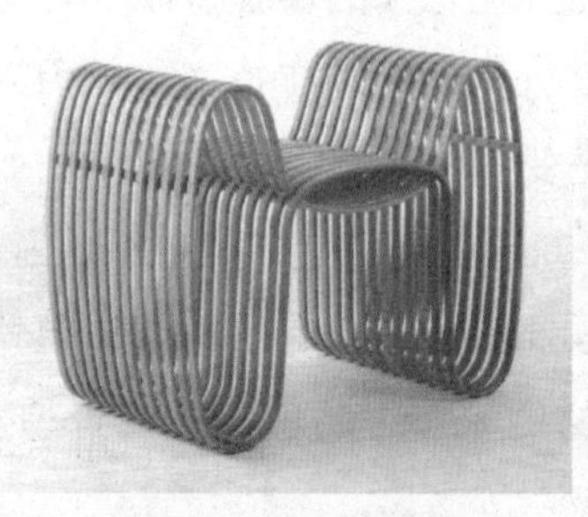

图 8-14 竹材领结形椅

图 8-15 竹编沙发

图 8-16 竹凉席

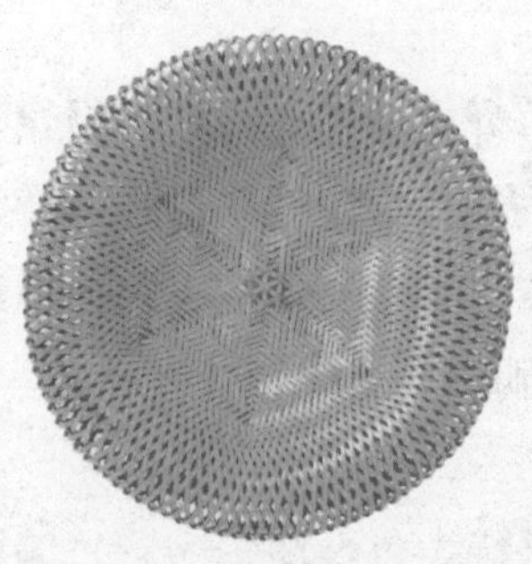

图 8-17 工艺竹编（日本）

图 8-18 精湛的竹编工艺品

随着科技的日新月异，竹家具等竹制品产业快速发展，机械化、自动化将会代替繁重的手工劳动。因此，设计时要考虑结构的简单性，以便于机械化生产；充分考虑设计的系统化、标准化、规格化、通用化等因素，有利于多种造型的使用。同时，在不影响功能、结构和美观的前提下，还要尽量节约竹材，降低成本，创造大量经济实惠的竹家具，以满足广大人民的需要。

8.2 藤

8.2.1 藤材概述

藤条主要指生长在亚洲热带、亚热带地区的棕榈科植物，原材料主要产地在印度尼西亚、马来西亚、菲律宾、泰国等国家和地区。我国的藤类植物主产于我国广东南部山区等地。

藤类植物种类较多，有青藤、葛藤、白藤、紫藤、红藤、黄藤、苦皮藤、常春藤、鸡藤、牵牛花、紫金藤、南藤等。藤条以棕榈科的省藤属为主轴，其种类约 300 种，可作为产业材料使用的代表品种约有 40 种。

藤条是圆形剖面的细长植物，藤条在幽暗的丛林中生长的速度惊人。藤条具有顽强的生命力，藤茎是植物中最长的，有的种类可达 100m。藤条的剖面，里面是无数固态的导管的束，越接近表面纤维质越致密，中心附近几乎都是粗导管束。生藤条中含有的大量水分是优质的饮用水。

藤条质地柔软，纤维方向的拉伸强度极高，比竹子耐弯曲，因此其皮部分在中世纪就被用作武器和工具。从像木材一样用作框架的粗棒状材料，到编织用的细绳状材料，藤条的应用范围非常广泛，是仅次于木材的最有用的产业用植物材料。从 20 世纪 50 年代开始，藤条在美国和欧洲作为家具用材得到广泛应用，1973 年石油危机以后需求量迅速增加。

藤编与人类的劳动生活紧密相关，历史悠久。远古时期，人类为了保护赤裸的肢体免受各种伤害，常用藤类等植物制成环状物，戴在手臂、脚腕和颈项等处。据历史记载，我国在氏族社会时已开始用藤编制防护头部的胄和防护身体的甲，后又出现藤编的盾牌。据考证，明代用藤条编织的圆形藤盾，直径达 60cm 左右，以防敌方兵刃飞箭伤人。至清代，藤编作为一种家庭手工技艺获得了较大的发展，陕西汉中和广东大沥是我国著名的“藤编之乡”。20 世纪以后，广州地区的藤编生产扩展到佛山、江门及广东东部地区，之后扩展至桂、湘、浙等省，千姿百态、制工精美、风格纯朴的藤编制品进入国际市场，成为我国现代著名的出口工艺品之一。汉中藤编还被列入国家级非物质文化遗产名录。

广东藤编，始于清朝道光二十年（1840 年）。广东藤编的主要品种有藤笪、藤席、藤家具、藤织件等四大类。广东藤条具有质地柔韧、不易折断等特点，藤编产品种类繁多，各式各样的藤家具和藤席等日用工艺品行销于国内外。

四川藤器的主要原料为川藤，坚固耐用，产于达州等山区。主要产品有躺椅、办公椅、圆桌、屏风等。

广西德保地区，山藤资源丰富，山藤质地坚韧，拉力强，弹性好，特别结实耐用。德保藤编制品有藤篮、藤箱、藤椅、儿童车、书架等品种。

8.2.2 藤编工艺

藤编工艺包括打藤（削去藤茎上的节疤）、拣藤、洗藤、晒藤、拗藤、剥藤、漂白、染色、编织、上漆等十几道工序。编织时要先将藤枝、藤芯和竹绑扎成骨架，然后用藤皮或嫩芯在骨架表面上进行编织和缠绕。藤编制品大多采用藤皮的天然色泽——浅黄色，或将藤皮漂白为象牙白、白色，或染成咖啡色、棕色等。

藤编制品可分为藤笪、藤席、藤家具、藤制实用器及玩具五类。藤笪是用藤皮编织成37～90cm长、带有镂空八角形的席状制品，用时可任意裁剪，是一种半成品，多用于制作家具、屏风和屋内装饰等。藤席，手工编成，精致细密，分为原色、间色两种，品种有床席、方席、椅垫、沙发坐垫等。藤家具种类很多（图8-19～图8-23），有床、桌、椅、沙发、凳、柜、书架、茶几、屏风等，其中以椅的产量最大，款式最丰富。实用制品包括提篮、筐、帽、台灯、香水架、花盆架、茶具架、衣箱等（图8-24、图8-25）。藤编玩具，主要以动物造型为主。

图8-19 藤编椅子

图8-20 不同功能的藤椅

图8-21 藤编靠背椅

图8-22 藤制家具

图8-23 藤编沙发椅

图8-24 丰富多彩的藤编产品

图8-25 藤盆景架

8.3 柳

8.3.1 柳编概述

（1）柳编的起源与发展

柳编是以柳条为主要原料编织的产品。柳编工艺是我国传统的编织工艺，它是中国广大劳动人民智慧和力量的结晶。由于柳编工艺品难以长期保存，所以可供研究柳编工艺发展的实物遗存极少，只能借助于在不同文化时期，柳编工艺品残留在陶器上的印迹和历史上少数的文献记载，寻求、探索、研究中国柳编工艺发展历史的脉络。

我国柳编历史悠久，据考古证明，早在新石器时代就已有柳条编织的篮、筐、箩等。到春秋战国时期，出现了“杯棬”，即用柳条编成的各种日用器皿，外表还涂有防水和装饰的漆层。宋代以后，柳编工艺品已广泛地用于生产、生活的各个方面。北宋《清明上河图》中，画了当时平民常用的许多柳编工艺品，与现今我国北方常用的同类柳编工艺品基本相同。

元代著名农学家王祯所著的《王祯农书》中，记载了当时人们用柳条编“簸箕”用来簸粮食、盛放粮食或熟食品，编“畚箕”“笤”“挑篮”“箩筐”等用来挑运物品。这些柳编工艺品无论是形态还是编织方法，大多都沿用至今。

明清时期柳编得到进一步发展，有专门的生产作坊，出现许多著名的柳编产地，柳编的品种与式样也较为固定。清朝末年和民国初年柳编制品生产主要以家庭为单位，他们利用当地的柳条在农闲时从事柳编，就地编织，就地销售。

新中国成立后，柳编工艺品的生产得到迅速发展。20世纪60年代以来，在编织原料多样化方面取得了重大发展，在柳编原材料的利用、用柳条与其他材料结合进行创新混合编织方面取得了重大进展，如柳木结合家具、柳竹和柳草混编制品等各种新型产品层出不穷。随着高新技术与柳编的融合发展，使柳编工艺更加绚丽多彩。

（2）发展柳编产业的意义

我国的柳编工艺历史悠久，柳编制品工艺精湛、品种繁多、款式齐全、应用广泛，不但满足国内市场的需求，而且出口世界各地，受到各国用户的欢迎，每年为国家创收大量外汇。

我国发展柳编产业有着得天独厚的条件：我国不但拥有丰富的柳条资源和丰富的人力资源，而且有5000多年文明中孕育的优秀传统文化、数以百万的创新设计人才和占世界约1/5人口的巨大市场。

柳编产业，是一种劳动密集型行业，投入少、产出快、周期短、绿色环保，发展柳编工艺品生产，既适合于办集体工厂，又适合于家庭搞庭院经济，是广大农民迅速致富的一条捷径。不但可以吸收大量的剩余劳动力，增加城乡劳动就业机会，减轻国家负担，稳定社会秩序，而且对落实国家建设美丽乡村战略任务起到非常重要的作用。

8.3.2 柳编的主要编织原料

用于编织柳编工艺品的柳树属于杨柳科柳属植物。柳树的适应能力很强，分布广泛。由于其性能优良，因此用柳树枝条加工成的劈柳、柳皮等材料适合编织各类制品。据有关资料统计，全世界柳树约有五百多个品种，我国的柳树有250多个品种，其中可用于编织的柳树有十几种。常用的柳树品种有：杞柳、小红柳、沙柳、三蕊柳、旱柳和各种柳树的实生苗。

（1）杞柳

因江浙一带用其来编织笆斗，故俗称“笆斗柳”，在北方大多用其编织簸箕，又名“簸箕柳”。因其幼嫩时表皮呈红色，故又称“红皮柳”。杞柳属于灌木类，树高通常为2～4m。枝条大多呈淡红色、黄绿色、淡褐色，少数呈紫红色。常见的杞柳有白皮杞柳、红皮杞柳和青皮杞柳三种。主要分布在黄河、淮河流域，长江中、下游地区，以及内蒙古及辽宁等省区。

（2）小红柳

小红柳属于杨柳科柳属植物。多生于沙漠地区的河滩，主要分布在辽宁、内蒙古、宁夏、甘肃、青海和新疆等省区。小红柳为灌木类植物，高1～2m。小红柳脱皮后多用于各类篮、筐、盘类制品的编织。

（3）沙柳

沙柳属于杨柳科柳属植物。主要分布在内蒙古、河北、山西、陕西、甘肃、青海和四川等省区的平原低湿地带以及河谷、溪边、湿地。沙柳为灌木类植物，通常高1～2m，枝条外皮呈黄色或栗色，小枝带紫色。沙柳枝条细长，质地脆硬，耐弯不耐折，脱皮后适用于编织单向拉花制品和作为其他编织品的纬柳使用。

（4）三蕊柳

这种柳在国内多产于安徽境内，故又称“安徽柳”，属于杨柳科柳属灌木类植物，是编织柳制品的主要原料之一。除安徽为主产区外，还分布在内蒙古、吉林、辽宁、山东、浙江等省区。通常为1～2.5m高。枝条深褐色或紫褐色。三蕊柳生长速度快，枝条髓心大，质地松软，韧性较好，耐折不耐弯，脱皮后适用于各类整柳制品的编制和加工成劈柳，柳皮可编各类制品。

（5）旱柳

北方多称为柳树，南方往往误称为杨树或杨柳树。旱柳属杨柳科柳属植物，其早期萌发的幼枝可用于柳编工艺品的编制。主要分布在东北、华北、西北、华中及华东等地。

旱柳幼枝直立或展开，外皮幼嫩时黄色、绿色，后渐变为褐色。旱柳幼枝性硬脆，脱皮后适合于制骨架，细枝可用于编织单向拉花制品。

8.3.3 我国柳编的主要产地及特点

① 河北是我国重要的柳编产地，素称“柳编之乡”。历史悠久，精工细作，品种繁多，产品有提篮、背篮、筷篓、花篮、果筐、方盒、宫灯、仿唐坐墩、地席等。河北固安柳编造型简练，色调柔和，朴雅大方，编织技法多样，装饰花纹层次多，奇特精美。

② 山东柳编产地集中在博兴、菏泽、临沂、德州地区。品种主要有食篮、菜筐、果盘、花篮、礼盒、壁挂和各种动物造型的篮筐等艺术品。其特点为造型富于新意，色泽洁白光亮，装饰简练美观。

③ 河南柳编产区主要集中在商丘、开封、新乡、安阳等地，特点是选材讲究，编织工艺精细，配色鲜明，款式繁多，注重装饰性。主要品种有筐、篮、箱、篓等。

④ 陕西柳编以榆林地区为主，以当地沙柳为原料，因沙柳条去皮后洁白细腻，称为“银柳”。陕西柳编以精、奇、美著称，编织工艺精细，品种多样，主要有各式箱、篮、筐、盒、盆、笔筒、壁挂陈设工艺品。

⑤ 内蒙古柳编柳条质轻光滑、坚韧耐用。品种有衣箱、吊篮、挂篮、果篮、食篮、童筐、衣筐、盘盒等，造型别致，编织工整，风格朴实自然，色彩对比强烈，民族特色浓厚。

8.3.4 柳编的制作工艺

柳编原料的加工大致分为枝条、劈条、皮条三种。

① 枝条加工是先将柳条去皮、修整、晾晒，取得自然的光润、象牙色白条，也可将其染色和上漆备用。

② 劈条加工是将较粗的柳条劈开加工成细长条，以编织小件器物。

③ 皮条加工是将秋后采的柳条，经蒸煮、滚压脱皮，晒干至呈浅黄色，再持续晾晒，使其色彩呈灰绿、浅咖啡、紫红色等。

柳编的许多编织技法与竹编、草编相似。制作箕、斗、箩、箱等产品，多用勒编技法，以麻线作经，柳条作纬，每穿一根条，各条经线都紧勒一下固定条子，依次勒编。器物的底、帮、沿口等处一般分别采用不同工艺，底部布经常用十字心布经、米字心布经、六角心布经、龟形心布经、平行布经、圆弧形“T”状布经等工艺。器帮一般采用长方形翻边布经、波形布经、放射形布经、绞合布经、穿透布经等工艺。沿口则用窝柱、缠、辫、拉花等工艺。器物的提把用圆拧、扁拧、拉花等技法。柳编家具多要用粗柳木制成框架定型，再用细柳条编织。

柳编品种主要有各式筐、箱、提篮、吊篮、盒、盆、桌椅、沙发、屏风、筷笼、花瓶、玩具等，见图 8-26～图 8-31。

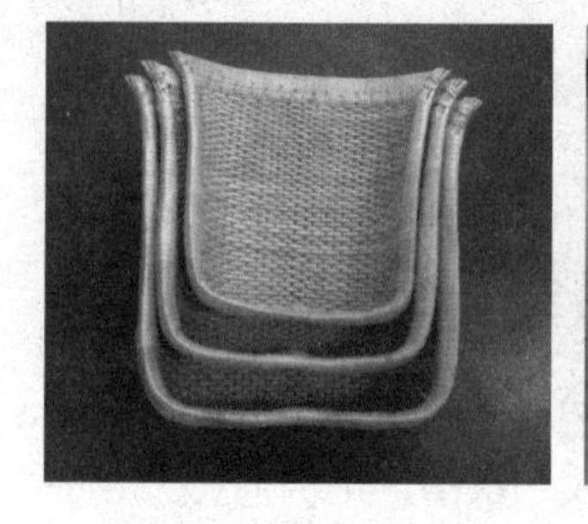

图 8-26 传统柳条编簸箕

图 8-27 传统柳条编笆斗

图 8-28 柳编工艺品

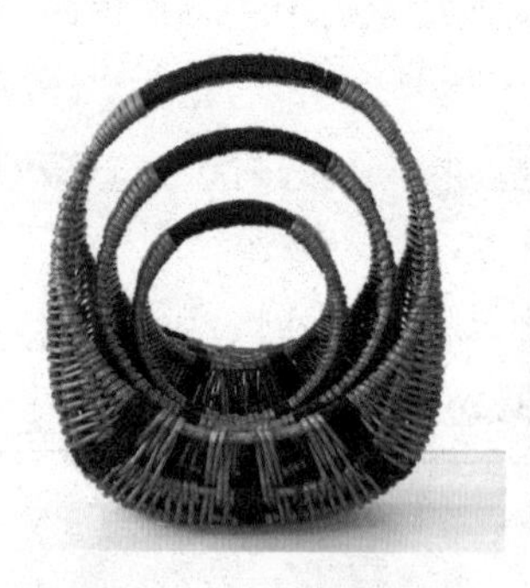

图 8-29 柳编套装提篮

图 8-30 柳编椅

图 8-31 柳编幼儿摇篮

8.4 草

8.4.1 草编概述

草编是利用各种柔韧草本植物为原料加工编制的工艺品。其原材料生长地域广泛，原材料丰富，绿色环保，品种繁多，草编制品工艺精良，取材加工方便，制作简易，应用广泛，是我国特色鲜明的传统编织品，在中国民间十分普及。草编于 2008 年入选第二批国家级非物质文化遗产名录。

我国草编工艺的起源极为久远。据考证，中国最早的草编遗物是河姆渡人制作的，距今已有 7000 年之久。目前已知的中国最早的草编物遗存，为 1973 年在浙江余姚河姆渡新石器时代遗址发掘出土的距今近七千年的苇席残片，它所采用的二经二纬的“二纹”编织法，今人仍在沿用。

据考证，夏、商时期，虽然出现了青铜器冶炼技术，但草编制品依旧是人们主要的生产工具和生活用品，人们生活中已普遍使用席、篮、草帽、草衣、草袜、草鞋、筐和提兜等草藤制品。周代已开始使用以莞（蒲草）编织的莞席，还出现了五彩的缫席（蒲席），当时已有专业的“草工”“作萑苇之器”。春秋战国时期，草编种类增多，有草履、草蓑衣、草斗笠、草帘等。到了汉代，草编制品有席、帘等生活用品及佛教用于跪拜的蒲团，所用原料也更丰富，用不同的材料编织的草席，还体现了不同使用者的等级之分。长沙马王堆一号汉墓出土的莞席、熏篓、草席，编织已很精致。

唐宋时期，草编进一步发展，除小件蒲编外，还出现了大型的蒲帆，虽风吹日晒，仍经久耐用。到了明清时期，我国的草编产业兴旺发达，草编种类丰富多样，出现了许多著名产地，许多性能优越、巧夺天工的草编佳品，还被宫廷选为贡品。

19 世纪 40 年代，中国草编开始走向世界，远销东南亚及欧洲各国。新中国成立以后，我国的草编生产遍及全国，产量不断提高，花色品种日益丰富多彩。

8.4.2 草编的原材料

我国草编的原料资源丰富，遍布全国各地，其中，种植草有席草、黄草、咸草、马兰草、黄麻草、蕉麻、剑麻、苎麻等；野生草有龙须草、香蒲、葵、竹壳、棕榈叶、乌拉草、芒、灯心草、芦苇等；农作物副料有麦草、稻草、玉米皮、棉秆皮等。此外，还有淡水草、金丝草、琅琊草、苏草、山润草、荐草、芒萁草、马绊草、三棱草、茅草、油草等。虽然这些草编材料的使用部位及加工方法不尽相同，但都具有共同的特点：草茎光滑、节少，纤维质细长而柔韧，有较强的拉力和耐折性，色泽美观。

由于草编原料地域分布的不同，我国山东、山西、河南、河北、天津等北方地区主要用蒲草、油草、芦苇、琅琊草、马绊草、麦秸、玉米皮、高粱秆等，上海、江苏、浙江、安徽等江淮一带主要用黄草、苏草、席草、金丝草、马蔺草、蒲草、竹壳等，而福建则多用马蔺草、龙舌草，广东多用水草、蒲草，广西多用芒萁草（又名土藤）、龙须草，湖南多用马蔺草、龙须草，湖北多用荐草等。

8.4.3 草编的编制工艺

草编原材料需经过挑选、梳理、劈分、晾晒等主要加工工序，有的还需硫黄熏蒸、漂白、染色，以及编辫（花样辫）后再进入编制工艺。草编的编制因草料品种、草质及地区的不同而多有差异，工艺形式也极丰富，草制品的编制工艺主要有手编工艺、机织工艺、裁缝工艺、盘拼工艺、串扎工艺、钩结工艺等。较常见的技法有编织、连接、包缠及其他编结。

（1）编织

编织是草编最基本的工艺方法。“编”主要是用一根或几根草料，按一定规律运用搓拧、盘绕、掩压等手法以构成形体；“织”是按经纬穿插交织而成型。

（2）连接

用串接、串钉、机钉、锥砌、串连等方法将两种以上的编织物或半成品连接起来，构成一个新的完整的形体。

（3）包缠

是用某种原料为芯条，再以另一种原料按一定的规则进行方向绕、包裹，以构成需要的造型与纹饰。常见的有包裹、缠扣、缠锯、缠边、缠画等。

（4）其他编结

草编编制中一些辅助性的与装饰性的编结方法，常见的有拧、卷折、缝绣、粘贴、勒等。

8.4.4 草编的主要品种与特色

（1）我国的主要草编制品

① 席类。主要原料为席草、咸草、蒲草、龙须草和芦苇等，其中，以南方的席草为大宗，分布于浙江、湖南、广东、四川、安徽、江西等地。主要品种有麻筋席、软席、芦席（苇席）。应用广泛，可作床席、枕席、沙发席、地席、野餐席等。麻筋席是一种机织席，挺滑凉爽，富有弹性。软席可以折叠成小块，便于包装携带，且做工精密细致。龙须草席多作为枕席、沙发席。芦席多为北方农家所用。

② 草帽类。草帽的原料有席草、咸草、麦草、剑麻、棕榈叶、玉米皮、金丝草、蕉麻等。草帽分手编帽、机制帽、串帽等。机制帽是以麦草辫用缝纫机缝钉而成，手编帽是直接用手工编织而成；手串帽是花样编织帽，镂空透气，玲珑美观。

③ 提篮类。草提篮因原料不同，分为玉米皮篮、麦草篮、竹壳篮、黄草篮及麻网袋等。各种材料采用不同的编织方法，各具不同的风格。玉米皮篮洁白粗放，麦草篮光洁细腻，竹壳篮、花篮玲珑大方，麻网袋精致秀巧，黄草篮挺括俏丽。

④ 草地毯。主要有山东玉米皮地毯、浙江麻地毯及综合原料地毯。各种材料编织的花色地毯是室内装饰布置的主要用品。玉米皮地毯洁白素雅，美观大方，柔韧而富有弹性，是我国独创产品，在欧洲各国深受欢迎。

⑤ 坐垫类。北方草坐垫的主要原料是玉米皮，辅以麦草、蒲草等；南方草坐垫主要原料有咸草、竹壳、葵等。按用途分，有室内家庭坐垫和汽车坐垫。按质地分，有硬质和软质坐垫两类。硬质坐垫是指用竹壳、麦草为胎芯，外经缠绕、钉锯等编织加工而成。软质坐垫以玉米皮、咸草等为主料编织而成。

⑥ 草杂品类。包括各式盘、盒、篓、吊篮、盆套、茶垫、圣诞挂件、草门帘、拖鞋等。这些由不同原料制成的各种规格的小件用品，图案题材众多，装饰风格多样，深受民

众喜爱，是人们日常生活中广泛使用的草编工艺品。

（2）不同产地草编的特色

我国草编工艺品的产地分布很广，品种很多，并呈现出各自的地方风格和特色。

① 山东草编。以玉米皮制品和麦草辫最具特色，前者编织粗犷大方，色泽洁白素雅，柔韧、牢固而实用；后者编织精巧，宛如花边，被誉为“草编花边”，在草编中独树一帜，可编织成提篮、草帽、壁挂、灯罩、花篮等。山东草编主要分布在烟台、潍坊、临沂等地区，其中以海阳、莱州、青岛、博兴、龙口、蓬莱、昌邑为主。

山东草编品种俱全，有各种规格的草地毯、门毡、挂毯、床前毯，各种造型的手提篮、童篮、婴儿篮、旅游包、钱包、酒篮、茶垫、汽车坐垫、靠垫、吊篮、灯罩、果盘、纸篓、门帘、花盆套、草帽、童帽、草鞋、拖鞋等。

② 浙江草编。浙江是我国草编重点产区之一。浙江草编的特点是品种繁多、编织精细、格调素雅。最有代表性的品种是草席、草帽、麻制品。宁波草席集中产于宁波地区，后发展到黄岩、温州、平阳、乐清、东阳、永康等地。宁波草席精密细致，柔软顺滑，凉爽舒适。浙江草帽主要产地在浙江的宁波、台州、温州三个地区，有麻帽、金丝草帽、南特草帽、咸草帽、席草帽、麦草帽等。20 世纪 80 年代以来，浙江沿海地区开发了很多以剑麻、黄麻等为编织原料的麻编产品。

浙江草编的草杂类包括用麦草、竹壳、黄草、马兰草、金针叶、龙丝草、玉米皮等原料编制的篮、盆、垫、花盆套、帘、扇、拖鞋等。产区分布较广，从浙江西部山区到东部沿海，从钱塘江畔到赣闽边界，均有各具特色的草杂制品。

③ 广东草编。主要产品有床席、草篮、沙发席等。以蒲草为材料编织的高要草编最具代表性。高要蒲席的特色是：柔软结实，耐折可叠，冬暖夏凉，图案色彩绚丽，艳而不俗，编织工艺精巧。广东葵编主要产地是新会。葵扇是新会的传统产品，名扬神州。主要产品有通帽、垫、葵帘画、席、花篮等。

④ 河南草编。以麦秸草帽辫为代表，清代嘉庆以前已很兴盛。新中国成立后河南的草编发展为草编工艺品，分布于安阳、开封、郑州、漯河、周口、洛阳、南阳等地。

⑤ 四川草编。新繁棕编利用棕树嫩叶，将其劈成细丝，经熏漂、浸泡染色加工后编织而成。产品细致精巧，朴实大方，色彩明快，具有浓郁的民间特色。新繁棕丝在国际上被称为“四川草”，它不仅白嫩美观，编织成的工艺品舒适、轻便，且价格便宜。特别是凉帽，有“四川金丝草帽”之誉。

⑥ 湖南草编。临武龙须草席又称“临武贡席”。它以龙须草为原料，经漂白加工后编织而成，临武席制作精细，色泽素雅，图案秀丽，柔软耐折，适合于软床、软坐垫用，是一种高级的草编工艺品。

我国草编原材料丰富，草编历史悠久，产地分布很广，各地风格多样，设计新颖、品种繁多，工艺精湛，深受国内外消费者喜爱（图 8-32～图 8-39）。

图 8-32 丰富多彩的草编日用工艺品

图 8-33 草编工艺品

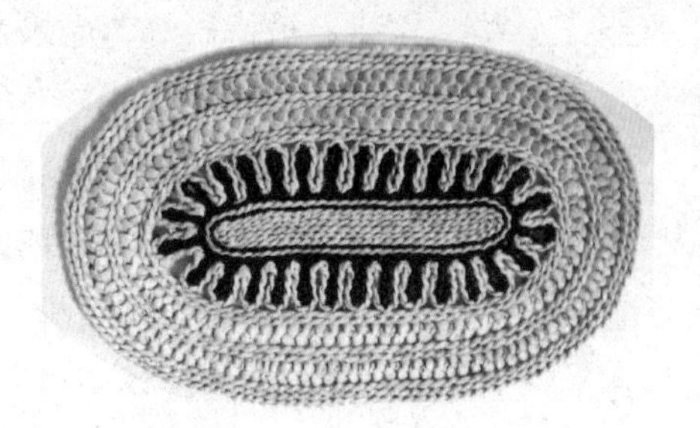

图 8-34 粽叶编工艺品

图 8-35 羌族草编作品

图 8-36 山东临沂麦秆草编

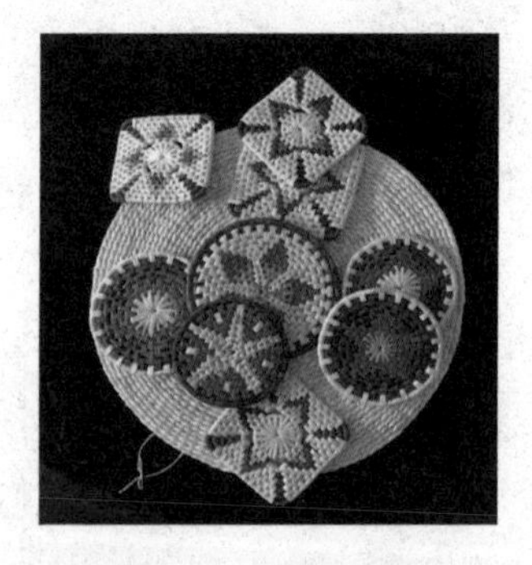

图 8-37 各种草编垫

图 8-38 草编花瓶

图 8-39 蔺草编织的小包

（亚洲绿色工艺设计展作品）

研究与思考

① 概述竹、藤、柳、草原材料不同的特点。

② 简述发展竹、藤、柳、草编产业的意义。

③ 请以文字、图片形式调查、收集家乡的各类竹、藤、柳、草编产品。

④ 分析现有产品的优缺点，用家乡的原材料设计一组编织日用工艺品。

第9章 复合材料

所谓复合材料就是两种以上材料互相复合而成的，能够发挥单一材料所没有的强度特性的材料。复合材料包含无机系和有机系或将两者相互复合而成的材料。一般是由高强度、高模量的增强材料与强度低、韧性好、低模量的基体所组成。以常用的玻璃纤维、碳纤维、硼纤维等做增强材料，以塑料、树脂、橡胶、金属等做基体，组成各种复合材料。

复合材料保留了单一材料原有的优点，克服和弥补了单一材料的某些弱点，得到单一材料无法比拟的、优越的综合性能，从而达到对材料更好、更高的使用要求，使设计的新产品更能满足生活、生产的需求。因此复合材料不断得到发展，成为一类新型的工程材料。

9.1 复合材料概述

使用复合材料的历史可以追溯到古代，如在一些农村地区存在经历了百年沧桑的土坯房墙壁，就是用砂、草、石子、泥土等混合后的材料制成的，水泥等可以说是典型的复合材料。但是，现代复合材料的历史却很短，从20世纪中期左右才开始得到明显发展。20世纪40年代，美国推出了玻璃纤维增强塑料，俗称玻璃钢（FRP），由此揭开了复合材料发展的序幕，随后陆续开发出新的复合材料，其势头不可阻挡。20世纪50年代以后，陆续发展了碳纤维、石墨纤维和硼纤维等高强度和高模量纤维。20世纪70年代出现了芳纶纤维和碳化硅纤维。这些高强度、高模量纤维能与合成树脂、碳、石墨、陶瓷、橡胶等非金属基体或铝、镁、钛等金属基体复合，构成各具特色的复合材料。如将玻璃纤维切短，分散在塑料中制成的FRP制品，其机械强度比单独用塑料制成的制品提高了数倍。因此，这些产品淘汰了过去用钢铁制成的头盔，替代了用水泥制作的水槽和用胶合板制成的摩托艇船体。这些FRP制品与钢铁、水泥制品相比较，不仅重量轻而且机械强度更强，因此成了这些制品的主流材料。

此外，将金属和金属氧化物的针状结晶物分散到金属等物质中制成的高强度纤维合金，以及在钢铁上粘接复合不同性质的其他金属而强化了的覆盖钢板等无机系复合材料的开发也取得了显著的进展。

把强度远远超过玻璃纤维的碳素纤维复合在各种基体上而形成的碳素纤维强化复合材料，由于比飞机合金（铝合金）轻，因此开始作为飞机的构造材料使用，从节省能源的观点来看，今后这种材料将有很大发展前途。

此外，有机系复合材料，正在向制作人造器官、人造关节、假肢和假牙等应用方向发展。复合材料物性的改善及人造器官类设计水平的提高，将给人类生活带来很多益处，对改善人们的生活质量和延长人类的寿命做出巨大贡献。

可以预想，上述的各种复合材料和新出现的复合材料将在各个应用领域发挥更大的作用。

9.2 复合材料的分类

复合材料一般由基体材料和增强材料两部分组成。基体材料起粘接作用，增强材料起强化作用。复合材料一般按以下几种方法分类。

① 按基体材料类型分为聚合物基复合材料、金属基复合材料和无机非金属基复合材料。

② 按不同使用性能分为结构材料、功能复合材料等。

③ 按分散相的形态分为连续纤维增强复合材料，纤维织物、编织增强复合材料，片状材料增强复合材料，短纤维或晶须增强复合材料，颗粒增强复合材料，纳米复合材料等。

④ 按纤维增强类型分为碳纤维复合材料、玻璃纤维复合材料、有机纤维复合材料、陶瓷复合材料。

⑤ 按用途不同分为结构复合材料、功能复合材料、智能复合材料。

9.3 复合材料的特点

复合材料与传统材料相比，具有性能的可设计性、材料与构件成型的一致性，能和原材料（即组分材料）性能互补并产生叠加效果，具备原材料所不能具备的优异的物理化学性能。复合材料具有如下特点。

（1）复合材料性能的可设计性

材料性能的可设计性是指通过改变材料的组分、结构，调整工艺参数和加工工艺，改进并发挥新材料的性能。显然，复合材料中包含了诸多影响最终性能的可调节的因素，为复合材料性能的可设计性赋予了极大的自由度。

（2）材料与构件制造的一致性

这是指复合材料与复合材料构件往往是同时成型的，即采用某种方法把增强材料掺入基体形成复合材料的同时，通常也就形成了复合材料的构件。

（3）具有稳定的物理化学性能

由于复合材料由各种组分的材料组成，因此其性能优于单一组分的材料。一般重量轻而强度大，耐化学腐蚀性和耐减震性能好，耐热性、绝缘性、导电性和导热性能好等。

（4）成型工艺简单灵活

复合材料可采用模具一次成型来制造各种构件，也可以采用手糊成型、缠绕成型、喷射成型等工艺生产各种产品，它可以适应各种造型的需要，创造出意想不到的良好效果。

（5）复合材料的缺点

主要是很难降解，回收处理较困难，容易引起环境污染等问题。所以使用复合材料设计时，必须充分考虑对其的后续处理。

9.4 复合材料的成型工艺

复合材料加工中最常用的复合材料是聚合物复合材料。聚合物复合材料按基体性质不同，可分为热塑性树脂基复合材料和热固性树脂基复合材料。其增强物可以是玻璃纤维、碳纤维、聚乙烯纤维、晶须（氧化铝晶须、碳化硅晶须）、粒子（氧化铝、碳化硅、石墨、金属）等。

聚合物复合材料成型工艺主要有手糊成型、模压成型、层压成型、缠绕成型、拉伸成型、挤压成型等。这些工艺具有两个特点：① 材料制造与制品成型同时完成。通常情况下，复合材料的生产过程即制品的成型过程。② 制品成型比较简单方便。因为树脂在固化前具有一定的流动性，纤维很柔软，所以依靠模具容易形成要求的形状和尺寸。

主要的成型工艺如下。

（1）手糊成型

手糊成型是制造热固性树脂复合材料的一种最原始、最简单的成型工艺。其工艺过程是先在模具上涂刷含有固化剂的树脂混合物，再在其上铺贴一层按要求剪裁好的纤维织物，用刷子、压辊或刮刀压挤织物，使其均匀浸泡并排除气泡后，再涂刷树脂混合物和铺贴第二层纤维织物，反复多次上述工艺直至达到设计所需厚度为止。然后在一定压力下加热固化成型（热压成型）或利用树脂体系固化时放出的热量固化成型（冷压成型），最后脱模而成。

（2）树脂传递模塑成型

树脂传递模塑成型工艺是先将增强剂置于模具中形成一定的形状，再将树脂注射进模具，浸渍纤维并固化的一种复合材料生产工艺，是纤维增强聚合物基复合材料的主要成型工艺之一。

（3）喷射成型

喷射成型是为了提高手糊效率及减轻劳动强度而发展起来的一种半机械化成型工艺。

（4）缠绕成型

缠绕成型是一种将浸渍了树脂的纱或丝束缠绕在回转芯模上，在常压、室温或较高温度下固化成型的一种复合材料制造工艺，是一种生产各种尺寸（直径 6mm～6m）回转体简单有效的方法。根据纤维缠绕成型时树脂基体的物理化学状态，这种成型方法可分为干法缠绕、湿法缠绕和半干法缠绕三种。

(5) 其他成型工艺

除以上几种成型工艺方法外，集合物基复合材料成型工艺还有模压成型、挤压成型、袋压成型、注射成型、离心成型等方法。

展望未来，随着科学技术的不断创新、产业和产品结构的不断转换、设计领域和社会需求的不断变化，复合材料的成型工艺也将不断创新。

9.5 复合材料在设计中的应用

由于复合材料具有比强度（强度与密度之比）高，比弹性模量（弹性模量与密度之比）高，抗疲劳性能好，减摩、耐磨性能和减振能力强，物理化学性能的稳定性好等一系列特色，并集结构承载等多功能于一体，因此，在交通工具、体育用品、景观设施、儿童游乐器具、家具和航空航天等领域广泛应用。

(1) 复合材料在家具中的应用

由于复合材料制造的家具强度高、重量轻，且具有牢固、便于存储和运输、色泽鲜艳美观、使用寿命长、易于清洗等特点，因此，体育场馆、公共食堂、机场候机厅、高铁、火车站候车大厅、快餐厅、大礼堂、影剧院等场所中普遍使用复合材料家具。图 9-1 为玻璃钢制造的椅子。图 9-2 球椅（ball chair）由芬兰设计大师艾洛·阿尼奥设计，采用玻璃纤维复合材料制成，在 1966 年科隆家具博览会上引起很大的轰动，成为一种时代的象征，后来这种椅子很快得到大量制造生产。图 9-3 所示为“轻轻型”扶手椅，扶手椅的芯材是蜂窝式的“诺梅克斯（Nomex）”聚酰胺，面上覆盖碳纤维，碳纤维在使用前已浸透环氧树脂，产品超轻且使用方便。图 9-4 为公共场所玻璃钢连排椅，这类产品无论室内外都可以使用。图 9-5 是玻璃钢桌椅，制作更加精致美观。

图 9-1 玻璃钢椅子

图 9-2 球椅（ball chair）

图 9-3 “轻轻型”扶手椅

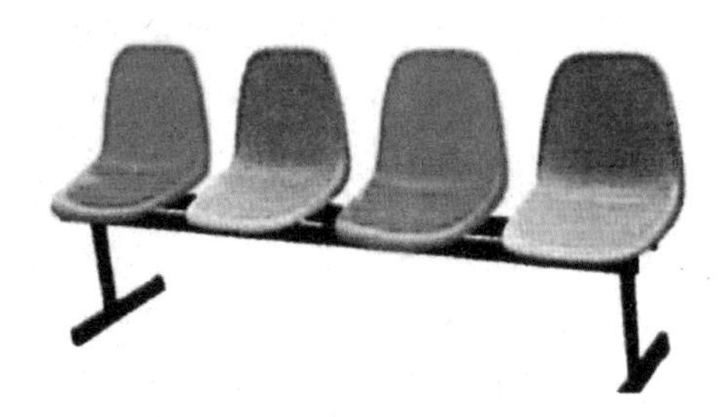

图 9-4　公共场所玻璃钢连排椅

图 9-5　玻璃钢桌椅

（2）复合材料在汽车工业中的应用

复合材料具有密度较小、性能较好等优点。为了降低汽车油耗和排污量，选用轻质复合材料制造汽车是十分必要的，可以用先进的复合材料（热固性和热塑性复合材料、无机复合材料、高性能复合材料）取代传统的金属材料。

图 9-6　莲花 Elise 二代轿车

图 9-6 为莲花 Elise 二代轿车，它是采用树脂传递模塑成型技术制造的。整个车身由两块盖板、前后保险杠、车顶板（包括尾端）、两侧围裙、前端件和两个车门共 10 块聚酯复合材料构件组成。采用复合材料的车身用胶黏合后再用铝质铆钉施压加固，车身轻而坚固，线型流畅，阻力小，色泽鲜艳，质量轻，油耗小，抗碰撞能力强，可减少维修，延长使用寿命。

（3）复合材料在航空航天中的应用

复合材料，特别是碳纤维复合材料等，由于具有比强度高、比刚度大、可设计性强、抗疲劳断裂性能好等优点，在航空航天领域已得到广泛应用，现在已成为航空航天领域继铝、钢、钛之后的第四大结构材料。复合材料在航空航天领域除主要用作结构材料外，在许多情况下还可满足各种功能性要求，诸如透波、隐身等。

图 9-7 所示的是由洛克希德、波音以及通用动力公司合作研制的新一代战斗机，具备低可探测性、高度机动性、敏捷性和隐身性，可作超声速巡航，有效载重高且有足够远的航程集中在一架飞机之上。F-22 战斗机中采用了大量的复合材料。树脂基复合材料的用量占整机结构重量的 24%，其中热固性树脂基复合材料占 23%，在温度较低的进气道采用了环氧复合材料 977-3。F-22 机翼上的三根梁采用的是由钛合金主梁和树脂传递模塑成型的正弦波复合材料辅助梁组成的混合式结构。

图 9-7　F-22 战斗机

（4）在其他领域中的应用

在日常生活中到处都可以发现复合材料制造的产品。如图 9-8 所示的“Sirius

Mushroom”吊灯，灯罩由玻璃纤维增强聚酯树脂复合材料制成，表面镶嵌不同颜色的橡皮球达到装饰作用。图 9-9 是“苍鹭”台灯，灯体底座和灯臂采用经玻璃纤维增强的 PA66 制成。图 9-10 是头盔，图 9-11 是碳纤维车架自行车，图 9-12 为玻璃钢冷却塔，图 9-13 为复合材料制的防爆罐，图 9-14 为金属钛网球拍，图 9-15 为木塑复合材料搭建的阳台。

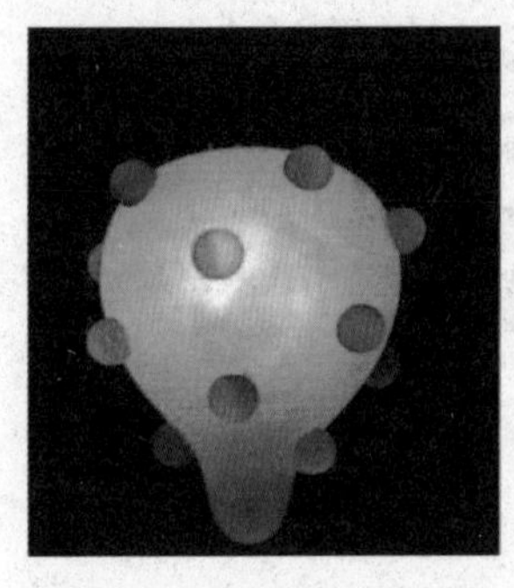

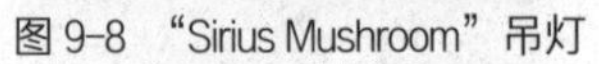

图 9-8 “Sirius Mushroom”吊灯

图 9-9 “苍鹭”台灯

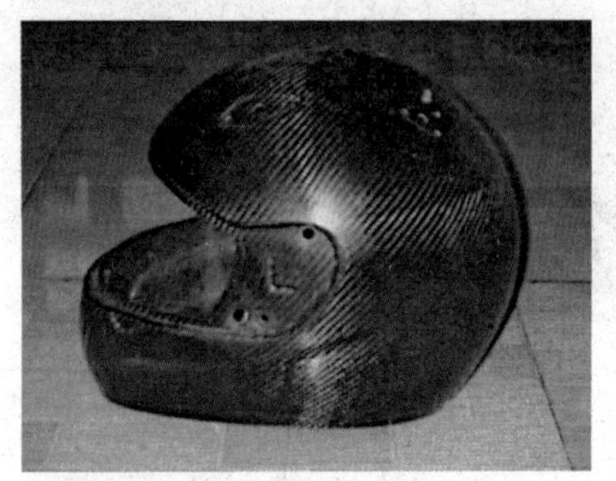

图 9-10 头盔

图 9-11 碳纤维车架自行车

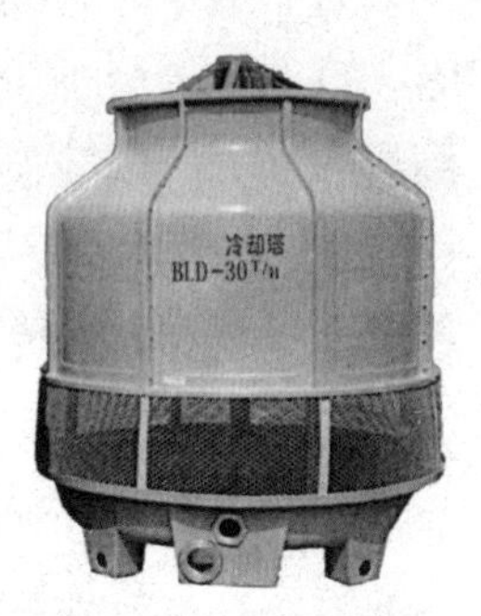

图 9-12 玻璃钢冷却塔

图 9-13 复合材料制的防爆罐

图 9-14 金属钛网球拍

图 9-15 木塑复合材料搭建的阳台

研究与思考

① 何谓复合材料？与传统单一材料相比，它有哪些优缺点？

② 列举 5 件复合材料产品，分析其成型工艺及特点。

③ 举例说明纤维增强复合材料主要有哪些成型方法。

第10章 新材料的开发与应用

材料不仅是当前世界新技术革命的三大支柱（材料、信息、能源）之一，而且又与信息技术、生物技术一起构成了21世纪世界重要且极具发展潜力的三大领域。新材料已经成为“高新技术产业的先导和基础”，对人类社会的进步发挥着决定性作用，对设计的未来发展具有重要影响。

新材料是指新近研发出的或正在发展的具有优异性能的结构材料和有特殊性质的功能材料。

目前，全球范围内都在积极发展新材料，尤其是发达国家，新材料是决定一国高端制造及国防安全的关键因素，成为国际竞争的重点领域之一。中国作为制造业大国，对新材料的市场需求大，伴随中国经济发展，能源领域、制造业领域、医药与建筑业等领域对于新材料的市场开发需求将持续扩大，新材料行业发展前景广阔。

新材料在国防建设上作用重大。例如，超纯硅、砷化镓研制成功，促进了大规模和超大规模集成电路的诞生，使计算机运算速度从每秒几十万次提高到每秒百亿次以上；航空发动机材料的工作温度每提高100℃，推力可增大24%；隐身材料能吸收电磁波或降低武器装备的红外辐射，使敌方探测系统难以发现等。

随着科学技术的快速发展，新材料行业取得了历史性的突破和发展。许多新材料的研发和应用已经深入到电子、航空、汽车等各行各业。高新材料如碳纤维、高性能陶瓷、高分子材料等，已经成为当今工程技术中不可或缺的重要组成部分。

新材料的突破正推动着许多传统产业的转型升级。以汽车行业为例，传统的钢铁材料正在逐渐被轻量化、高强度的新材料所取代。这不仅可以提高汽车性能和节能减排，还可以降低生产成本和维修费用。类似的例子还有电子行业中，新一代的半导体材料正在取代传统的硅材料，提供更高的性能和更小的尺寸。

随着人工智能、互联网和物联网技术的不断发展，新材料也将与智能化技术融合，开创出更多的应用领域。智能材料、可穿戴设备等将成为未来新材料行业的热点。这些新材料将拥有更多的传感、控制和交互功能，为人们的生活和工作带来更多便利和创新，新材料行业将会面临许多机遇和挑战。随着全球环保意识的提升和能源危机的加剧，绿色新材料将会成为新材料行业的重要发展方向。例如，太阳能电池、燃料电池等可再生能源的发展将会对新材料行业产生重要影响。节能减排、资源循环利用也将成为新材料行业关注的焦点。

展望未来，随着全球经济一体化，颠覆性科技不断涌现，新材料行业将为人类社会带来更多的科技突破和发展机遇。只有不断深化科技创新，加强产学研合作，才能推动新材料行业的蓬勃发展，并为人类社会的可持续发展做出更多贡献。

10.1 新材料的类别与性能

随着世界各国的科学技术日新月异，人们在传统材料的基础上，根据现代科技的研究成果，开发出许多新材料。新材料有多种分类方法：按组成分为金属材料、无机非金属材料（如陶瓷、砷化镓半导体等）、有机高分子材料、先进复合材料四大类。按材料性能分为结构材料和功能材料。结构材料主要是利用材料的力学和理化性能，以满足高强度、高刚度、高硬度、耐高温、耐磨、耐蚀、抗辐照等性能要求；功能材料主要是利用材料具有的电、磁、声、光、热等效应，以实现某种功能，如半导体材料、磁性材料、光敏材料、热敏材料、隐身材料和制造原子弹、氢弹的核材料等。

新材料与日俱增，在第9章中论述的复合材料是新材料的一种，在本章不再重复论述，以下介绍其他几种有代表性的新材料。

10.1.1 智能材料

智能材料是继天然材料、合成高分子材料和人工设计材料之后的第四代材料，是现代高新技术材料发展的重要方向之一。国外在智能材料的研发方面取得很多技术突破，如英国宇航公司的导线传感器，用于测试飞机蒙皮上的应变与温度情况；英国开发出一种快速反应形状记忆合金，寿命期具有百万次循环，且输出功率高，以它作制动器时反应时间仅为10分钟；形状记忆合金还已成功应用于卫星天线、医学等领域。

另外，还有压电材料、磁致伸缩材料、导电高分子材料、电流变液和磁流变液等智能材料及驱动组件材料等功能材料。

10.1.2 能源材料

能源材料主要有太阳能电池材料、储氢材料、固体氧化物电池材料等。太阳能电池材料是新能源材料，IBM公司研制的多层复合太阳能电池，转换率高达40%。氢是无污染、高效的理想能源，氢的利用关键是氢的储存与运输，美国能源部在全部氢能研究经费中，大约有50%用于储氢技术。储氢材料多为金属化合物。固体氧化物燃料电池的研究十分活跃，关键是电池材料，如固体电解质薄膜和电池阴极材料，还有质子交换膜燃料电池用的有机质子交换膜等。

10.1.3 超导材料

有些材料当温度下降至某一临界温度时，其电阻完全消失，这种特性称为超导电性，具有这种特性的材料称为超导材料。超导材料的另外一个特性是当电阻消失时，磁感应线将不能通过超导材料，这种特性称为抗磁性。这是超导材料的两个重要特性。超导材料已在核磁共振人体成像、超导磁体及大型加速器磁体等多个领域获得了应用，并在微弱电磁信号测量方面起到了重要作用。

超导材料最广泛的应用是发电、输电和储能。超导输电线和超导变压器可以把电力几乎无损耗地输送给用户，可以极大提高效能，减少损失。利用超导材料的抗磁性产生的磁悬浮效应，可以制作高速超导磁悬浮列车。

10.1.4 纳米材料

纳米材料是指由纳米颗粒构成的固体材料，是纳米科技领域中最富活力、研究内涵十分丰富的科学分支。纳米科学技术是一个融科学前沿的高技术于一体的完整体系。纳米科技主要包括纳米体系物理学、纳米化学、纳米材料学、纳米生物学、纳米电子学、纳米加工学、纳米力学七个方面。

纳米材料的基本性能如下：① 物化性能。纳米颗粒的熔点和晶化温度比常规粉末低得多，熔化时耗能少；纳米金属微粒在低温下呈现电绝缘性；纳米微粒具有极强的吸光性，故各种纳米微粒粉末几乎都呈黑色；纳米材料还具有奇异的磁性。② 扩散及烧结性能。纳米结构材料可在较低温度下进行有效掺杂，并使不混溶金属形成新的合金相。在较低温度下烧结就能达到致密化的目的。③ 纳米材料的力学性能与普通材料相比有显著的变化，一些材料的强度和硬度成倍地提高；纳米材料还表现出超塑性状态，即断裂前产生很大的伸长量。

10.1.5 磁性材料

磁性材料可分为软磁材料和永磁材料两类。

（1）软磁材料

是指易于磁化并可反复磁化的材料。常用的软磁材料有铁硅合金、铁镍合金、非晶金属。其特性是：磁导率高，在磁场中很易磁化并快速达到高磁化强度；当磁场消失，其剩磁很小。该材料广泛应用于电子技术的高频技术产品中，如磁芯、磁头、存储器磁芯；可用于制作变压器、开关继电器等，还广泛用于电讯工业、电子计算机和控制系统方面最重要的电子材料。非晶金属（金属玻璃）具有非常优良的磁性能，它们已用于低能耗的变压器、磁性传感器、记录磁头等。另外，有的非晶金属具有优良的耐蚀性，有的非晶金属具有强度高、韧性好的特点。

（2）永磁材料

永磁材料又称硬磁材料，是指经磁化后在去除外磁场后仍保留磁性的材料。其性能特点是具有高的剩磁、高的矫顽力。利用此特性可制造永久磁铁，作为磁源广泛应用于各种产品中，如常见的指南针、微电机、电话、医疗、电动机等方面。永磁材料还用于高性能扬声器、核磁共振仪、汽车启动电机、电子水表等产品。

除上述新材料外，还有电子信息材料（包括微电子材料、光电子材料、平板显示材料、固态激光材料、固态荧光材料、金属薄膜材料等）；先进陶瓷材料（包括微波介质陶瓷、瓷介电子元件、压电陶瓷材料、功能陶瓷等）；生物材料（包括生物陶瓷、生物高分子材料、生物合金等可以与生物体相容、相互作用的材料。生物材料的应用领域主要包括医疗、组织工程、药物传递等方面）；生物医用材料（是用于诊断、治疗或替换人体组织、器官或增进其功能的新型高技术材料，是材料科学技术中的一个正在发展的新领域，不仅技术含量和经济价值高，而且与患者生命和健康密切相关）；汽车新材料（包括轻量化与环保材料、高强度材料、超高强度材料、铝合金、镁合金、塑料和复合材料等）；化工新材料（包括有机硅、有机氟、工程塑料及塑料合金、特种橡胶、特种纤维、特种涂料、制冷剂、精细化工产品等）；生态环境材料（是在人类认识到生态环境保护的重要战略意义和世界各国纷纷走可持续发展道路的背景下提出来的，一般认为生态环境材料是既具有满意的使用性能同时又被赋予优异的环境协调性的材料）。

10.2　新材料在设计中的应用

10.2.1　设计中应用新材料的必要性

在历史长河中，新材料不断改变着人类的生活，人类使用各种材料创造新的生活，建构新的世界。

在漫长的历史进程中，人类经历了旧石器时代、新石器时代、青铜时代、铁器时代、钢铁时代、高分子材料时代等时期，在现代社会，新材料以及新材料中的高新技术正在为人类展开一个新世界的画卷，现代人类更是进入了一个以高性能材料为代表的多种材料并存的时代。可以说，新材料的使用不仅使生产力获得极大的解放，极大地推动了人类社会的进步，而且在人类文明进程中具有里程碑意义，为人类文明提供新的行为理念，建立起人类扩展自身生存与发展空间的信心。

材料是人类赖以生存和发展的物质基础，人类文明的历史在一定意义上是人类认识、探索、创新和使用材料的历史。新材料是营造未来世界的基石，如果没有20世纪70年代制成的光导纤维，就不会有现代的光纤通信，如果没有制成高纯度大直径的硅单晶，就不会有高度发展的集成电路，也不会有今天如此先进的计算机和电子设备。

随着技术革新的浪潮日益高涨，作为其支柱的新材料正在飞速发展。新的材料使人类超越自然界，实现了根据材料来设计产品，根据产品的需要，通过新的组成、结构和工艺设计来实现其所需功能的概念，并且它的功能要求正在向着迎合人类在各个领域的需要而发展。由此可以说，新材料已成为人类从“自然王国”走向“自由王国”的动力源泉。新材料的不断发展，给产品造型设计带来了很大的变化。多种新材料的选择，造就了多样的产品形态，从而改变了人类的生活方式。

人类的造物活动都是与新材料的出现、新工艺的产生和新技术的发展息息相关的。新材料是设计师创新设计的重要着眼点之一，设计师通过尝试采用新材料对传统命题进行革新，或借鉴甚至试验新的成型技术、表面加工技术，对传统材料的成型性、表面肌理等进行大胆尝试，设计出大量的极具创新性的作品。然而当今材料科学日新月异，材料从种类到加工技术都在以加速度发展，因此，与掌握有限的几种材料相比，学习全方位把握材料性能的方法及途径，培养应对层出不穷的新材料的能力就显得尤为重要。能否将材料与功能有机地结合起来，将材料特性在使用中发挥得淋漓尽致，则有赖于对材料特性的全面、深刻的认识和掌握。因此，设计师在设计过程中应将设计材料的范畴拓展到最大范围，突破传统，才能独树一帜，开拓创新。

展望新材料对工业设计的影响：① 随着产品进一步智能化、电子化、集成化和小型化，新材料的应用将改变传统产品的使用功能、结构与形态，形成新的产品设计风格。因此，设计师需要充分利用新材料的优势，使其与产品设计融为一体。② 新材料的应用将使产品形态更新颖、美观，寿命更长，令人愉悦、爱不释手，更具时代感和未来性。③ 新材料的应用将使所有产品更加人性化、安全、高效、便捷，操作性更强。④ 新材料的应用使产品设计更加环保低碳，将带来全球生态绿色环保和全球经济可持续发展的新时代。⑤ 新材料的应用将极大改变传统设计的理论、方法和研发模式，设计思维、项目设计集约化和协同创新将成为趋势。

10.2.2 设计中重点关注的新材料

新材料作为高新技术的基础和先导，应用范围极其广泛，它同信息技术、生物技术一起成为 21 世纪最重要和最具发展潜力的领域。随着科学技术的快速发展，新材料行业取得了历史性的突破和发展。许多新材料的研发和应用已经深入到电子、航空、汽车等各行各业。高新材料如碳纤维、高性能陶瓷、高分子材料等，已经成为当今工程技术中不可或缺的重要组成部分。

新材料的突破正推动着许多传统产业的转型升级。以汽车行业为例，传统的钢铁材料正在逐渐被轻量化、高强度的新材料所取代。这不仅可以提高汽车性能和节能减排，还可以降低生产成本和维修费用。类似的例子举不胜举。

（1）新能源材料

是指能实现新能源（太阳能、生物质能、核能、风能、地热能等）的转化和利用，以及在发展新能源技术中所要用到的关键材料，如太阳能电池材料、反应堆核能材料等。这种材料具有体积小、能量大、环保、可持续等显著特点。被广泛用于制造能源的新材料主要包括光电子材料、储能材料、改性材料等。图 10-1 为太阳能电池的微型收音机。图 10-2 为太阳能电池的监控摄像头。图 10-3 为德国设计师为发展中国家设计研发、并被广泛使用的太阳能充电提灯。图 10-4 为世界上第一辆氢能源汽车。

图 10-1　太阳能电池微型收音机

图 10-2　太阳能电池监控摄像头

图 10-3　太阳能充电提灯

图 10-4　氢能源汽车

（2）绿色环保材料

绿色材料是一种具有优良的使用性能和环境协调性同时又可改善环境的材料。绿色材料具有先进性、环境协调性与舒适性。绿色材料包括生物降解材料（生物降解塑料）、循环与再生材料（再生纸、再生塑料、再生金属）、净化材料、绿色建筑材料、绿色能源材料等。

人们对环境污染的关注度不断提高，对环保材料的需求也随之增长。新材料在环保领域的应用包括新型污水处理材料、大气污染治理材料、土壤修复材料等。图 10-5 是利用印度尼西亚当地天然间伐木材设计、生产的工艺收音机，图 10-6 是日本 100% 利用回收纸设计制造的桌子和凳子，图 10-7 是利用废弃的电子产品零部件设计制作的文创产品，图 10-8 是塑木新材料，利用废弃塑料和家具加工而成，广泛应用于户外家具和景观设施等。

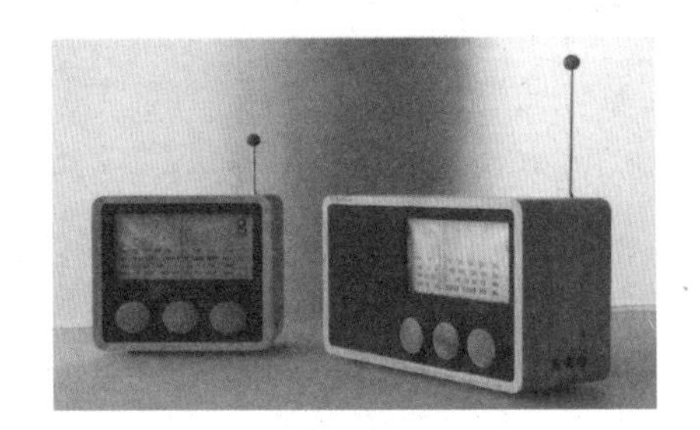

图 10-5　利用间伐材生产的收音机

图 10-6　利用回收纸设计制造的桌子和凳子

图 10-7 利用废弃的电子产品零部件设计制作的文创产品　　图 10-8 塑木新材料

（3）智能材料

智能材料就是指能够感知环境（包括内环境和外环境）刺激，对之进行分析、处理、判断，并采取一定的措施进行适度响应的具有智能特征的材料。智能材料是继天然材料、合成高分子材料、人工设计材料之后的第四代材料，是现代高技术新材料发展的重要方向之一，将支撑未来高技术的发展。科学家预言，智能材料的研制和大规模应用将引发材料科学发展的重大革命。一般说来，智能材料有七大功能及特征，即传感功能、反馈功能、信息识别与积累功能、响应功能、自诊断能力、自修复能力和自适应能力。目前已研发的智能材料有压电陶瓷、形状记忆合金、感光镜片、智能高分子材料等，已在航空领域和尖端领域得到应用。

图 10-9 是人造卫星或宇宙飞船上的半球形的网状自展天线。先把天线在低温下折叠成小团放在卫星或飞船里，发射或升空后，通过加热或利用太阳能使天线从折叠状态展开成工作状态。图 10-10 是变色汤匙。该汤匙是为防止幼儿喂食中产生烫伤而开发设计的，当所舀的食物温度超过 40℃时，勺端会变色以达到警示的效果，随着温度的下降，颜色又会复原，可重复使用，此外这种汤匙魔术般的色彩变化也增加了吸引幼儿注意力的娱乐效果。

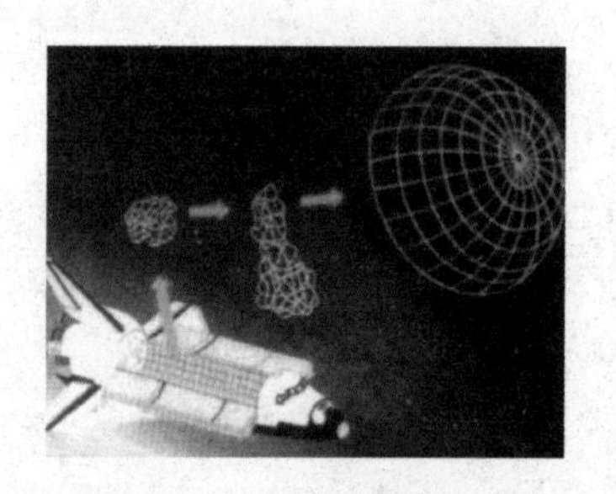

图 10-9 宇宙飞船天线

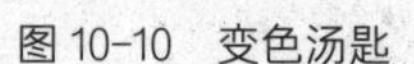

图 10-10 变色汤匙

（4）纳米材料

纳米材料是由纳米原子团组成的，它在三维空间中至少有一维处于纳米尺度。纳米材料具有特殊的光学性能（如金属的颜色变为黑色）、热学性能（熔点显著降低）、力学性能（脆性变韧性）。

目前典型的纳米材料有纳米金属、纳米塑料、纳米陶瓷、纳米磁性材料、纳米超导材料等。

纳米材料在生物、医学、工业、环保、军事等方面有非常广阔的应用前景。

以我们日常生活中的衣食住行医为例介绍纳米材料在各领域中的应用。

① 衣：在纺织和化纤制品中添加纳米微粒，可以除味杀菌。化纤布虽然结实，但有恼人的静电现象，加入少量金属纳米微粒就可消除静电现象。

② 食：利用纳米材料使冰箱可以抗菌。纳米材料做的无菌餐具、无菌食品包装用品已经面世。利用纳米粉末，可以使废水彻底变成清水，完全达到饮用标准。纳米食品色香味俱全，还有益健康。

③ 住：纳米技术可以使墙面涂料的耐洗刷性提高 10 倍。将玻璃和瓷砖表面涂上纳米薄层，可以制成自洁玻璃和自洁瓷砖，根本不用擦洗。含有纳米微粒的建筑材料，还可以吸收对人体有害的紫外线。

④ 行：纳米材料可以提高和改进交通工具的性能。纳米陶瓷有望成为汽车、轮船、飞机等发动机部件的理想材料，能大大提高发动机效率、工作寿命和可靠性。纳米卫星可以随时向驾驶人员提供交通信息，帮助其安全驾驶。

⑤ 医：利用纳米技术制成的微型药物输送器，可携带一定剂量的药物，在体外电磁信号的引导下准确到达病灶部位，有效地起到治疗作用，并减轻药物不良反应。用纳米材料制造成的微型机器人，其体积小于红细胞，可通过向病人血管中注射能疏通脑血管的血栓，清除心脏动脉的脂肪和沉淀物，还可“嚼碎”泌尿系统的结石等。纳米技术将是健康生活的好帮手。

图 10-11 是 2005 年欧洲自行车设计大赛获得设计金奖的产品，是由瑞士设计、生产的世界上第一辆所有框架采用碳纳米管纳米技术，用管状的纳米碳分子组成纤维的产品。图 10-12 是纳米技术概念终端产品，由诺基亚研究中心和剑桥大学共同开发、合作而成。产品透明的电子器件具有能自我清洁的表面和超强的防水性、延展性。又如穿了时尚服饰的人，发现所带手机的颜色与服饰不相配，于是拍下服饰的颜色、花纹，之后再按要求操作手机按键，于是手机的屏幕颜色变得与身上所穿的服饰相配。图 10-13 是纳米纤维材料在军民融合领域的应用。

图 10-11　纳米材料赛车

图 10-12　纳米技术概念终端产品

图 10-13 纳米纤维材料在军民融合领域的应用

上述新材料的应用案例仅仅是冰山一角，不胜枚举。随着科学技术的快速发展，新材料行业取得了历史性的突破和发展。高新材料已经成为当今工程技术中不可或缺的重要组成部分。许多新材料的研发和应用已经广泛深入到人类社会的各个领域。新材料的突破不但推动着传统产业的转型升级，而且为世界的可持续发展提供了无限的可能性。

研究与思考

① 简述新材料的概念及作用。

② 搜集新材料及其应用的相关信息，探讨新材料对未来设计的影响。

③ 纳米材料有哪些特别的性能？举 5 个纳米材料在产品设计中的具体应用实例，并附图说明。

④ 举几个新材料在产品设计中的应用实例。

第 11 章 产品设计优秀作品赏析

本书前面10章分别介绍了金属、陶瓷、玻璃、塑料、木材、纸、纤维、皮革、橡胶、竹、藤、柳、草、复合材料、新材料等各种材料的性能和加工工艺等基本知识。在今后的设计实践中，读者会逐步理解并掌握这些知识的真谛，并扩展设计的思维。为此，本书特从国内外优秀产品中挑选100个产品供大家欣赏，也许能作为设计的参考（图11-1～图11-100）。

图11-1 红旗L5轿车

图11-2 我国首款民用氢能源汽车——红旗H5-FCEV

图11-3 C919大型客机

特点：外表协调，先进的气动力设计确保飞机的安全性、舒适性、经济性和环保性

用材：第三代铝锂合金、T800级芳纶蜂窝材料及其他复合材料

图 11-4 日本丰田氢能源汽车的外观造型与内部结构

图 11-5 复兴号流线型高铁车头

图 11-6 法国高铁

图 11-7 方向盘型电动轮椅

用材：钢管、钢板、PVC 塑料等

图 11-8 个性化电动代步车

图 11-9 自行车拖车

图 11-10 铝合金建造的人行天桥

图 11-11 超大型矿用平地机
徐工集团蹤雪梅设计
获：中国优秀工业设计奖金奖、德国 iF 设计奖

超大型智能矿用平地机是全球最大的矿用智能平地机，专门用于露天矿山路面建设和原始地貌修整等。产品以“智慧平整”为设计理念，采用电控双手柄操纵，整机运行状态可监控，操作简洁、舒适、智能；同时搭配远程操控智能驾驶舱，实现沉浸式直觉化操纵模式，使操作人员远离恶劣危险工况。该款产品全面取代进口，打破外资品牌长期垄断，对捍卫国家能源资源和信息安全具有重要意义（图 11-11）。

图 11-12 “青山行”纯电动装载机
获：中国优秀工业设计奖银奖、德国红点奖

徐工集团为抢滩“双碳”新赛道，全新推出了一款绿色低碳的纯电装载机产品，产品包含充电、拖电、换电、智能四个版本，可满足钢铁、煤炭、港口、矿山等多个场景的作业需求，让客户体验新能源产品带来的低碳排放高价值回报。产品同时具备远程遥控、无人驾驶、辅助铲装等智能化技术。产品操纵舒适，驾驶室模块化设计可满足 9 种不同功能配置需求，细致入微的人性化内饰设计，使驾驶操纵效率得到有效提升（图 11-12）。

图 11-13 郑州日产皮卡露营系统
设计：王谦、邵杨、乔丹
用材：ABS、锰钢、不锈钢、动物皮毛、竹材、定制编织轮毂、橡胶等

图 11-14 水上摩托（雅马哈发动机公司）
用材：玻璃钢、氯乙烯

图 11-15　XE35U-E 电动挖掘机（徐工集团）

蹤雪梅设计　获德国 iF 设计奖

图 11-16　小松动力挖掘机（日本）

特点：先进的液压系统、卓越的开挖性能

图 11-17　克拉斯拖拉机（德国）

特点：一直专注于环保、节能、高效、驾驶舒适性与功能多样化

图 11-18　拖拉机（日本久保田机械研究业务部）

特点：追求“舒适、安全”，装上玻璃，既开阔农耕作业视野又有安全感，操作方式与乘用车相近，在一般道路能快速行驶

图 11-19　哈雷摩托车（美国）

用材：金属、橡胶、塑料等

图 11-20　赛格威（Segway）两轮平衡车（美国）

特点：采用了先进的倒立稳定技术，通过自动感应调整车身的倾斜角度，实现了完美的平衡。其次，该电动平衡车还具备出色的动力性能，能够快速达到安全的速度，并且在坡道上也能轻松行驶。该两轮平衡车还具有智能导航功能

图 11-21 比赛用轮椅
用材：铝合金等

图 11-22 V28 偏摆车
设计：王谦、姜梦迪

图 11-23 比赛用自行车
用材：金属、碳素纤维等

图 11-24 折叠式自行车
用材：金属、橡胶等

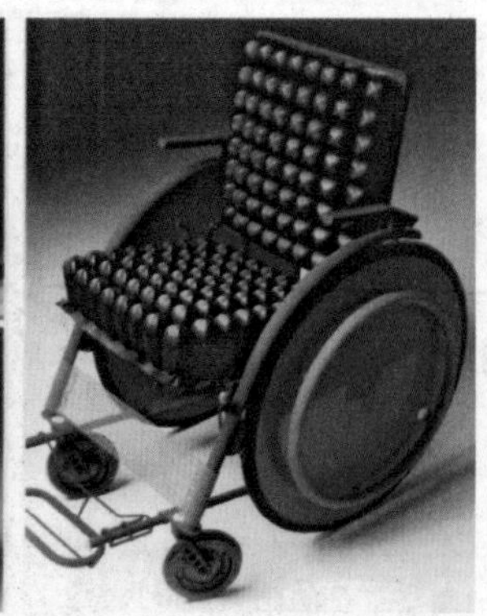

图 11-25 可折叠轮椅
用材：钛、铝合金等

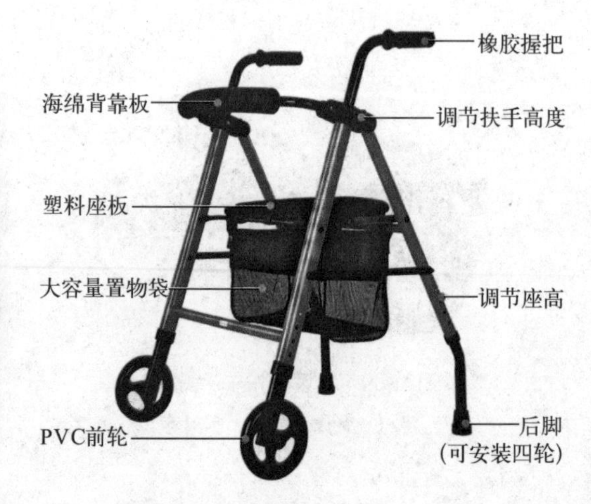

图 11-26 老年人手推助步车

图 11-27　滚筒洗衣机（日本松下电器）

特点：通常洗衣机滚筒轴为垂直或水平设置，而该洗衣机的滚筒轴与水平成 30°，单盖容易启闭，取放衣物甚为方便，机顶可以放置物件。与普通洗衣机相比，洗涤同量衣物的用水量较少，而且机器运转时振动较小，噪声较轻

图 11-28　除草机

用材：金属、塑料、橡胶等

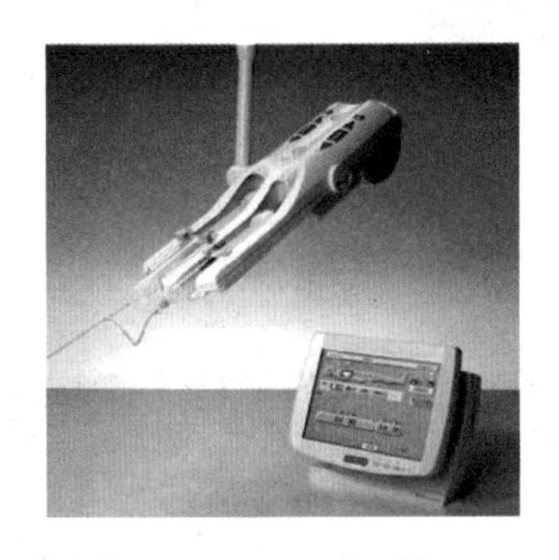

图 11-29　医疗器械

用材：塑料、金属、玻璃等

图 11-30　礼品香槟（法国软木箱香槟酒公司制）

特点：打开包装后，外包装则呈孔雀开屏状，变为香槟冷却器，往里面注入水或冰就能降低酒温，并能保持较长时间断热状态；折纸外包装也是一个创意的亮点

图 11-31　不锈钢锅

用材：金属、塑料

图 11-32　不锈钢系列锅

特点：同一把手可以拆装到每个锅上

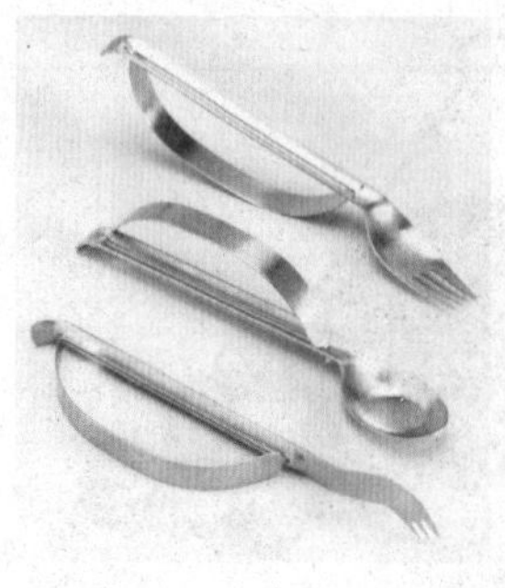
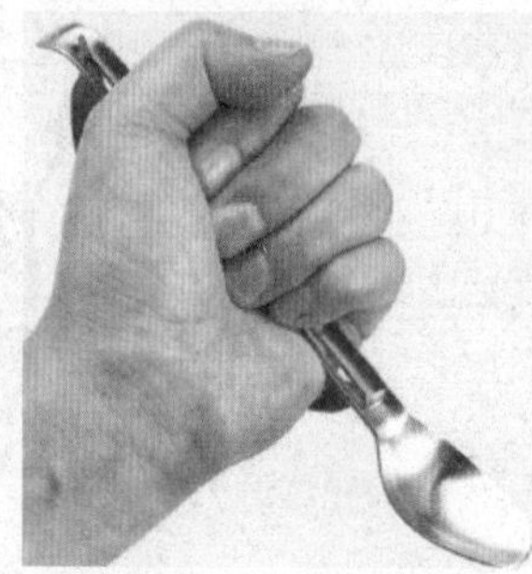
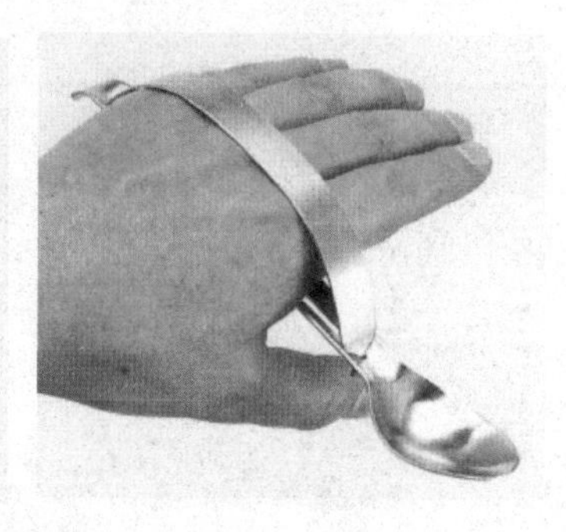

图 11-33 方便手部残障人士使用的不锈钢餐具

图 11-34 电烤箱

用材：金属、塑料等

图 11-35 新型电饭锅

用材：金属、塑料、陶瓷等

图 11-36 金属保温瓶

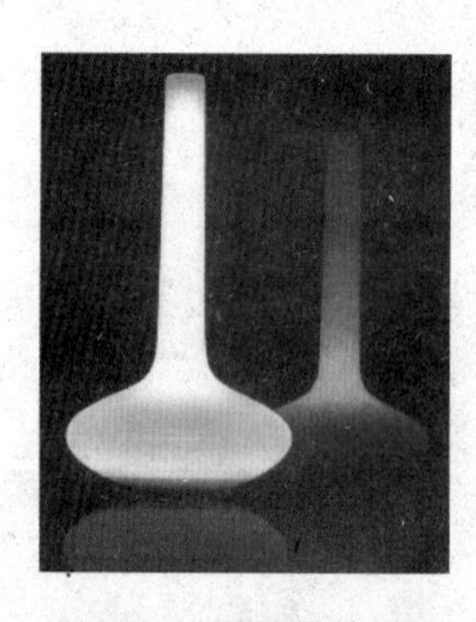

图 11-37 玻璃节能灯具

图 11-38 彩绘玻璃窗

图 11-39 吸尘器

耿蕊设计

用材：金属、塑料等

图 11-40 “时光”智能音箱

中兴黄春设计

用材：PC+ABS 塑料、铜

图 11-41 电风扇

用材：金属等

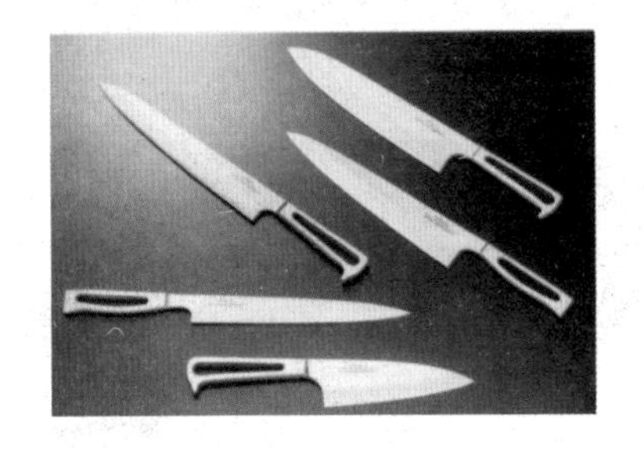

图 11-42　三层金属钢刀

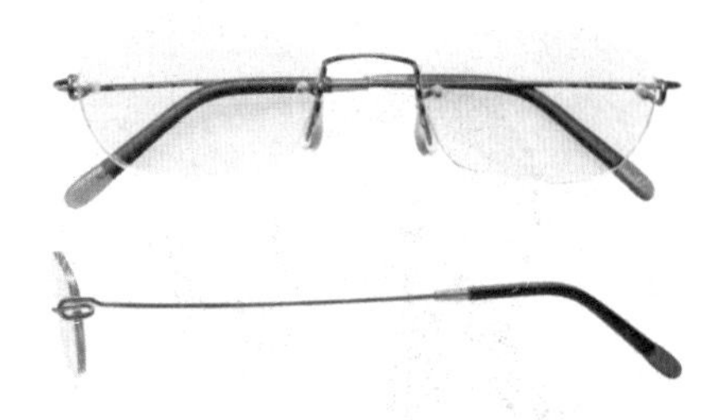

图 11-43　眼镜
用材：金属、塑料、橡胶等

图 11-44　有家具感的电子钢琴

图 11-45　轻量化电子小提琴

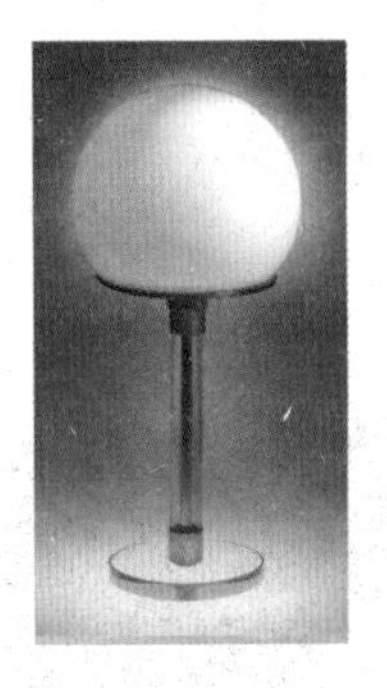

图 11-46　台灯
用材：金属、玻璃

图 11-47　宴会餐具（瓷器）

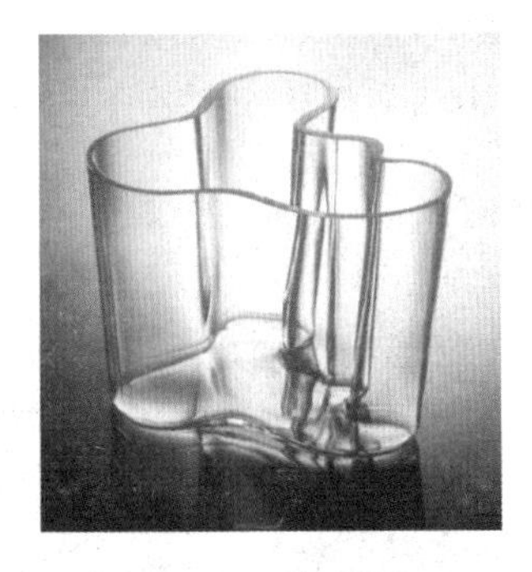

图 11-48　玻璃制品

图 11-49　国宴系列餐具 1（瓷器）

图 11-50　国宴系列餐具 2（瓷器）

图 11-51 塑料把金属电镀壶

图 11-52 搪瓷烧锅
用材：金属、塑料等

图 11-53 携带式摄像机
用材：塑料、玻璃、金属等

图 11-54 照相机
用材：金属、光学玻璃、皮革等

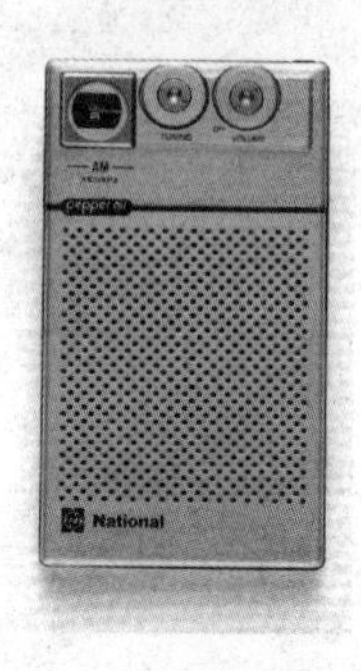

图 11-55 袖珍收音机
用材：金属、塑料等

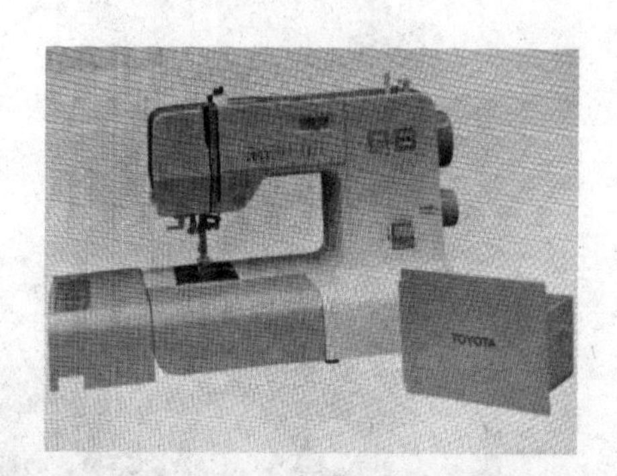

图 11-56 家用缝纫机（日本爱信精密公司制）

特点：改变向来覆盖整个缝纫机的大硬盖方式，而采用了小尺寸的侧盖方式，确保了安全性，缩小了收藏空间。针线盒设计新颖，除能够容纳所需的缝纫针、线外，还标有缝纫机相关的操作方法，如底线进线方法等

图 11-57 室外大浴缸

图 11-58 青花瓷酒具

图 11-59 大英博物馆旅游热销产品——茶壶

图 11-60 中国传统陶瓷产品

图 11-61 可搁筷子与可放蘸料的瓷碗

图 11-62 调味品瓷壶

图 11-63 陶灯具（芳武茂介设计）

图 11-64 布、竹手工艺品

图 11-65 红木传统圈椅

图 11-66 木纹时尚家具

图 11-67 经典传统交椅

图 11-68 木座椅

图 11-69 实木椅子

图 11-70 曲木蝴蝶椅（柳宗理设计）

图 11-71 彩色皮革椅

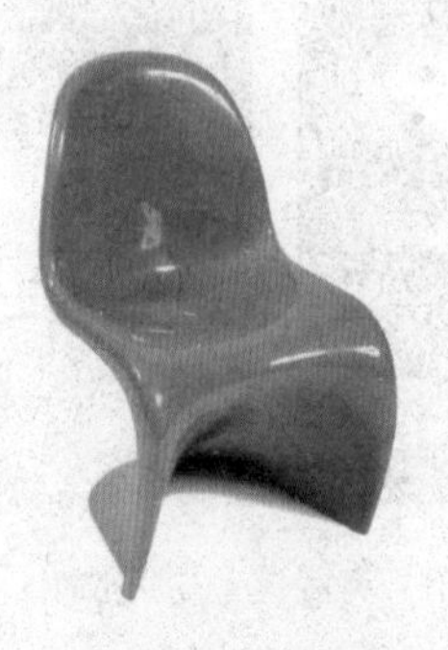

图 11-72 玻璃钢椅

图 11-73 藤编椅（金属骨架）

图 11-74　新材料靠背扶手椅

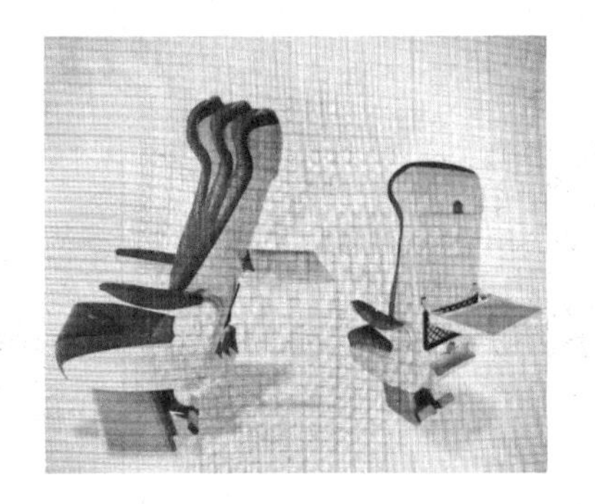

图 11-75　航空座椅

图 11-76　为女性设计的椅子

图 11-77　竹编工艺品 1

图 11-78　竹编工艺品 2

图 11-79 是可移动的套装餐具设计。竹丝编大小盒三只，相叠成葫芦形，以扁木框架将其拢为一体。盒的肩部及框架外面，均饰以黑漆戗金云龙纹。盒内有方形四格盘四只，大圆盘两只，小碗四只，乌木筷子两双，银勺一只。盘碗均饰以漆彩绘花纹，简洁大方。

图 11-79　清康熙竹编葫芦式提梁餐具套盒

图 11-80 传统漆器小提篮

图 11-81 各类皮革制品

图 11-82 铝合金建筑物

图 11-83 可折叠移动铝合金售货亭

图 11-84 东阳千工雕刻拔步床

图 11-85 东阳千工雕刻衣柜

图 11-86 “四季平安”案

友联提供

图 11-87 木花窗

图 11-88 利用废弃电子元器件制作的果盘与小饰品

图 11-89　利用速生间伐材制造的生活日用品：家具（左）、灯具（中）、小拎包（右）

图 11-90　彩色塑料玩具

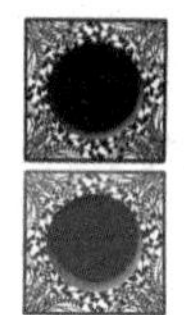

图 11-91　利用传统剪纸图案制作的金属果盘

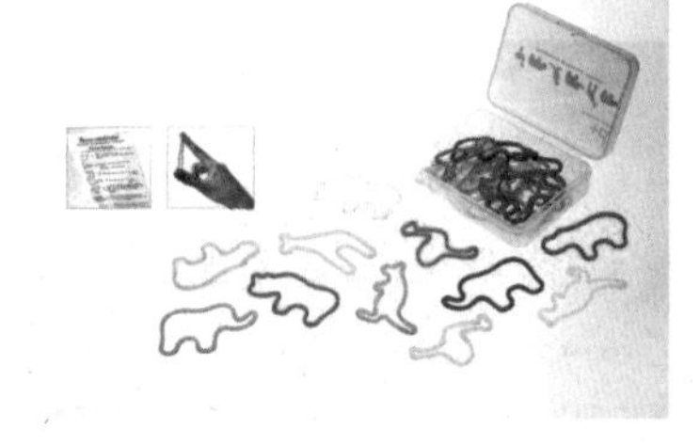

图 11-92　橡皮筋改成动物形象延长了使用寿命

图 11-93　利用回收纸制造的环保担架

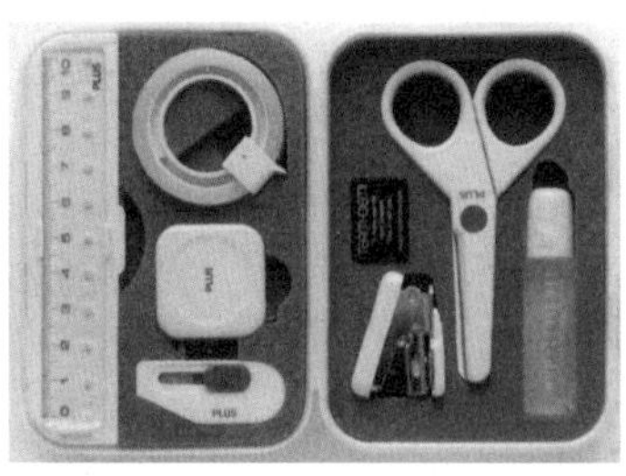

图 11-94　迷你型系列文具用品

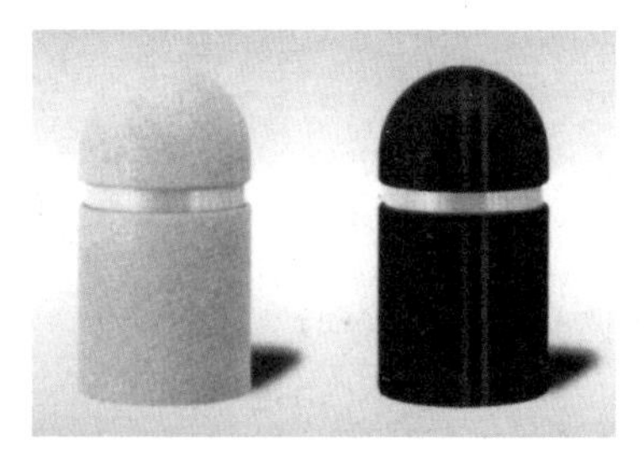

图 11-95　停车场用可移动柱
用材：废弃橡胶、金属等

图 11-96　用草编制的绿色环保家具

图 11-97 太阳能发电装置

图 11-98 大型儿童游乐器具

用材：钢管、钢板、木板等

图 11-99 大型儿童游乐场设施 1

用材：木、金属、绳等

图 11-100 大型儿童游乐场设施 2

用材：木、金属、绳等

参考文献

[1] 张道一 . 工业设计全书 . 南京：江苏科学技术出版社，1994.

[2] 张福昌 . 现代设计概论 . 武汉：华中科技大学出版社，2007.

[3] 江湘芸 . 设计材料及加工工艺 . 北京：北京理工大学出版社，2003.

[4] 桂元龙，徐向荣 . 工业设计材料与加工工艺 . 北京：北京理工大学出版社，2007.

[5] 张锡 . 设计材料与加工工艺 . 北京：化学工业出版社，2004.

[6] 赵英新 . 工业设计工程基础——材料及加工技术基础 . 北京：高等教育出版社，2007.

[7] 日本文部科学省 . 设计材料 . 东京：东京电机大学出版局，2016.

[8] 国际设计丛书编译委员会 . 日用品设计 . 北京：中国建筑工业出版社，2005.

[9] 国际设计丛书编译委员会 . 产品设计 . 北京：中国建筑工业出版社，2005.

[10] 周橙旻，王玮 . 家具设计 . 北京：北京大学出版社，2019.

[11] 家具木工工艺编写组 . 家具木工工艺 . 北京：轻工业出版社，1984.

[12] 张福昌 . 室内家具设计 . 北京：中国轻工业出版社，2001.

[13] 张齐生，程渭山 . 中国竹工艺 . 北京：中国林业出版社，1997.

[14] 俞樟根，徐华铛 . 竹编工艺 . 北京：高等教育出版社，1992.

[15] 胡长龙 . 竹家具制作与竹器编织 . 南京：江苏科学技术出版社，1983.

[16] 文联吉 . 草编工艺（第二册）. 北京：高等教育出版社，1992.

[17] 张咸镇 . 草编工艺（第一册）. 北京：高等教育出版社，1992.

[18] 许赞有 . 柳编工艺 . 北京：高等教育出版社，1992.

[19] 国际竹藤组织 . 国际竹藤组织在中国和世界的发展 . 北京：中国林业出版社，2004.

[20] 张福昌，蒋兰 . 造型设计基础 . 合肥：合肥工业大学出版社，2011.

[21] 田小杭 . 中国传统工艺全集：民间手工艺 . 郑州：大象出版社，2007.

[22] 杨永善 . 中国传统工艺全集：陶瓷 . 郑州：大象出版社，2004.

[23] 王玉林，苏全忠，曲远方 . 产品造型设计材料与工艺 . 天津：天津大学出版社，1994.

[24] 王继成 . 现代工业设计技术与艺术 . 上海：中国纺织大学出版社，1997.

[25] 谢希文，过梅丽 . 材料工程基础 . 北京：北京航空航天大学出版社，1999.

[26] 日本文部科学省 . 设计技术 . 东京：海文堂出版株式会社，2016.

[27] 中村次雄 . PLASTIC design note. 东京：日刊工业新闻社，1984.

[28] 程能林 . 工业设计手册 . 北京：化学工业出版社，2008.

[29] 桂元龙，杨淳 . 产品设计 . 2 版 . 北京：中国轻工业出版社，2020.

[30] 黄河 . 设计人类工效学 . 北京：清华大学出版社，2016.

[31] 许鹤峰，闫光荣 . 数字化模具制造技术 . 北京：化学工业出版社，2001.